计算机"十三五"规划教材

常用工具软件项目教程

胡 宇　贾 晖　廖庆祥　编著

北京希望电子出版社
Beijing Hope Electronic Press
www.bhp.com.cn

内 容 简 介

本书采用项目任务的编写方式详细地介绍常用工具软件的使用方法与技巧，帮助读者熟练掌握常用工具软件的应用方法，解决计算机应用过程中的实际问题。全书内容分为 11 个项目，主要包括常用工具软件基础、磁盘文件管理工具、PDF 阅读与翻译工具、图像管理工具、音/视频播放与编辑工具、网络常用工具、光盘制作工具、电脑磁盘管理工具、电脑性能检测工具和系统维护与优化工具。

本书既可作为应用型本科院校、职业院校的教材使用，也可作为计算机办公应用用户深入学习的培训和参考用书。

图书在版编目（CIP）数据

常用工具软件项目教程 / 胡宇，贾晖，廖庆祥编著.
-- 北京：北京希望电子出版社，2016.8（2023.8 重印）
ISBN 978-7-83002-389-8

Ⅰ.①常… Ⅱ.①胡… ②贾… ③廖… Ⅲ.①软件工具－教材 Ⅳ.①TP311.56

中国版本图书馆 CIP 数据核字（2016）第 163700 号

出版：北京希望电子出版社	封面：赵俊红
地址：北京市海淀区中关村大街 22 号	编辑：全 卫
中科大厦 A 座 9 层	校对：毛德龙
邮编：100190	开本：787mm×1092mm 1/16
网址：www.bhp.com.cn	印张：15
电话：010-82626270	字数：384 千字
传真：010-82702698	印刷：唐山唐文印刷有限公司印制
经销：各地新华书店	版次：2023 年 8 月 1 版 2 次印刷

定价：38.00 元

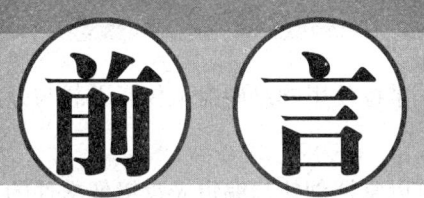

随着电脑使用的全面普及，电脑已然成为人们日常生活、工作、娱乐和通信必不可少的工具，熟练使用电脑工具软件成为人们使用电脑的必备能力。为了帮助读者更好地使用电脑，本书精选了当下流行的各类工具软件，通过图文并茂的讲解和深入浅出的实战演示，详细地介绍了这些工具软件的功能、操作方法以及使用技巧等方面知识。

本书特点

为帮助广大读者快速掌握常用工具软件的使用方法，我们特别组织专家和一些一线骨干教师编写了《常用工具软件项目教程》。本书具有以下主要特点：

（1）从实用的角度出发，介绍了数十类在工作、娱乐、学习和生活中经常使用的工具软件，内容涵盖日常使用过程中几乎所有电脑常用软件基础知识。

（2）在编写中精选各类工具软件中最常用的软件为代表进行讲解，对不常用的知识尽量少提及，力求做到普及。

（3）书中各项目内容，均采用图解方式，全部围绕实例讲解相关内容，灵活生动地展示常用工具软件的各项重要功能。

（4）采用全新的项目任务的写作手法和写作思路，帮助读者在学习完本书之后能够快速掌握电脑常用工具软件的使用方法。

本书结构安排

项目一　常用工具软件基础。通过对本章的学习，读者可以了解常用工具软件及其分类；了解获取工具软件的途径；掌握安装与卸载软件的方法。

项目二　磁盘文件管理工具。通过对本章的学习，读者可以掌握文件压缩的方法与技巧；掌握文件备份与同步的方法与技巧；掌握文件加密与保护的方法；了解数据丢失的原因及注意事项；掌握恢复数据的方法。

项目三　PDF 阅读与翻译工具。通过对本章的学习，读者可以掌握阅读与编辑 PDF 文档的方法与技巧；掌握翻译工具的使用方法与技巧。

项目四　图像管理工具。通过对本章的学习，读者可以掌握浏览与管理图像的方法；掌握美化图像的方法；掌握图像捕捉与处理软件的使用方法；掌握电子相册的制作方法。

项目五　音/视频播放与编辑工具。通过对本章的学习，读者可以掌握播放本地与在线歌曲及下载网络歌曲的方法；掌握编辑与录制音频文件的方法；掌握播放本地与在线视频的方法；掌握编辑与转换视频文件的方法。

项目六　网络常用工具。通过对本章的学习，读者可以掌握高速浏览器的使用方法与技巧；掌握使用浏览器与下载工具下载网络资源的方法；掌握使用 QQ 在线聊天与传送文件的

方法；掌握使用电子邮箱发送与接收邮件的方法与技巧；掌握使用网络硬盘上传、下载与分享文件的方法。

项目七 光盘制作工具。通过对本章的学习，读者可以掌握创建与编辑光盘镜像文件的方法；掌握虚拟光驱的使用方法；掌握刻录数据光盘与光盘映像的方法。

项目八 电脑磁盘管理工具。通过对本章的学习，读者可以了解硬盘分区的基本知识、掌握硬盘分区的方法；掌握使用不同的工具调整硬盘分区的方法与技巧；掌握维护磁盘性能的方法。

项目九 电脑性能检测工具。通过对本章的学习，读者可以了解检测电脑性能的条件与方法；掌握进行电脑整机测试的方法与技巧；掌握检测CPU、显卡、内存、硬盘、显示器等设备性能的方法。

项目十 系统维护与优化工具。通过对本章的学习，读者可以掌握制作系统急救盘的方法；掌握管理硬件驱动程序的方法；掌握使用系统增强软件清理、优化系统及设置系统安全的方法；掌握查杀电脑病毒的方法；掌握备份与还原系统的方法。

本书编写人员

本书由重庆水利电力职业技术学院的胡宇、包头机械工业职业学校的贾晖和襄阳市中等职业学校廖庆祥担任主编，由郑州澍青医学高等专科学校的宋雨欣担任副主编。其中，胡宇编写了项目一、二、三和四，贾晖编写了项目五和六，廖庆祥编写了项目七和八，宋雨欣编写了项目九和十。本书的相关资料和售后服务可扫描封底的微信二维码或登录www.bjzzwh.com下载获得。

本书适合对象

本书内容全面，实例丰富，图文并茂，适合应用型本科院校、职业院校的教材，也可作为电脑培训班的教学用书，还可作为计算机办公应用用户深入学习的培训和参考用书。

在编写过程中难免有疏漏和不当之处，敬请各位专家及读者不吝赐教。

编　者

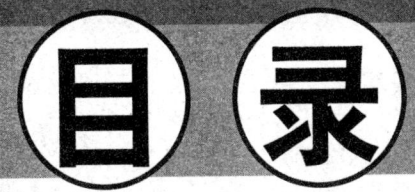

项目一 常用工具软件基础

任务一 常用工具软件及分类 1
　一、软件基础知识 2
　二、工具软件的分类 4
任务二 软件的获取、安装与卸载 10
　一、获取工具软件的途径 10
　二、工具软件的安装 12
　三、卸载工具软件 13
项目小结 16
项目习题 16

项目二 磁盘文件管理工具

任务一 文件压缩 17
　一、压缩文件 18
　二、解压文件 19
　三、在压缩包中添加与删除文件 22
　四、分卷压缩 23
　五、为压缩文件添加密码 24
任务二 文件同步备份 27
　一、使用 GoodSync 同步文件 27
　二、使用 SyncBackPro 同步文件 30
任务三 文件加密与保护 35
　一、加密文件夹 35
　二、隐藏文件夹 37
　三、解除限制 37
任务四 磁盘数据恢复 38
　一、数据恢复综述 38
　二、恢复误删文件的注意事项 39
　三、常用数据恢复软件 39
　四、使用 EasyRecovery 恢复数据 41
项目小结 43
项目习题 43

项目三 PDF阅读与翻译工具

任务一 PDF 阅读工具软件 44
　一、阅读 PDF 文件 45
　二、使用朗读功能 47
　三、添加注释 48
　四、编辑 PDF 文件 50
任务二 翻译工具软件 53

一、使用"有道词典"即时翻译工具..54
二、图解词典 56
三、屏幕取词与划词释义 58
四、翻译功能 59
五、在线翻译 60
项目小结 61
项目习题 61

项目四 图像管理工具

任务一 图像浏览和管理软件 62
    一、安装 ACDSee 62
    二、使用 ACDSee 浏览图片 65
    三、批量重命名图片 67
任务二 图像美化软件 68
    一、图像倾斜调整 68
    二、调整图像亮度 70
    三、调整图像曝光度 70
    四、添加图像边框 71
任务三 图像捕捉与处理软件 74
    一、使用 SnagIt 截取图片 74
    二、设置捕获方案 75
    三、编辑图片 77
任务四 制作电子相册 80
    一、导入图片 80
    二、选择背景音乐 81
    三、添加转场效果 82
    四、制作光盘菜单 82
    五、刻录电子相册 83
项目小结 85
项目习题 85

项目五 音/视频播放与编辑工具

任务一 音频播放工具软件 86
    一、添加并播放本地音乐 87
    二、创建歌单 88
    三、播放网络音乐 90
    四、下载歌曲 92
任务二 音频编辑工具软件 93
    一、调整音量 94
    二、处理音效 95
    三、转换音频格式 97
    四、录制音频 98
任务三 视频播放工具软件 100
    一、播放本地视频文件 100
    二、调节视频画质 102
    三、截取视频画面 102
    四、播放在线视频 103
任务四 视频编辑工具软件 104
    一、截取与合并视频 104
    二、添加字幕特效 107
    三、更改视频格式 109
项目小结 109
项目习题 109

项目六　网络常用工具

任务一　使用浏览器 **110**
　一、高效浏览网页 111
　二、收藏网页 114
　三、增加扩展程序 116

任务二　使用下载工具 **117**
　一、使用浏览器下载文件 117
　二、使用下载软件下载文件 119

任务三　使用即时通讯工具 **121**
　一、注册QQ号码 121
　二、登录与设置账号 122
　三、添加好友 124
　四、与好友在线畅聊 126
　五、传送文件 127
　六、设置自动回复 128

任务四　使用电子邮箱 **129**
　一、注册电子邮箱 130
　二、常用邮箱设置 131
　三、撰写电子邮件 133
　四、发送电子邮件 135
　五、接收电子邮件 136
　六、管理电子邮件 137

任务五　使用网络硬盘 **138**
　一、上传文件 138
　二、下载文件 140
　三、使用"百度云管家"上传和下载文件 141
　四、分享文件 143

项目小结 **144**
项目习题 **144**

项目七　光盘制作工具

任务一　光盘镜像工具 **145**
　一、创建镜像文件 145
　二、编辑镜像文件 146
　三、使用虚拟光驱 148

任务二　光盘刻录工具 **149**
　一、刻录数据光盘 149
　二、刻录光盘映像 150

项目小结 **151**
项目习题 **151**

项目八　电脑磁盘管理工具

任务一　对硬盘进行分区 **152**
　一、认识硬盘分区 153
　二、认识硬盘格式化 153
　三、硬盘分区的原则 154
　四、快速硬盘分区 156
　五、手动硬盘分区 157

任务二　调整硬盘分区 159
　　一、使用 DiskGenius 调整分区 160
　　二、使用 Acronis Disk Director
　　　　在系统中调整分区 165
　　三、使用系统自带程序调整分区 172
任务三　磁盘维护 174
　　一、整理磁盘碎片 174
　　二、修复磁盘坏道 179
　　三、磁盘清理 182
项目小结 183
项目习题 183

项目九　电脑性能检测工具

任务一　电脑性能检测基础 184
　　一、检测电脑性能的前提条件 184
　　二、检测电脑性能的方法 185
任务二　电脑整机测试 187
　　一、使用系统体验指数评分 187
　　二、使用 AIDA64 测试电脑 188
　　三、使用 HWiNFO32 测试电脑 193
　　四、使用 3Dmark 给电脑评分 198
任务三　电脑硬件单项测试 199
　　一、CPU 检测与性能测试 199
　　二、显卡检测与性能测试 202
　　三、内存性能测试 203
　　四、硬盘性能测试 204
　　五、使用 DisplayX 测试显示器性能 ... 207
项目小结 209
项目习题 209

项目十　系统维护与优化工具

任务一　系统急救工具 210
　　一、认识应急启动盘 211
　　二、制作 U 盘启动盘 211
　　三、安装硬盘版 PE 工具箱 213
任务二　驱动程序管理工具 214
　　一、了解驱动程序 214
　　二、获取驱动程序 215
　　三、安装与更新驱动程序 215
任务三　系统增强工具 217
　　一、清理系统 217
　　二、优化系统 219
　　三、使用虚拟内存盘提速 221
　　四、系统与网络安全设置 223
任务四　杀毒工具 225
　　一、快速查杀病毒 225
　　二、自定义位置扫描病毒 226
任务五　系统备份与还原工具 227
　　一、备份系统的时机 227
　　二、备份系统 227
　　三、还原系统 229
项目小结 230
项目习题 230

项目一　常用工具软件基础

项目概述

随着计算机技术的日益成熟，电脑已经成为工作、学习、娱乐不可缺少的工具，在使用的过程中，除了系统自带的软件外，工具软件也是必不可少的，有着不可替代的重要作用。现在成熟的商业软件、共享软件和免费软件有很多种，基本上能满足我们想实现的任意功能。本项目将介绍常用工具软件的分类及获取、安装与卸载的方法与技巧。

项目重点

- 工具软件分类。
- 下载软件。
- 安装软件。
- 卸载软件。

项目目标

- 掌握对工具软件进行分类的方法。
- 掌握下载软件的方法。
- 掌握安装软件的方法。
- 掌握卸载软件的方法。

任务一　常用工具软件及分类

任务概述

工具软件泛指在使用电脑进行工作、学习和娱乐时经常使用的软件。常用工具软件有很多种，根据不同的作用可分为不同的类型。在本任务中，将详细介绍工具软件的基础知识及各个类别。

任务重点与实施

一、软件基础知识

软件是一系列按照特定顺序组织的计算机数据和指令的集合，是用户与硬件之间的接口界面。计算机中的软件不仅是可运行的程序，还包括各种关联的文档。广义上的软件包括系统软件和应用软件。

1. 系统软件

系统软件是由专门的软件公司或者电脑程序的设计者开发的系统程序，包括操作系统、语言处理系统和数据库管理系统。其中，操作系统是系统软件的核心，主要包括处理器管理、作业管理、存储器管理、设备管理以及文件管理等功能；是电脑唯一可以识别并执行的是计算机语言，语言处理系统可以帮助电脑进行语言的翻译等，是电脑不可缺少的系统软件；数据库管理系统主要用来建立、维护数据库以及对数据进行各种操作，数据库系统不仅可以存放大量信息，更重要的是可以对信息进行各种操作和管理。

操作系统是用户和计算机的接口，同时也是计算机硬件和其他软件的接口。操作系统的功能包括管理计算机系统的硬件、软件及数据资源，控制程序运行，改善人机界面，为其他应用软件提供支持，让计算机系统所有资源最大限度地发挥作用，提供各种形式的用户界面，使用户有一个好的工作环境，为其他软件的开发提供必要的服务和相应的接口等。

当前市场上有多种操作系统，根据应用领域不同、支持用户数不同、源码开放程度不同，可分为不同的种类，下面将介绍几种典型的操作系统。

（1）Linux

Linux 的操作系统是一个多用户、多任务和多 CPU 的操作系统，它的最大的特点在于他是一个源代码公开的自由及开放源码的操作系统，其内核源代码可以自由传播。

Linux 可安装在各种计算机硬件设备中，比如手机、平板电脑、路由器、视频游戏控制台、台式计算机、大型机和超级计算机，如图 1-1 所示。

图 1-1　Linux 系统桌面

（2）Mac OS X

OS X 是苹果公司为 Mac 系列产品开发的专属操作系统，Mac OS 是首个在商用领域成功的图形用户界面。Mac OS X 系统的安全性比较高，因为疯狂肆虐的电脑病毒几乎都是针对 Windows 的，而 MAC 的架构与 Windows 不同，所以相对而言很少受到病毒的袭击，如图 1-2 所示。

图 1-2　Mac OS X 系统桌面

（3）Windows

Windows 应该是人们最熟悉的操作系统，从前些年的 Windows XP，到后来的 Windows 7、Windows 8，一直到最新的 Windows 10 系统，都是使用率最高的系统。Windows 系统采用直观、高效的面向对象的图形用户界面，易学易用，使用方便，其中 Windows 7 系统是当前使用人数最多、普及最广的系统，如图 1-3 所示。

图 1-3　Windows 7 系统桌面

2. 应用软件

应用软件和系统软件相对应，是用户可以使用的各种程序设计语言，以及用各种程序设计语言编制的应用程序的集合，分为应用软件包和用户程序。应用软件包是利用计算机解决某类问题而设计的程序的集合，供多用户使用。

应用软件是为满足用户不同领域、不同问题的应用需求而提供的那部分软件。它可以拓宽计算机系统的应用领域，增强硬件的功能。下面将介绍一些常见的应用软件种类。

- ➢ 办公软件：Office、WPS。
- ➢ 图像处理：Photoshop、美图秀秀、光影魔术手。
- ➢ 媒体播放器：PowerDVD XP、realplayer、Windows Media Player、暴风影音、千千静听。
- ➢ 媒体编辑器：会声会影、声音处理软件 cool2.1、视频解码器 ffdshow。
- ➢ 媒体格式转换器：Moyea FLV to Video ConverterPro（FLV 转换器）、Total Video Converter、WinAVI Video Converter、WinMPG Video Convert、WinMPG Ipod Convert、Real Media Editor、格式化工厂。
- ➢ 图像浏览工具：ACDSee。
- ➢ 截图工具：SnagIt、epsnap、HyperSnap。
- ➢ 图像/动画编辑工具：Flash、Adobe Photoshop CS2、GIF Movie Gear（动态图片处理工具）、picasa、光影魔术手。
- ➢ 通信工具：QQ、MSN、ipmsg（飞鸽传书，局域网传输工具）、百度 hi、微信。
- ➢ 编程/程序开发软件：Java JDK、Jcreator Pro（Java IDE 工具）、eclipse、Jdoc。
- ➢ 汇编：VisualASM、MasmforWindows 集成实验环境、RadASM、Microsoft Visual Studio 2005、sql 2005、私服网页开发系统（代码大全）、网页开发系统。
- ➢ 翻译软件：金山词霸 PowerWord、MagicWin、systran。
- ➢ 防火墙和杀毒软件：ZoneAlarmpro、金山毒霸、卡巴斯基、江民、瑞星、360 安全卫士。
- ➢ 阅读器：Caj Viewer、Adobe Reader、PdfFactory Pro。
- ➢ 输入法：紫光输入法、智能 ABC、五笔 QQ 拼音、搜狗拼音输入法。
- ➢ 网络电视：powerplayer、pplive、ppmate、PPNtv、ppstream、QQLive、uusee。
- ➢ 系统优化/保护工具：Windows 清理助手 arswp、Windows 优化大师、超级兔子、奇虎 360 安全卫士、数据恢复文件 EasyRecovery Pro、影子系统、硬件检测工具 everest、MaxDOS（DOS 系统）、GHOST。
- ➢ 下载软件：Thunder、Web Thunder、bitcomet、eMule、flashget。

二、工具软件的分类

电脑工具软件就是指在使用电脑进行工作和学习时经常使用的软件。大部分的工具软件占用空间小，一般只有几兆字节到几十兆字节，安装后占用磁盘空间较小，功能单一，每个工具软件都是为了满足电脑用户某类特定需求设计的，可免费使用，大部分工具软件用户可以从网上直接下载到本地电脑上使用。下面通过一些简单的分类来了解工具软件。

1. 文件管理软件

电脑中的数据几乎全部是由文件组成的，除了日常对文件进行复制、删除等常规操作外，还可以使用工具软件对文件进行压缩、备份、加密与保护以及恢复删除的文件，如图 1-4 所示为压缩软件 RAR 的运行界面。

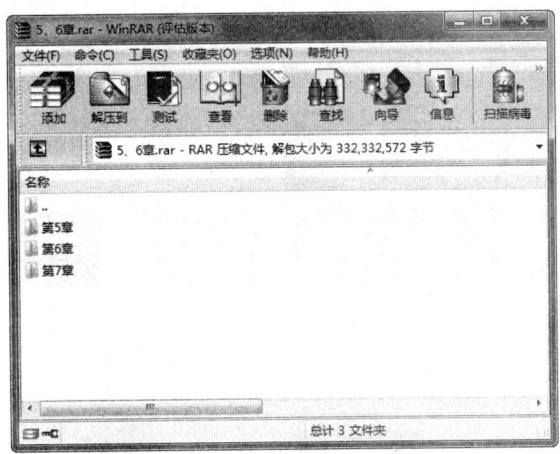

图 1-4　压缩软件

2. 阅读软件

随着数字化越来越普及，电子书已经逐步走入每一个人的生活，电子书方便阅读、容易携带，并且降低阅读成本，通过电子书和 RSS 订阅，可以非常方便地获取最新的信息，如图 1-5 所示为 PDF 阅读器的使用界面。

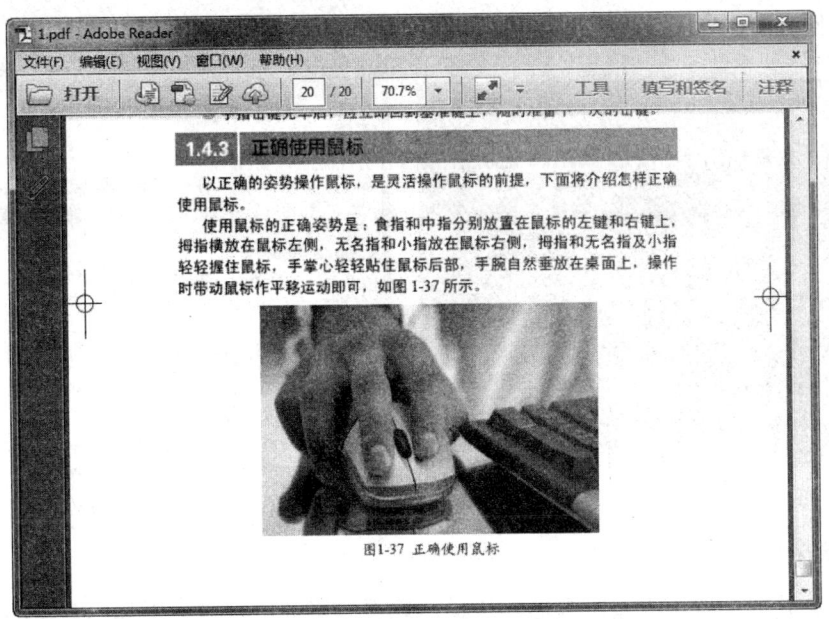

图 1-5　PDF 阅读器

3. 翻译软件

无论是平时浏览网页还是阅读文献都会或多或少遇到几个难懂的英文词汇，这时就需

常用工具软件项目教程

要使用翻译软件了。翻译软件是将一种语言翻译为另一种语言的软件，常见的翻译软件有"有道词典""金山词霸"与"火云译客"等。如图1-6所示为"有道词典"的使用界面。

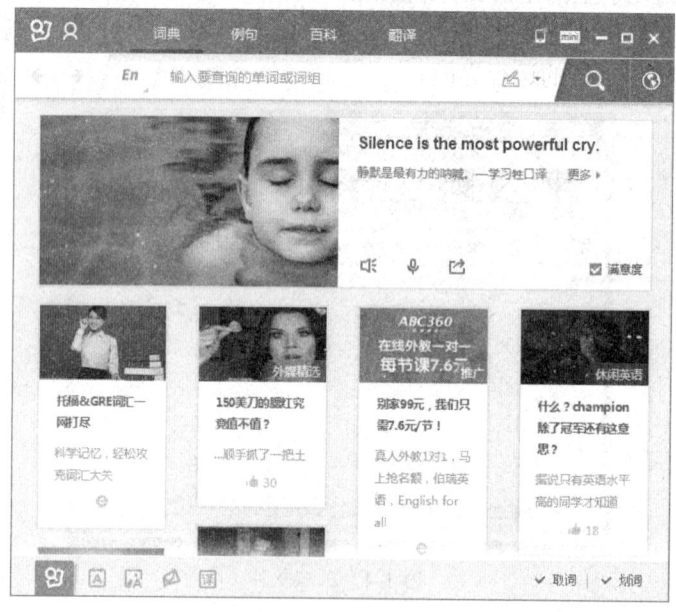

图1-6　"有道翻译"

4．图像处理软件

图像处理软件最有名的莫过于Photoshop软件了，它在图像处理领域占据着非常重要的地位，另外还有电子相册制作工具、GIF动画制作工具等，如图1-7所示为Photoshop软件的工作界面。如图1-8所示为MemoriesOnTV电子相册制作软件工作界面。

图1-7　Photoshop界面

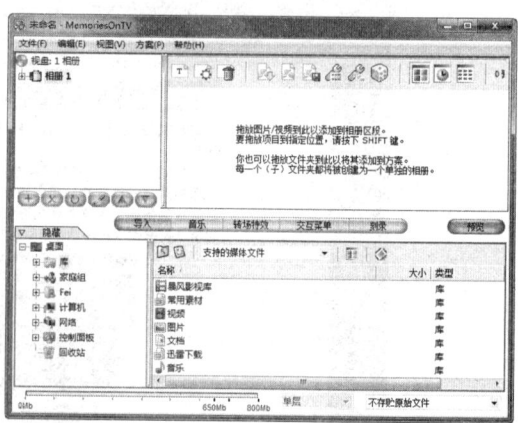

图1-8　MemoriesOnTV界面

5．音/视频软件

音/视频软件主要用于收听歌曲、广播，观看电影与电视等多媒体，常见的音/视频软件有"酷狗音乐""QQ音乐""暴风影音"和"迅雷看看"等。如图1-9所示为"暴风影音"的界面。

图1-9 "暴风影音"界面

6．网络应用软件

随着互联网技术的普及，网络已经成为人们生活中不可缺少的一部分，如浏览网页、下载软件、网络聊天等，网络极大地方便了人们的沟通与交流，如图1-10所示为聊天软件QQ的界面。

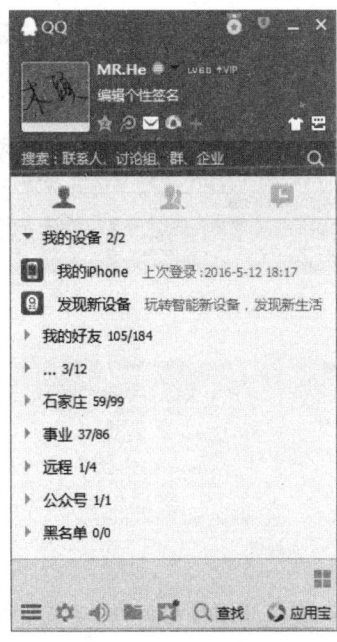

图1-10 QQ面板

7．光盘刻录软件

为了便于数据的保存与携带，用户有时会将数据复制到U盘中，还可以将数据刻录到光盘上。例如，将系统文件制作成光盘，非常便于重装系统，如图 1-11 所示为光盘刻录软件的工作界面。

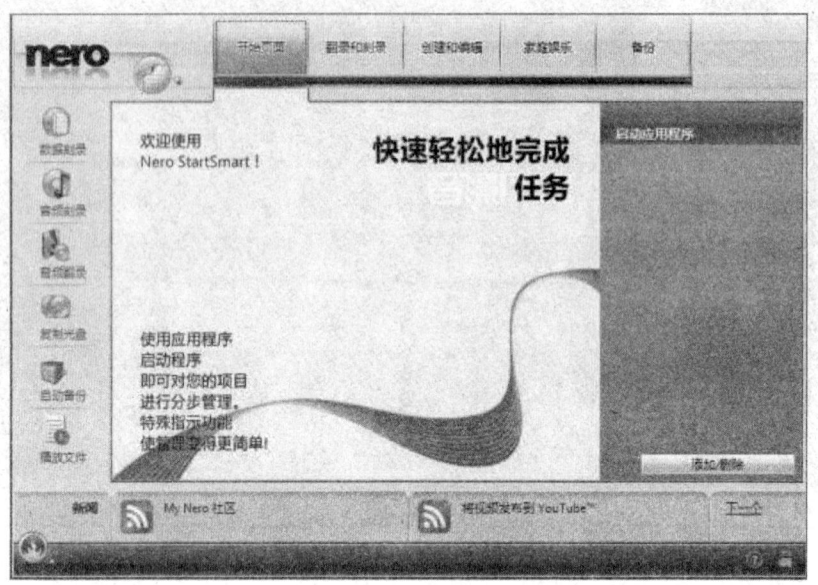

图 1-11　光盘刻录软件工作界面

8．磁盘管理软件

磁盘管理主要指磁盘重新分区、备份与还原、磁盘的清理、整理与检查错误等，如图 1-12 所示为 DiskGenius 磁盘分区软件的工作界面。

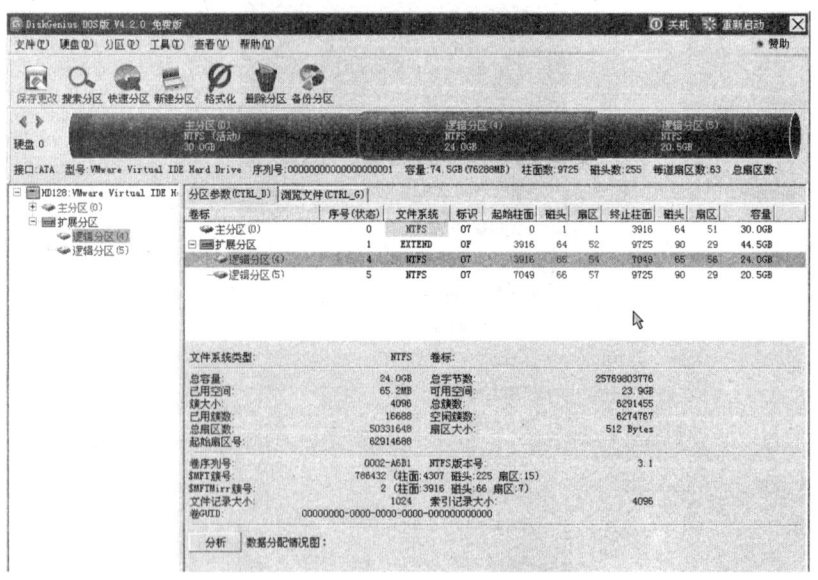

图 1-12　DiskGenius 软件工作界面

9．电脑性能检测软件

电脑性能检测主要是指对硬件的出厂、型号与运行情况等的优化、查看和管理等，如 CPU 性能检测、显卡检测等，如图 1-13 所示为 CPU-Z 软件的工作界面。

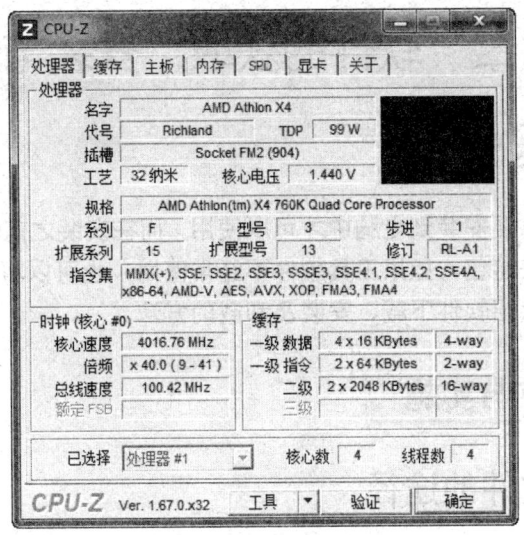

图 1-13　CPU-Z 软件工作界面

10. 系统维护与优化软件

在使用的电脑的过程中，一定要注意电脑的日常维护以及对电脑病毒的防范，包括日常维护、系统维护、安全设置、电脑病毒防范与查杀等，如图 1-14 所示为"360 安全卫士"电脑防护软件的工作界面。

图 1-14　"360 安全卫士"

常用工具软件项目教程

任务二　软件的获取、安装与卸载

 任务概述

大部分工具软件需要安装到电脑中才可以使用，而在安装之前需要从网络上下载或从光盘中拷贝该程序的安装包。如果工具软件不经常使用，也可以将其从电脑中进行卸载。在本任务中，将详细介绍软件下载、安装及卸载的方法。

任务重点与实施

一、获取工具软件的途径

很多工具软件可以在软件的官方网站进行下载，如"暴风影音""搜狗输入法""金山词霸"等，有些软件可以从软件网站进行下载，常用的软件免费下载网站有百度软件中心（http://rj.baidu.com/index.html）、华军软件园（http://www.onlinedown.net）、ZOL 软件下载（http://xiazai.zol.com.cn）、太平洋下载中心（http://dl.pconline.com.cn/sort/1.html）、天空下载（http://www.skycn.com）、非凡软件站（http://www.crsky.com/default.html）等。

下面以从迅雷官网下载迅雷 7 为例进行介绍，方法如下：

Step 01 启动浏览器，在地址栏中输入百度搜索的网址 www.baidu.com，并按【Enter】键进行确认，如图 1-15 所示。

Step 02 在搜索文本框内输入关键字"迅雷"，然后单击"百度一下"按钮，如图 1-16 所示。

图 1-15　输入网址

图 1-16　输入搜索关键字

Step 03 在打开的搜索结果页面中单击需要的超链接，如图 1-17 所示。

Step 04 进入迅雷官网的下载界面，单击"下载"按钮，如图 1-18 所示。

> **专家指导** Expert guidance　还可以使用第三方电脑软件管理工具来获取软件，主要包括"360 软件管家""腾讯软件管理""百度软件中心"等，这类工具软件通常提供包括软件下载、安装、升级及卸载的功能。

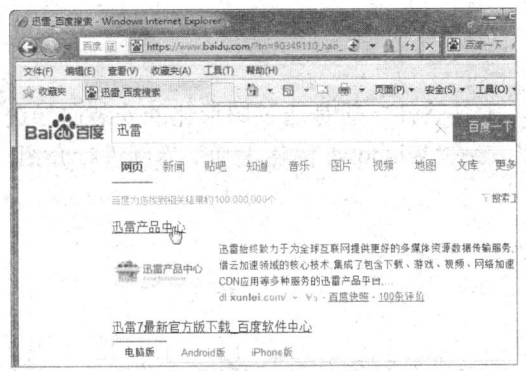 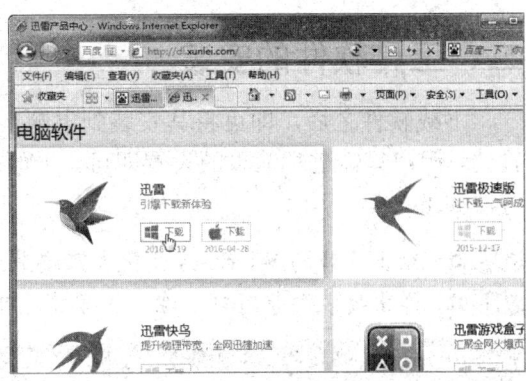

图 1-17　选择搜索结果　　　　　　　　图 1-18　迅雷官网下载界面

Step 05 弹出"文件下载－安全警告"对话框,在其中单击"保存"按钮,如图 1-19 所示。

Step 06 在弹出的"另存为"对话框中选择需要保存的位置,然后单击"保存"按钮,如图 1-20 所示。

图 1-19　"文件下载－安全警告"对话框　　　　图 1-20　"另存为"对话框

Step 07 开始下载软件,并显示下载进度,如图 1-21 所示。

Step 08 下载完毕后,选择相应的操作即可,如图 1-22 所示。

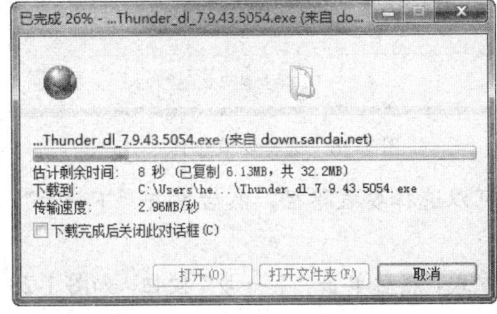 

图 1-21　开始下载软件　　　　　　　　图 1-22　下载完成

二、工具软件的安装

下载软件之后，即可将其安装到电脑上。工具软件一般是通过图形化的安装向导进行的，用户只需进行简单的设置即可。下面以安装"Windows 优化大师"为例进行介绍，方法如下：

Step 01 双击下载的 Windows 优化大师安装程序，如图 1-23 所示。
Step 02 弹出安装向导窗口，在其中单击"下一步"按钮，如图 1-24 所示。

图 1-23 双击安装程序

图 1-24 安装向导界面

Step 03 选中"我接受协议"单选按钮，然后单击"下一步"按钮，如图 1-25 所示。
Step 04 选择需要安装的组件，然后单击"下一步"按钮，如图 1-26 所示。

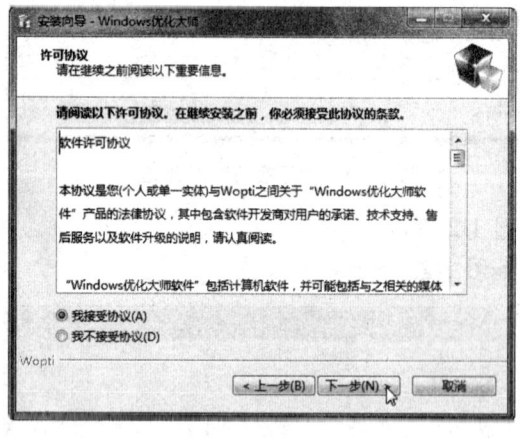
图 1-25 接受协议

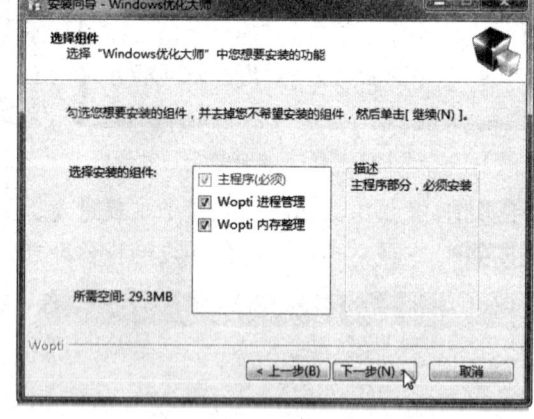
图 1-26 选择安装组件

Step 05 单击"浏览"按钮，在弹出的对话框中可以选择安装路径，然后单击"下一步"按钮，如图 1-27 所示。
Step 06 在进入的界面中选择是否创建桌面快捷方式，然后单击"下一步"按钮，如图 1-28 所示。

常用工具软件基础　项目一

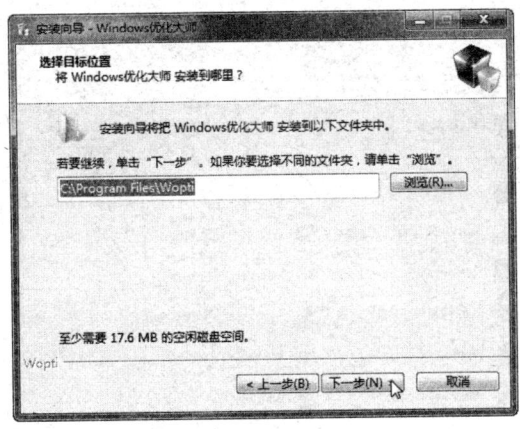
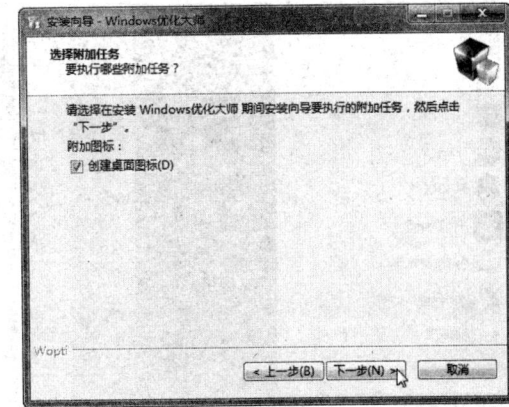

图 1-27　选择安装路径　　　　　　图 1-28　选择是否创建桌面快捷方式

Step 07　开始安装软件，并显示安装进度，如图 1-29 所示。
Step 08　安装完成后，选择是否立即运行软件，然后单击"完成"按钮，如图 1-30 所示。

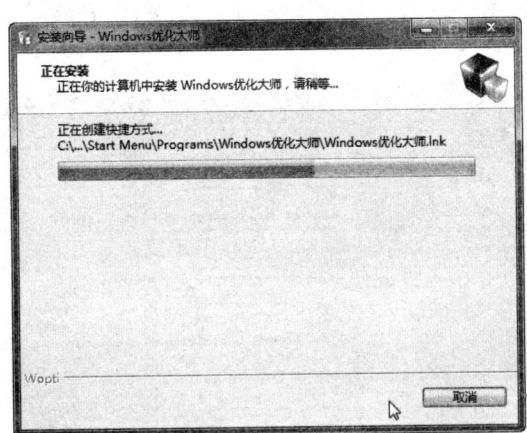

图 1-29　开始安装　　　　　　　　图 1-30　安装完成

　　在软件的安装过程中，可以根据需要更改安装位置，默认为安装到系统盘，也可以将软件安装到其他磁盘分区。

三、卸载工具软件

如果用户不再需要安装的软件，可以将其卸载以节约磁盘空间。在 Windows 系统中有三种方式可以卸载软件，下面将分别对其进行详细介绍。

1. 使用 Windows 系统自带的添加或卸载程序

Windows 系统自带的添加或卸载程序在卸载软件时十分方便，方法如下：

Step 01　单击"开始"菜单，在弹出的"开始"菜单中选择"控制面板"命令，如图 1-31 所示。
Step 02　弹出"控制面板"窗口，单击"查看方式"右侧的下拉按钮，在弹出的下拉列表中选择"类别"选项，如图 1-32 所示。

图 1-31 选择"控制面板"命令

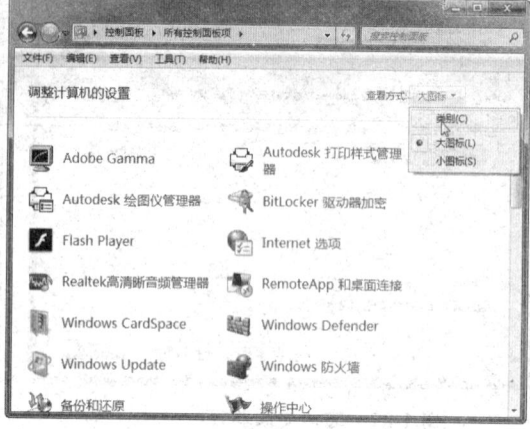

图 1-32 选择查看方式

Step 03 在进入的窗口中单击"卸载程序"超链接，如图 1-33 所示。

Step 04 进入"程序和功能"窗口，选择需要卸载的软件，然后单击"卸载/更改"按钮，如图 1-34 所示。

图 1-33 单击"卸载程序"超链接　　　　图 1-34 选择要卸载的软件

Step 05 弹出软件卸载向导对话框，选中"直接卸载"单选按钮，然后单击"下一步"按钮，如图 1-35 所示。

Step 06 弹出提示信息框，单击"否"按钮，如图 1-36 所示。

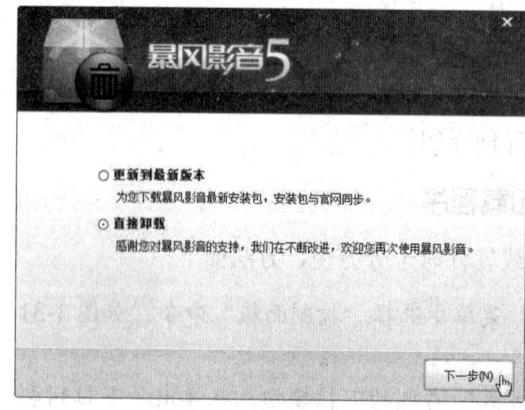

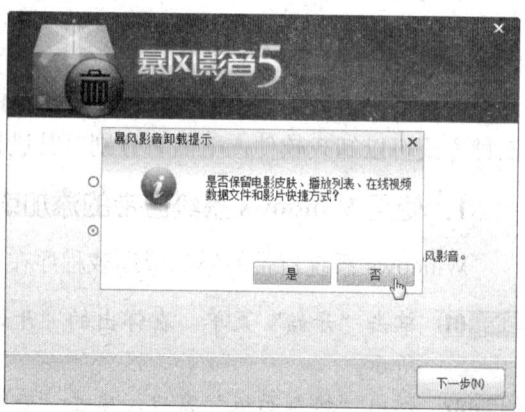

图 1-35 选择操作　　　　　　　　　　图 1-36 单击"否"按钮

Step 07　开始卸载软件，并显示卸载进度，如图 1-37 所示。

Step 08　卸载完成后，单击"完成"按钮即可，如图 1-38 所示。

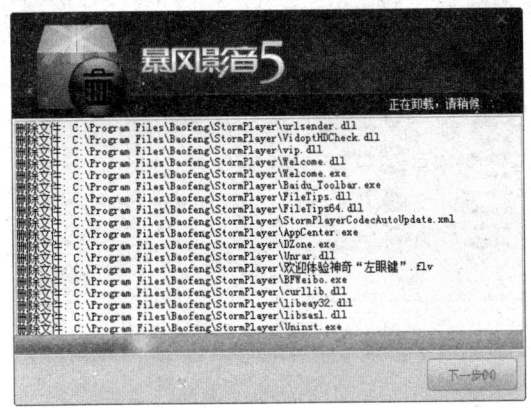

图 1-37　开始卸载

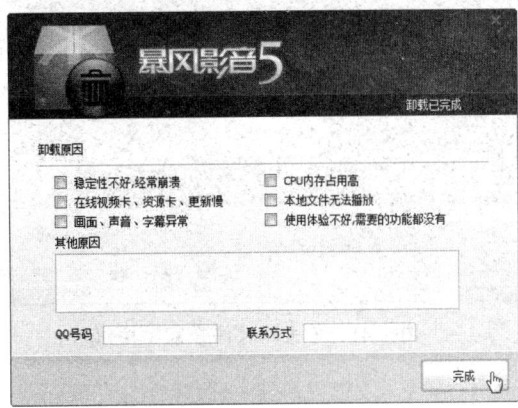

图 1-38　卸载完成

2. 使用软件自带卸载程序

大多数的工具软件都自带有卸载的程序，可以从"开始"|"所有程序"| 软件名称目录下选择卸载程序，在弹出的向导窗口中进行卸载，如图 1-39 所示。也可以在软件的安装目录下直接使用卸载程序。一般的卸载程序都是以 uninstall 或者 uninst 命名，如图 1-40 所示。

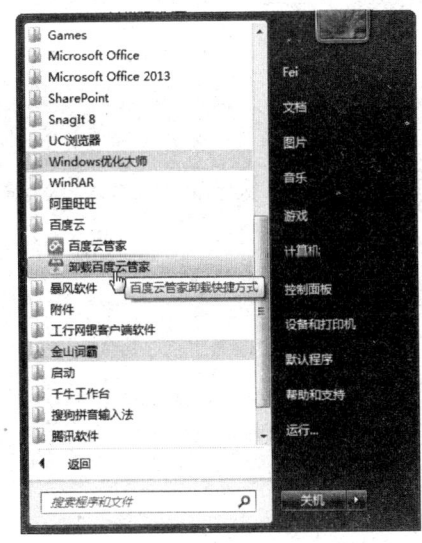

图 1-39　从"开始"菜单中卸载

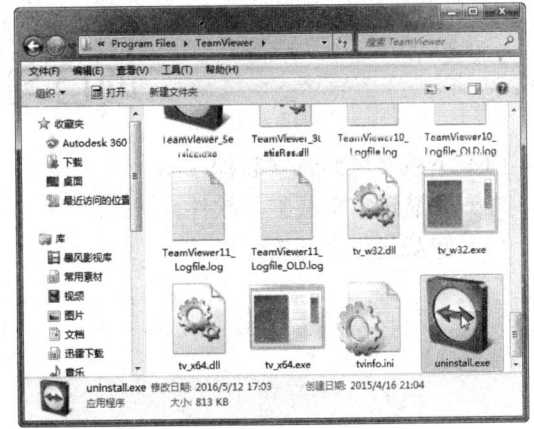

图 1-40　在根目录中卸载

3. 使用第三方工具卸载

使用第三方包含软件管理功能的软件也可以卸载不需要的软件，比如"360 安全卫士""电脑管家""Windows 优化大师"等，都具有管理软件的功能。

启动"360 安全卫士"后，单击"软件管家"按钮，如图 1-41 所示。激活 360 软件管家功能，在弹出的窗口中选择"软件卸载"选项卡，选中需要卸载软件前的复选框，然后单击"一键卸载"按钮即可将其卸载，如图 1-42 所示。

常用工具软件项目教程

图 1-41　单击"软件管家"按钮

图 1-42　选择要卸载的软件

项目小结

通过本项目的学习，读者应重点掌握以下知识：
（1）认识软件及工具软件。
（2）了解工具软件的类别及常用软件。
（3）学会在网络上卸载工具软件。
（4）熟练掌握安装软件的方法。
（5）可以灵活运用多种软件的卸载方法。

项目习题

（1）下载暴风影音安装程序。
（2）安装迅雷下载工具软件。
（3）卸载优化大师软件。

项目二　磁盘文件管理工具

项目概述

电脑中的数据几乎全部是由文件组成的,在 Windows 操作系统中可以使用资源管理器浏览和管理文件。除了日常对文件进行的分类管理、复制、移动与删除等操作外,还可以使用工具软件对文件进行压缩、备份、加密与保护以及恢复删除的文件等操作。在本项目中,将对这些知识进行详细介绍。

项目重点

- 对文件进行压缩和解压。
- 对压缩文件设置密码。
- 备份与同步文件。
- 对文件进行加密和隐藏。
- 恢复已删除的文件。

项目目标

- 掌握文件压缩的方法和技巧。
- 掌握备份与同步文件的方法。
- 掌握保护文件的方法。
- 能够恢复已删除的文件。

任务一　文件压缩

任务概述

文件压缩是一种通过特定的算法来减小计算机文件大小的方法,对文件进行压缩有利于更快地进行网络传输。常用的压缩软件包括 WinRAR、7-Zip、好压、酷压等,下面将以 WinRAR 为例介绍如何进行文件压缩。

WinRAR 是一款功能强大的压缩和解压缩工具,是目前最流行的压缩软件。根据压缩时间和压缩程度不同,用户可以选择多种压缩模式,还可以对压缩文件进行加密处理。在本任务中,将介绍 WinRAR 的使用方法。

常用工具软件项目教程

 任务重点与实施

一、压缩文件

使用 WinRAR 可以将单个或多个文件（或文件夹）进行压缩，并根据需要采用不同的压缩模式，包括"存储""最快""快速""常规""较好"和"最好"五种模式。

1. 创建压缩文件

安装 WinRAR 软件后，通过右键快捷命令即可执行压缩操作，具体操作方法如下：

Step 01 选中要进行压缩的文件夹并右击，在弹出的快捷菜单中选择"添加到压缩文件"命令，如图 2-1 所示。

Step 02 弹出"压缩文件名和参数"对话框，输入文件名，选择压缩文件格式，在"压缩方式"下拉列表中选择"最快"选项，然后单击"确定"按钮，如图 2-2 所示。

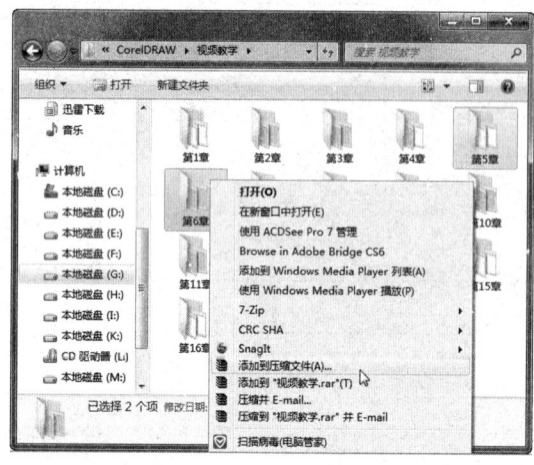

图 2-1　选择"添加到压缩文件"命令

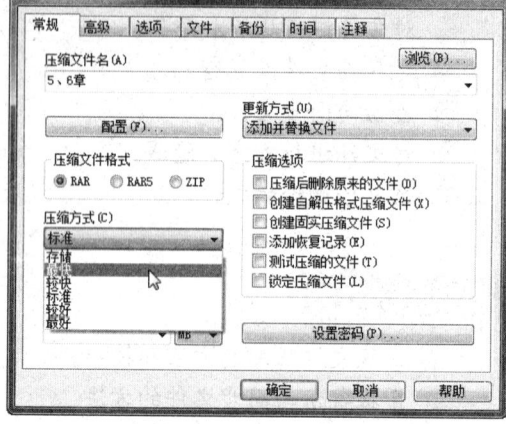

图 2-2　"压缩文件名和参数"对话框

Step 03 此时开始压缩文件并显示进度，等待压缩完成即可，如图 2-3 所示。

Step 03 压缩完成后，即可生成一个压缩包文件，如图 2-4 所示。

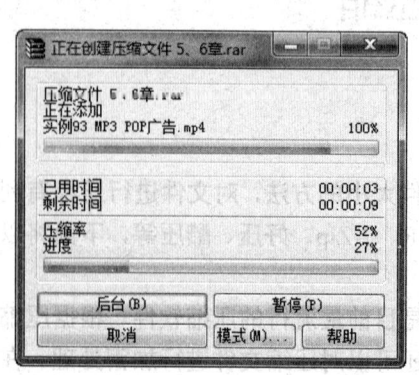

图 2-3　开始压缩文件

图 2-4　生成压缩包

2. 创建自解压文件

当将压缩文件传送给他人，却又不知道他人是否有压缩程序可以解压，此时可以创建自解压文件。自解压文件不需要外部程序来解压压缩文件的内容，它自己便可以运行解压操作。

创建自解压文件的具体操作方法如下：

Step 01 在压缩文件时，在"压缩文件名和参数"对话框中选中"创建自解压格式压缩文件"复选框，然后单击"确定"按钮，如图2-5所示。

Step 02 此时即可生成自解压压缩文件，自解压文件与其他的可执行文件一样都有.exe扩展名，如图2-6所示。

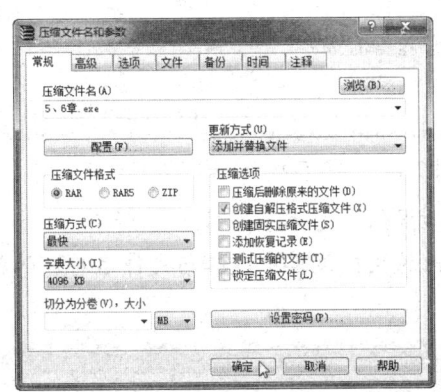

图 2-5 "压缩文件名和参数"对话框

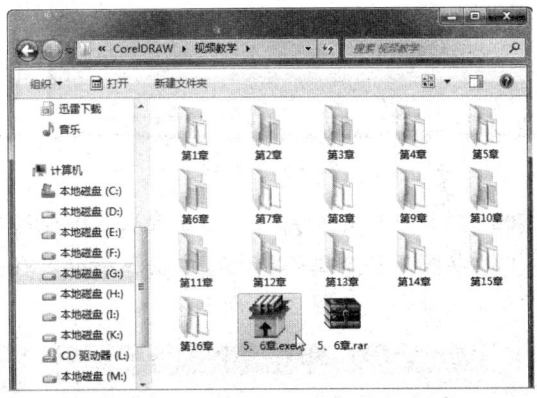

图 2-6 创建自解压文件

二、解压文件

若要使用压缩包中的文件，需先对其进行解压缩。下面将介绍如何解压压缩包与自解压文件。

1. 解压压缩包

使用WinRAR可以将压缩包完全解压，也可以解压其中指定的文件，具体操作方法如下：

Step 01 双击压缩包文件将其打开，如图2-7所示。

Step 02 弹出"WinRAR"程序窗口，双击目标文件夹，如图2-8所示。

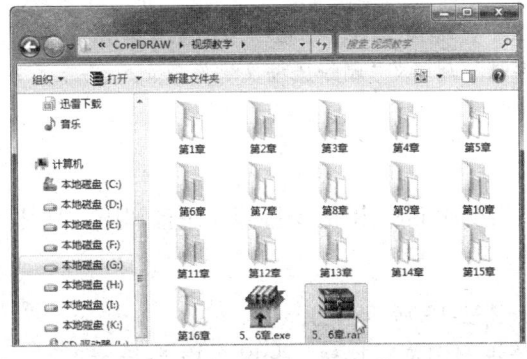

图 2-7 双击压缩包

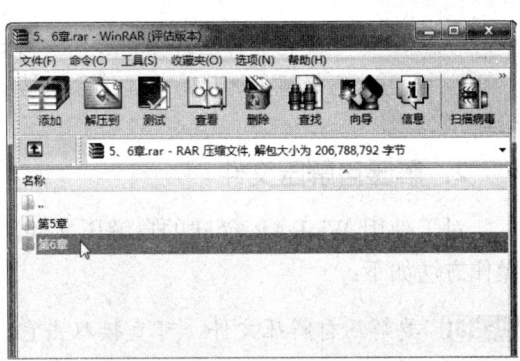

图 2-8 WinRAR窗口

Step 03 选中要解压的文件,然后在工具栏中单击"解压到"按钮,如图2-9所示。

Step 04 选择解压位置,弹出"解压路径和选项"对话框,在右侧选择目标文件夹,单击"确定"按钮,如图2-10所示。

图 2-9 单击"解压到"按钮

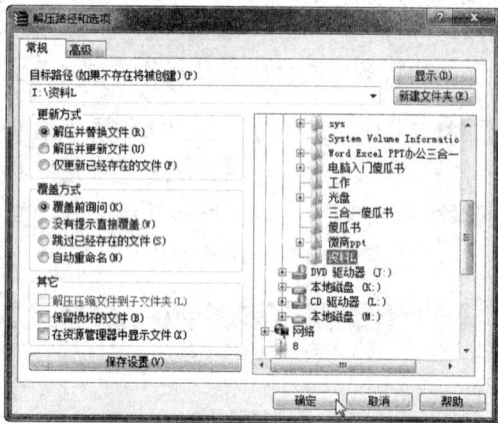
图 2-10 "解压路径和选项"对话框

Step 05 打开目标文件夹,即可查看从压缩包解压后得到的文件,如图2-11所示。

Step 06 要解压整个压缩包,可右击压缩包,在弹出的快捷菜单中选择与文件名对应的解压命令,如图2-12所示。

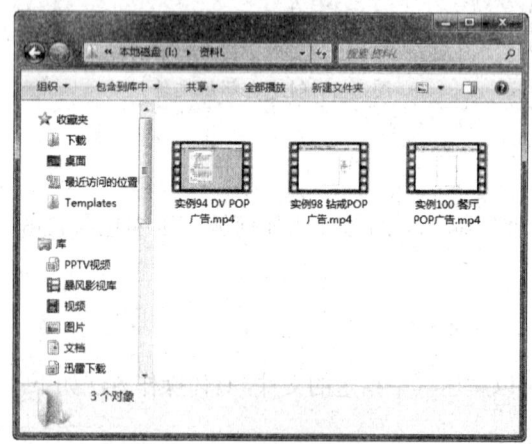
图 2-11 查看解压文件

图 2-12 选择解压命令

专家指导
Expert guidance

在"解压路径和选项"对话框中,选择"高级"选项卡,从中可以设置高级解压选项,如"清除文档'存档'属性""删除压缩文件"等。

2. 解压自解压文件

对于使用 WinRAR 创建的自解压文件,不需要 WinRAR 的支持即可进行解压,具体操作方法如下:

Step 01 要解压自解压文件,可直接双击它,如图2-13所示。

Step 02 弹出"WinRAR 自解压文件"窗口,单击"浏览"按钮,如图2-14所示。

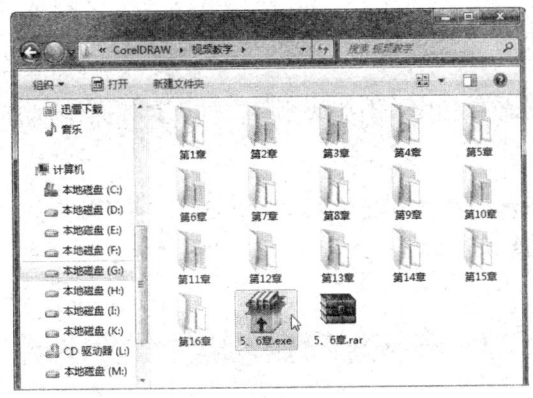
图 2-13 双击自解压文件

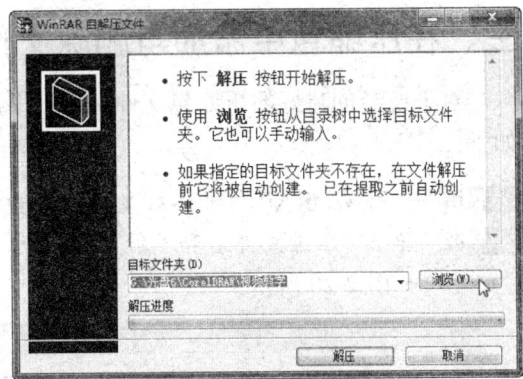
图 2-14 "WinRAR 自解压文件"窗口

Step 03 弹出"浏览文件夹"对话框,选择要解压到的文件夹,然后单击"确定"按钮,如图 2-15 所示。

Step 04 返回"WinRAR 自解压文件"窗口,可以看到"目标文件夹"下拉列表框中的路径已发生改变,单击"解压"按钮,如图 2-16 所示。要指定解压文件夹,也可直接在"目标文件夹"下拉列表框中手动输入路径。

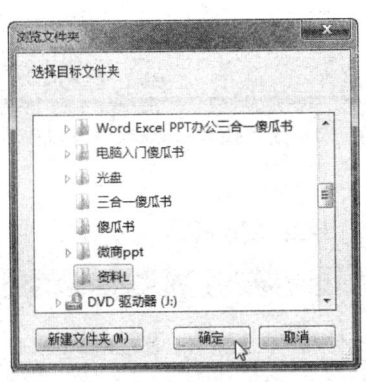
图 2-15 "浏览文件夹"对话框

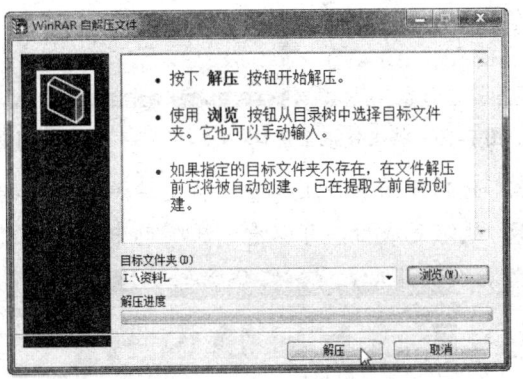
图 2-16 单击"解压"按钮

Step 05 此时即可开始进行解压操作,如图 2-17 所示。自解压文件无法解压其中指定的文件,是将整个压缩文件进行解压的。

Step 06 解压完成后,打开目标文件夹,即可看到解压后得到的文件,如图 2-18 所示。

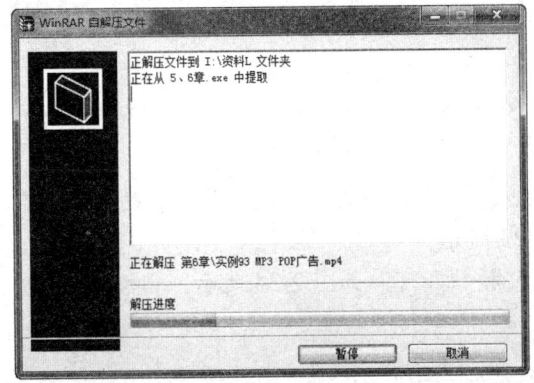
图 2-17 开始解压文件

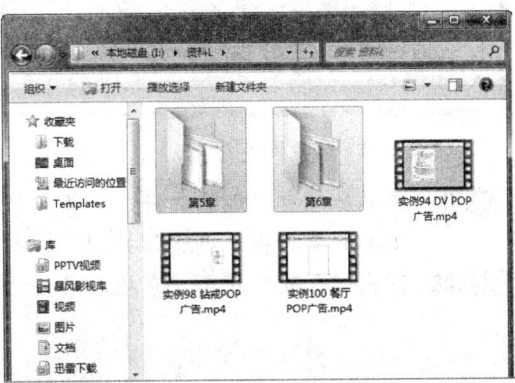
图 2-18 查看解压文件

三、在压缩包中添加与删除文件

对于已经创建好的压缩包文件,可以根据需要在其中添加或删除文件,具体操作方法如下:

Step 01 使用 WinRAR 打开压缩文件,将要添加的文件直接拖入其中,如图 2-19 所示。

Step 02 弹出"压缩文件名和参数"对话框,设置相关压缩选项,然后单击"确定"按钮,如图 2-20 所示。

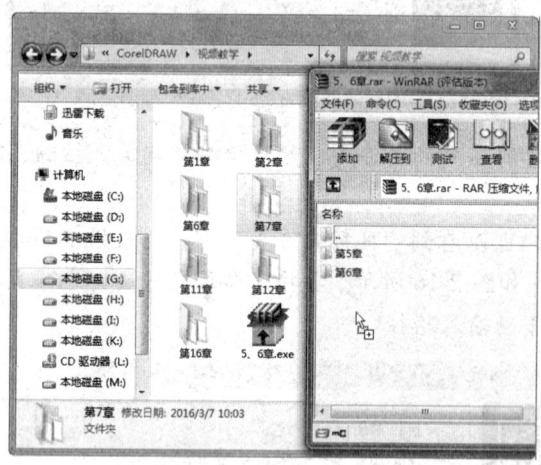
图 2-19 将文件拖至窗口

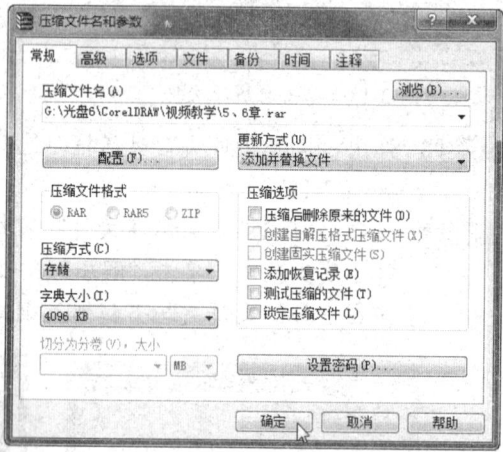
图 2-20 "压缩文件名和参数"对话框

Step 03 此时开始更新压缩包,将文件添加到压缩包中,如图 2-21 所示。

Step 04 压缩完成后,可以看到压缩包中添加的文件,如图 2-22 所示。

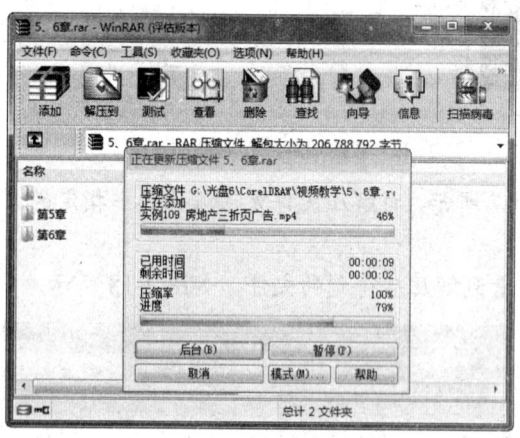
图 2-21 更新压缩包

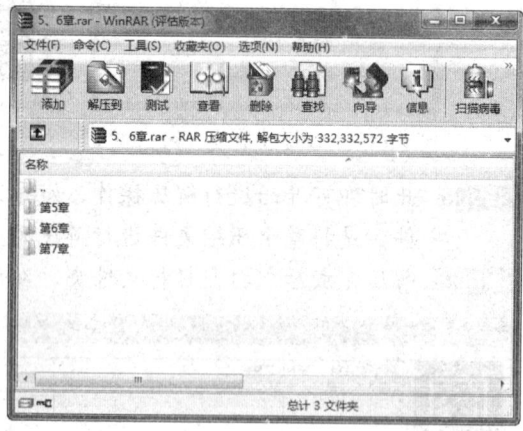
图 2-22 添加文件完成

Step 05 要从压缩包中删除文件,可使用 WinRAR 打开压缩文件。选中要删除的文件,在工具栏中单击"删除"按钮,如图 2-23 所示。

Step 06 弹出"删除"提示信息框,单击"是"按钮即可,如图 2-24 所示。

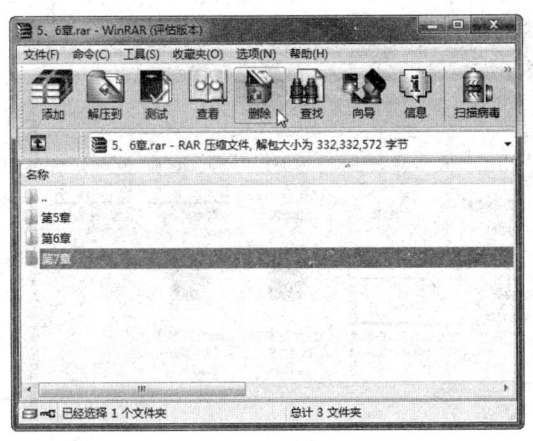
图 2-23 单击"删除"按钮

图 2-24 确认删除文件

专家指导 Expert guidance

将文件直接拖至压缩包图标上,也可向压缩包内添加文件。使用 WinRAR 打开压缩文件后,还可以对其中的文件进行重命名或查找文件。

四、分卷压缩

分卷压缩即将一个文件压缩为若干个压缩文件,以便于在网络上传输。而对于大型文件,也可以将其进行分卷压缩,以保存到多个存储设备中。分卷压缩的具体操作方法如下:

Step 01 右击要压缩的文件,在弹出的快捷菜单中选择"添加到压缩文件"命令,如图 2-25 所示。

Step 02 选择"压缩方式"为"标准",设置"切分为分卷"大小为 5MB,然后单击"确定"按钮,如图 2-26 所示。

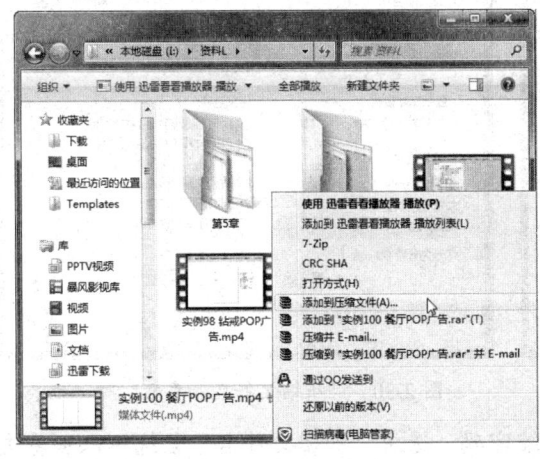

图 2-25 选择快捷命令　　　图 2-26 "压缩文件名和参数"对话框

Step 03 此时开始进行分卷压缩,并显示压缩进度,如图 2-27 所示。

Step 04 压缩文件创建完成,可以看到将文件压缩为了 2 个小的压缩包文件,如图 2-28 所示。

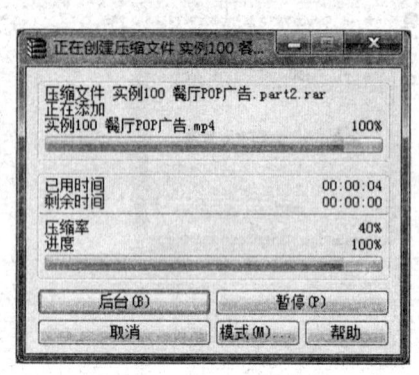

图 2-27 开始分卷压缩

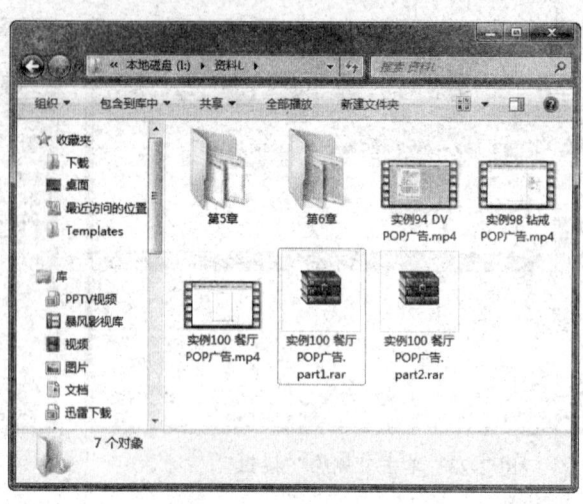

图 2-28 生成分卷压缩包

五、为压缩文件添加密码

在使用 WinRAR 压缩文件时，还可以进行加密设置，以防止他人查看其中的内容。用户可以为特定的压缩文件设置密码，也可以对 WinRAR 设置默认的压缩密码。

1. 为指定压缩文件设置密码

在对文件进行压缩设置时，可以设置解压密码，具体操作方法如下：

Step 01 右击文件夹，在弹出的快捷菜单中选择"添加到压缩文件"命令，如图 2-29 所示。

Step 02 弹出"压缩文件名和参数"对话框，单击"设置密码"按钮，如图 2-30 所示。

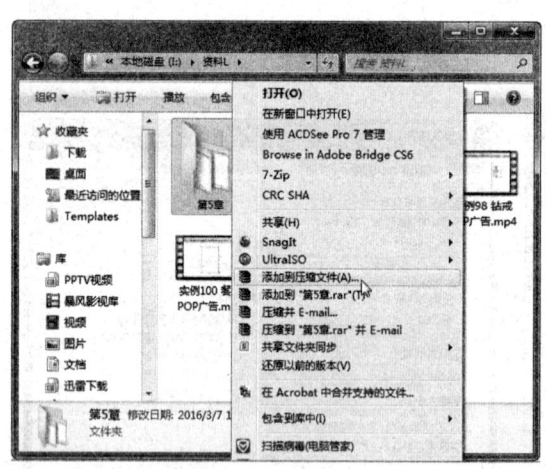

图 2-29 选择压缩命令

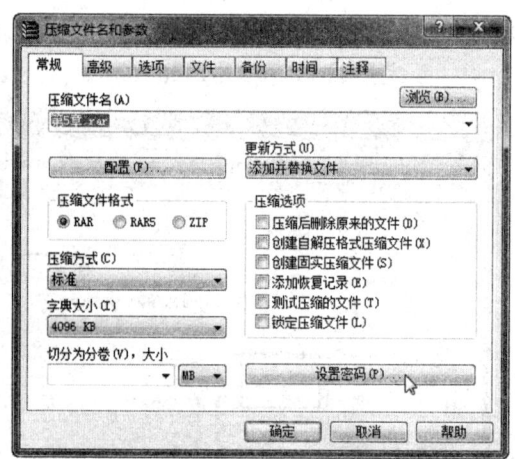

图 2-30 "压缩文件名和参数"对话框

Step 03 弹出"输入密码"对话框，设置压缩密码，选中"加密文件名"复选框以加密文件名，然后单击"确定"按钮，如图 2-31 所示。

Step 04 返回"带密码压缩"对话框，选中"压缩后删除原来的文件"复选框，然后单击"确定"按钮，如图 2-32 所示。

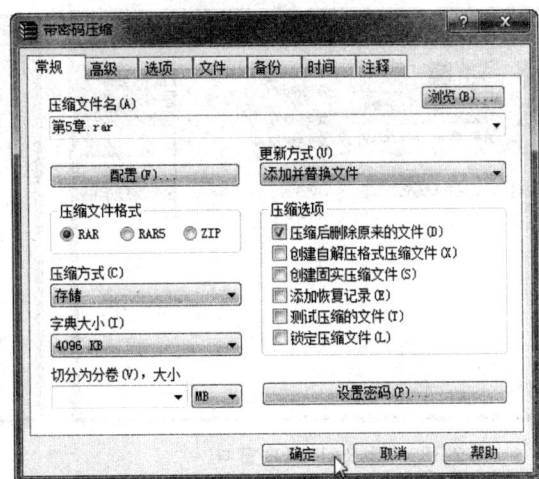

图 2-31 "输入密码"对话框　　　　图 2-32 带密码压缩"对话框

Step 05 等待压缩包文件创建完成后，将自动删除原来的文件，双击压缩包将其打开，如图 2-33 所示。

Step 06 弹出"输入密码"对话框，输入正确的密码，然后单击"确定"按钮，即可打开压缩文件，如图 2-34 所示。

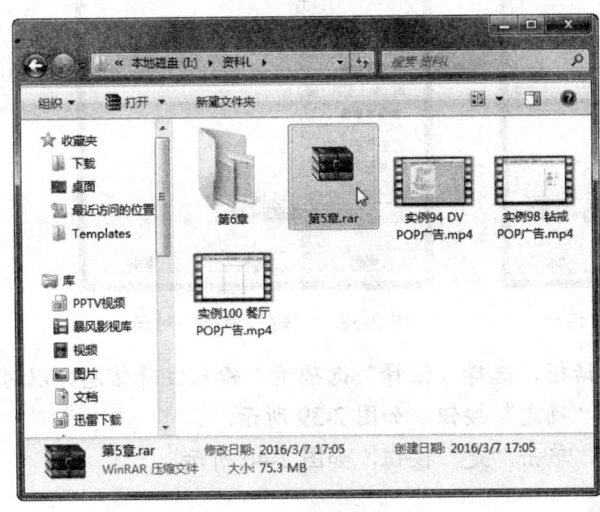

图 2-33 双击压缩包　　　　图 2-34 "输入密码"对话框

2. 设置默认压缩密码

对 WinRAR 设置默认的压缩密码，可以在每次压缩文件时自动添加压缩密码，而无需逐一添加，从而设置了统一的解压密码。

设置默认压缩密码的具体操作方法如下：

Step 01 使用 WinRAR 程序打开任意压缩文件，单击"选项"|"设置"命令，如图 2-35 所示。

Step 02 弹出"设置"对话框，选择"压缩"选项卡，然后单击"创建默认配置"按钮，如图 2-36 所示。

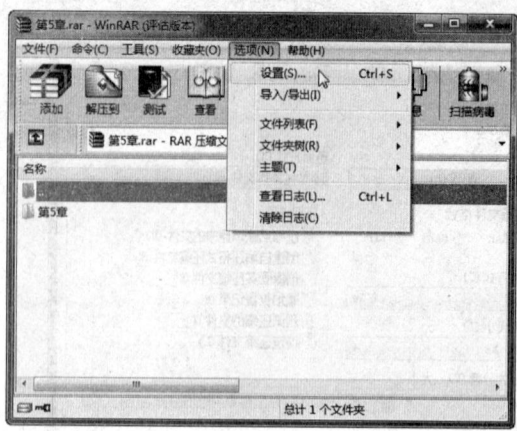

图 2-35　WinRAR 程序窗口　　　　　　图 2-36　"设置"对话框

Step 03　弹出"设置默认压缩选项"对话框,单击"设置密码"按钮,如图 2-37 所示。

Step 04　弹出"输入密码"对话框,设置压缩密码,然后单击"确定"按钮,如图 2-38 所示。

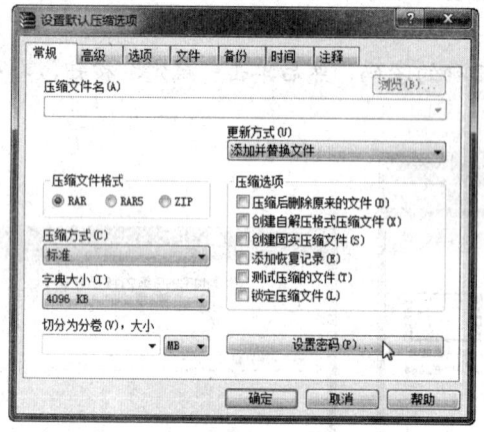

图 2-37　"设置默认压缩选项"对话框　　　　图 2-38　"输入密码"对话框

Step 05　返回"设置默认压缩选项"对话框,选择"注释"选项卡,输入注释信息,以对压缩文件进行说明,然后单击"确定"按钮,如图 2-39 所示。

Step 06　弹出"保存配置"提示信息框,单击"是"按钮,如图 2-40 所示。

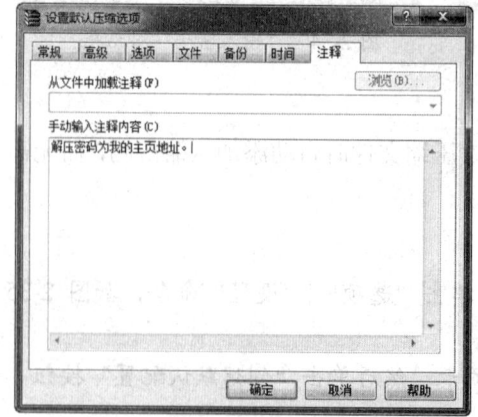
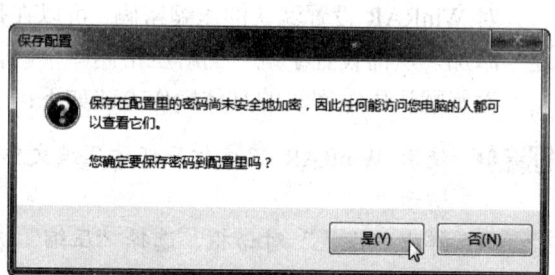

图 2-39　"设置默认压缩选项"对话框　　　　图 2-40　"保存配置"提示信息框

Step 07 对任意文件进行压缩，然后选中该压缩包，如图 2-41 所示。

Step 08 按【Alt+Enter】组合键，弹出文件属性对话框，选择"注释"选项卡，从中可以查看注释信息，如图 2-42 所示。若在进行加密设置时加密了文件名，则无法通过属性对话框查看压缩包文件的注释信息。

 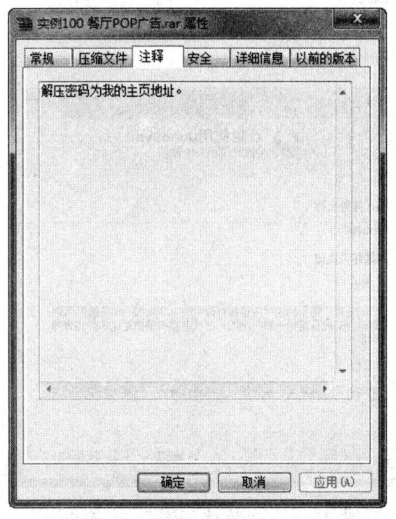

图 2-41　选中压缩包　　　　　　　　图 2-42　压缩包文件"属性"对话框

任务二　文件同步备份

任务概述

为了防止重要文件被删除或篡改，常常需要将其备份到其他地方，如将其备份到另一台电脑上或 U 盘内。当原文件或备份的文件由于某种原因发生了改动后，需要将两者进行同步，以保持内容一致，此时就需要借助文件同步备份工具。在本任务中，将详细介绍如何使用 GoodSync 和 SyncBackPro 两款软件来同步备份的文件。

任务重点与实施

一、使用 GoodSync 同步文件

GoodSync 是著名的文件同步备份工具，GoodSync 可以在任意两台电脑或者存储设备之间进行数据和文件的同步备份工作，不仅能同步本地硬盘里的文件，还能同步局域网指定机器之间的数据，同时还能远程同步 FTP 服务器等资料。GoodSync 的同步备份工作不会产生多余的文件，双向同步或者单向同步都能过滤已有的文件，彻底杜绝冗余文件。

下面将介绍如何使用 GoodSync 同步备份的文件，具体操作方法如下：

Step 01 启动"GoodSync"程序，弹出"新建任务"对话框，输入任务名称，选中"同步"单选按钮，然后单击"确定"按钮，如图 2-43 所示。

Step 02 打开"GoodSync"窗口，单击左侧的"浏览"按钮，如图 2-44 所示。

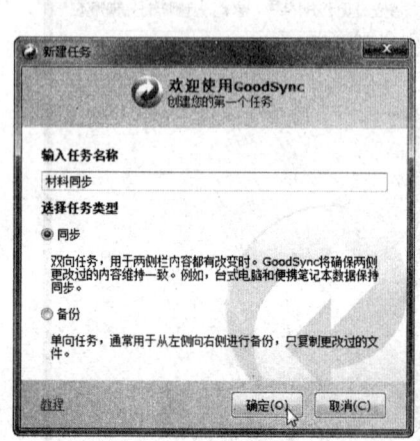

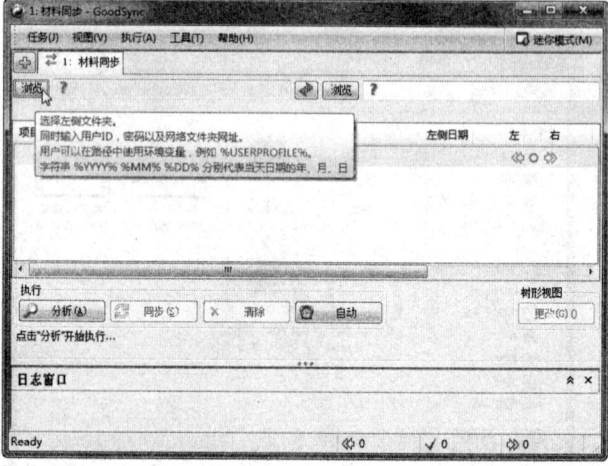

图 2-43　"新建任务"对话框　　　　　　　图 2-44　单击"浏览"按钮

Step 03 打开"左侧文件夹"窗口，在左窗格选择"My Computer"选项，在右侧选择原文件，单击"OK"按钮，如图 2-45 所示。

Step 04 返回"GoodSync"程序窗口，单击右侧的"浏览"按钮，如图 2-46 所示。

图 2-45　"左侧文件夹"窗口　　　　　　　图 2-46　单击"浏览"按钮

Step 05 打开"右侧文件夹"窗口，选择备份的文件，在此选择移动磁盘里的"材料"文件夹，然后单击"OK"按钮，如图 2-47 所示。

Step 06 要同步的文件夹设置完成后，单击"分析"按钮，如图 2-48 所示。

> **专家指导**
> Expert guidance
>
> 默认情况下为双向同步，用户可以根据需要设置单向左向右同步或单向右向左同步，按【Alt+O】组合键，打开"选项"对话框，从中设置同步方向即可。

磁盘文件管理工具　项目二

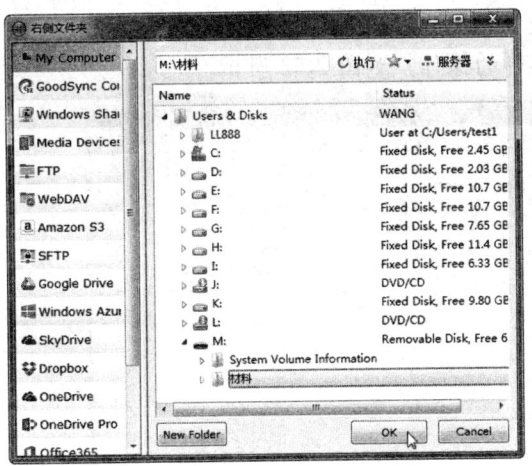

图 2-47　"右侧文件夹"窗口

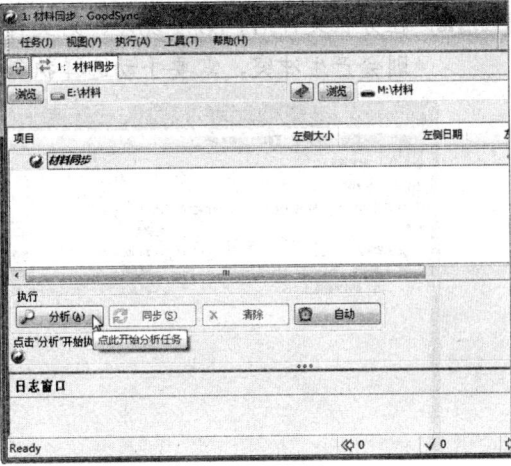

图 2-48　单击"分析"按钮

Step 07 此时开始分析两个文件夹的差异，并自动执行相应的动作。也可根据需要手动更改要执行的动作，如单击"不要复制"按钮。确定要执行的动作后，单击"同步"按钮，如图 2-49 所示。

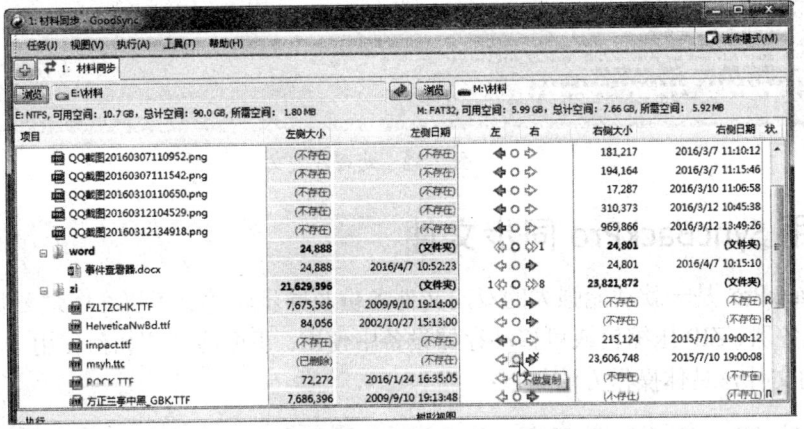

图 2-49　查看左、右文件的差异

Step 08 此时开始进行文件同步，如图 2-50 所示。

Step 09 同步操作成功完成，如图 2-51 所示。

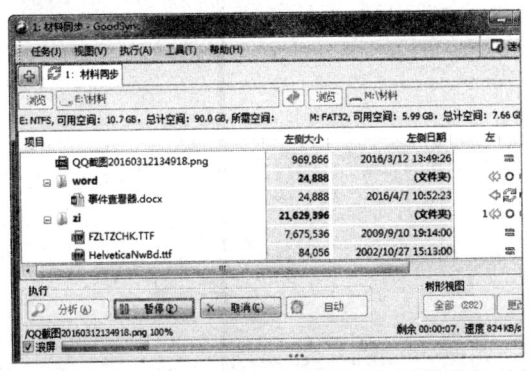

图 2-50　开始同步文件

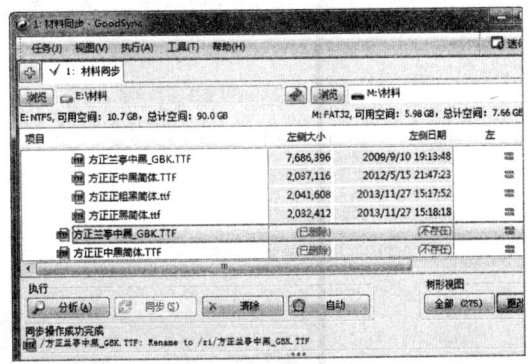

图 2-51　同步完成

Step 10 在分析文件后，若发现左、右文件夹中相同文件的内容、大小或其他属性不同，则会产生冲突，需要手动选择执行怎样的操作，如图 2-52 所示。

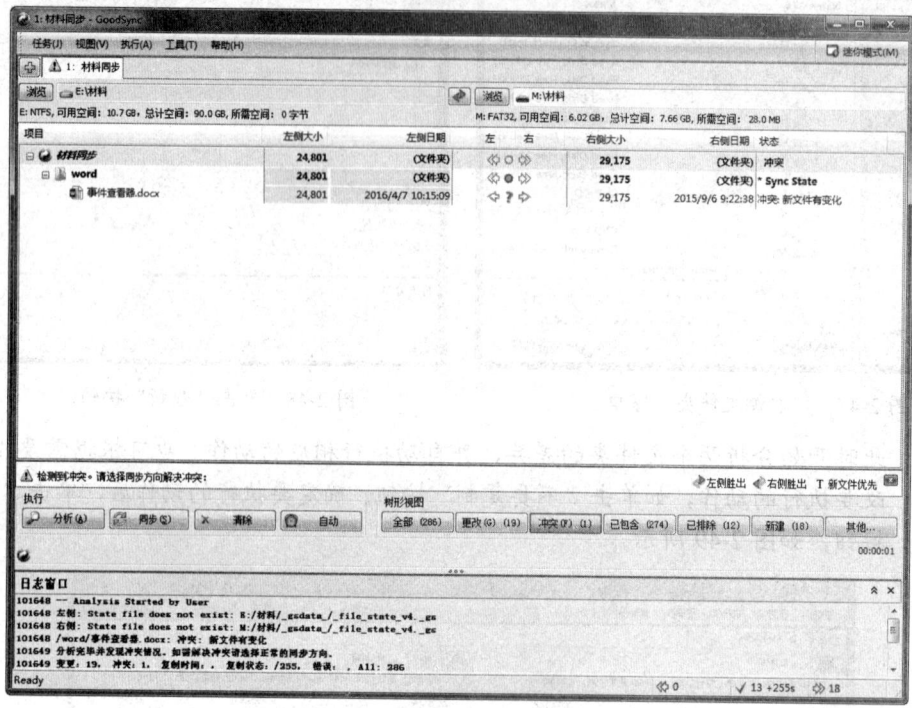

图 2-52　处理冲突文件

二、使用 SyncBackPro 同步文件

SyncBackPro 是一款功能强大的双向文件备份及同步软件，可以在本地磁盘、网络磁盘、FTP 服务器、ZIP 压缩包或可移动存储设备中使用。下面将介绍如何使用 SyncBackPro 同步备份的文件，具体操作方法如下：

Step 01 启动 "SyncBackPro" 程序，在下方工具栏中单击"添加"按钮，如图 2-53 所示。

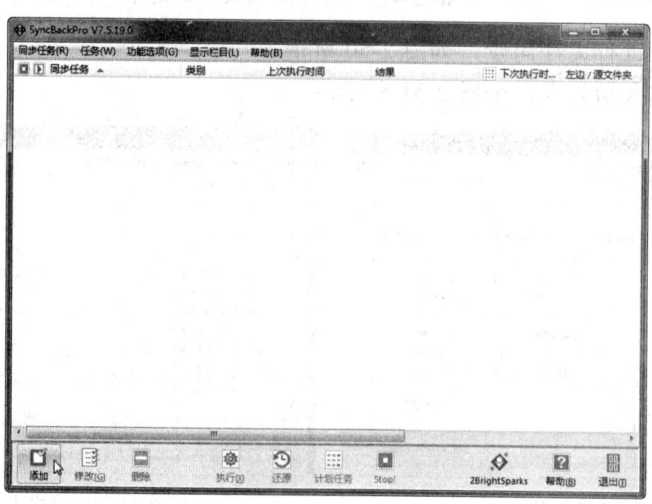

图 2-53　SyncBackPro 程序窗口

Step 02 打开"添加任务"窗口,输入任务名称,然后单击"下一步"按钮,如图2-54所示。

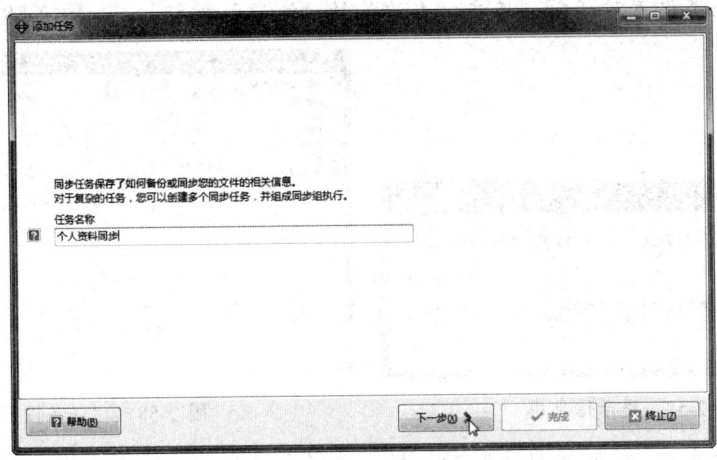

图 2-54 "添加任务"对话框

Step 03 选择要创建的任务类型,在此选中"同步"单选按钮,然后单击"下一步"按钮,如图2-55所示。

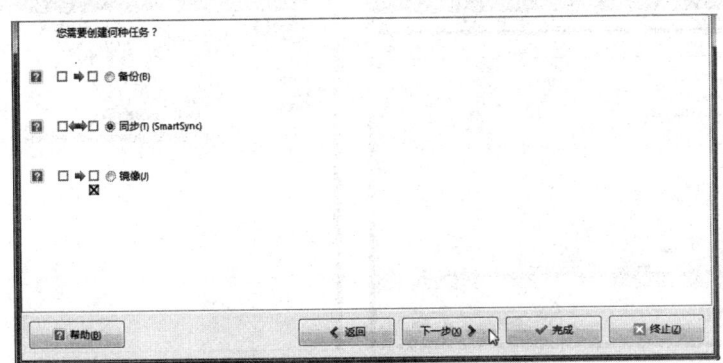

图 2-55 选中"同步"单选按钮

Step 04 选择左边和右边同步文件的位置,在此保持默认的选择,单击"完成"按钮,如图2-56所示。

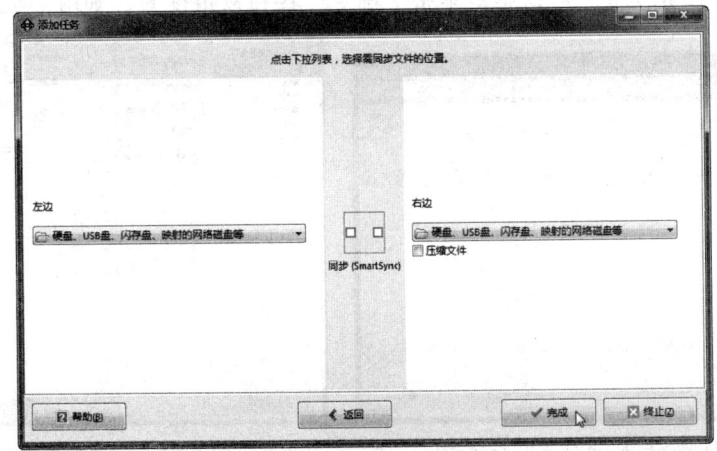

图 2-56 选择文件位置

Step 05 弹出提示信息框,单击"确定"按钮,如图 2-57 所示。

Step 06 弹出任务设置对话框,单击"左边"的"浏览"按钮,如图 2-58 所示。

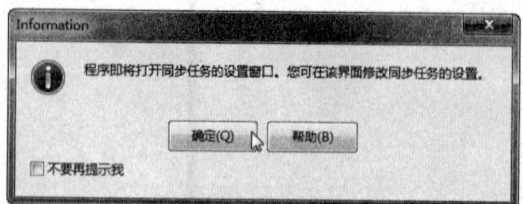
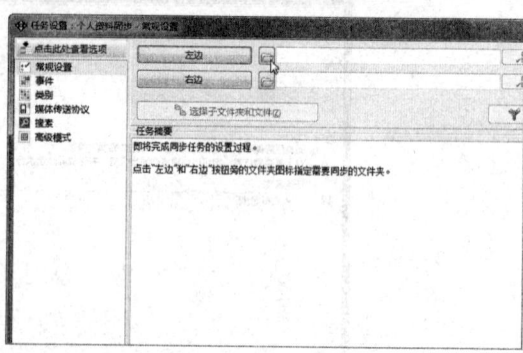

图 2-57　提示信息框　　　　　　　　图 2-58　"任务设置"对话框

Step 07 弹出"选择 左边 文件夹"对话框,选择要同步的文件夹,然后单击"选择文件夹"按钮,如图 2-59 所示。

Step 08 弹出任务设置对话框,单击"右边"的"浏览"按钮,如图 2-60 所示。

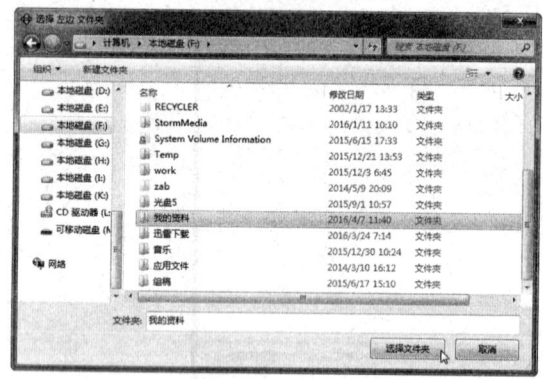
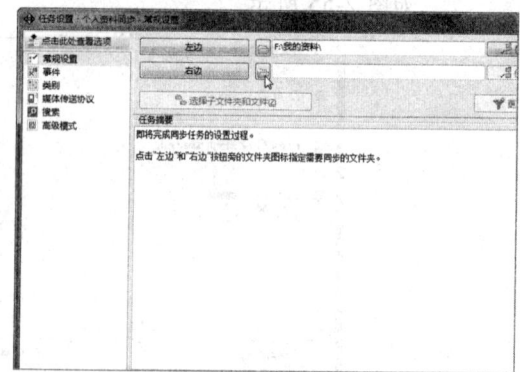

图 2-59　"选择 左边 文件夹"对话框　　　图 2-60　"任务设置"对话框

Step 09 弹出"选择 右边 文件夹"对话框,选择要与"左边"同步的文件夹,然后单击"选择文件夹"按钮,如图 2-61 所示。

Step 10 返回"任务设置"对话框,单击"确定"按钮应用设置,如图 2-62 所示。

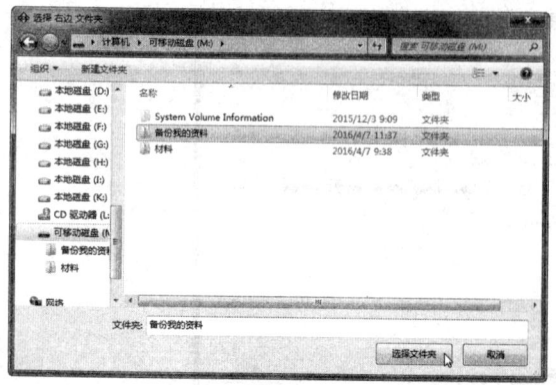
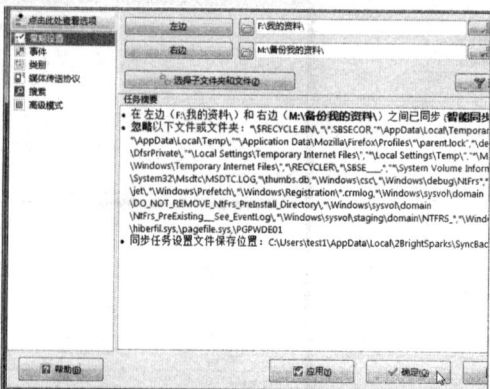

图 2-61　"选择 右边 文件夹"对话框　　　图 2-62　"任务设置"对话框

Step 11 弹出警告信息框，单击"是"按钮，关闭程序自动创建主目录，如图2-63所示。

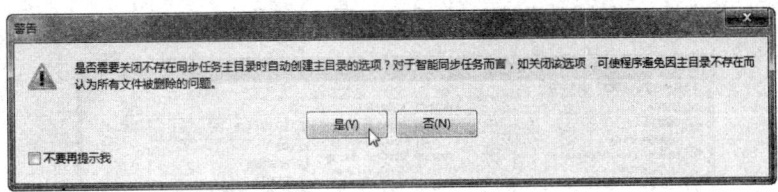

图 2-63 警告信息框

Step 12 弹出提示信息框，单击"否"按钮，不执行模拟同步，如图2-64所示。

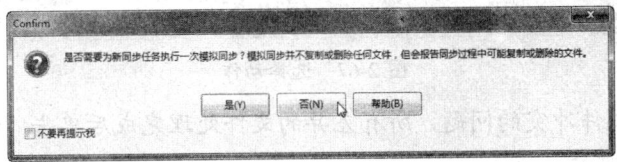

图 2-64 提示信息框

Step 13 返回到"SyncBackPro"程序窗口，选择任务，单击"任务"|"执行"命令，如图2-65所示。

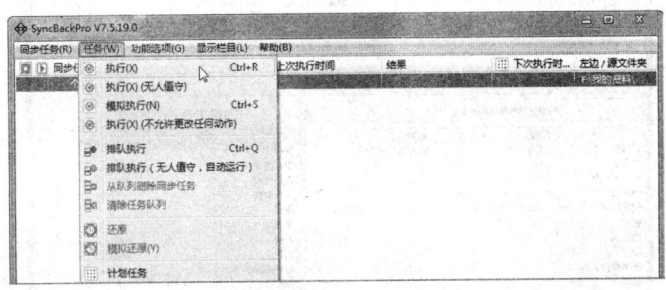

图 2-65 单击"执行"命令

Step 14 开始进行文件同步，弹出任务差异窗口，查看左、右两边的文件差异，以及要执行的"动作"，如图2-66所示。

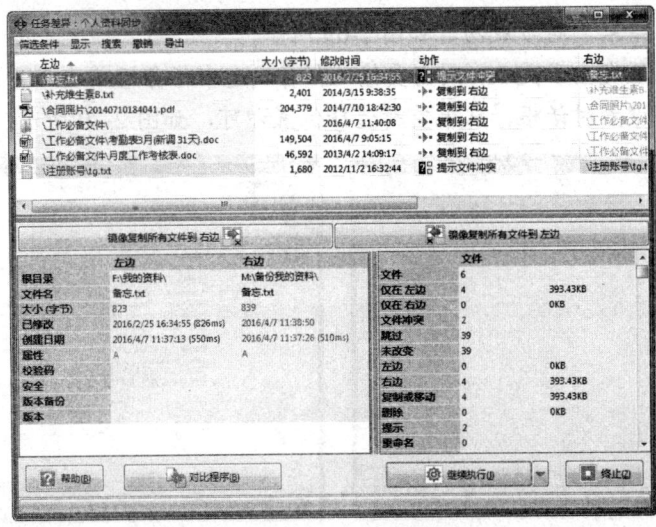

图 2-66 任务差异窗口

Step 15 单击"提示文件冲突"下拉按钮,在弹出的下拉列表中根据需要选择要执行的动作,在此选择"复制到左边"选项,如图2-67所示。

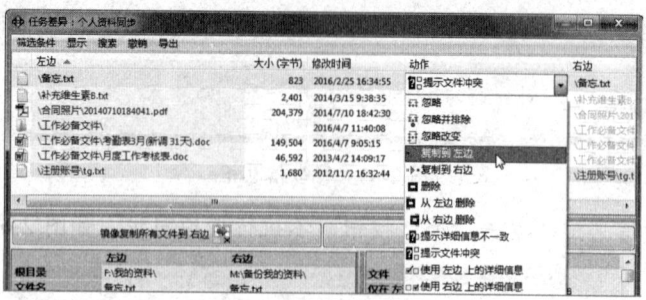

图2-67 选择动作

Step 16 继续处理文件冲突的问题,所有差异的文件处理完成后单击"继续执行"按钮,如图2-68所示。

图2-68 单击"继续执行"按钮

Step 17 显示同步结果,同步成功,如图2-69所示。

Step 18 若文件位置发生了更改,则需要修改任务,选中任务后单击下方的"修改"按钮,弹出任务设置对话框,从中重新选择位置即可,如图2-70所示。

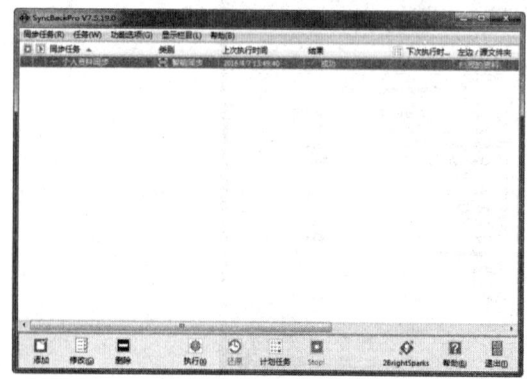

图2-69 同步完成

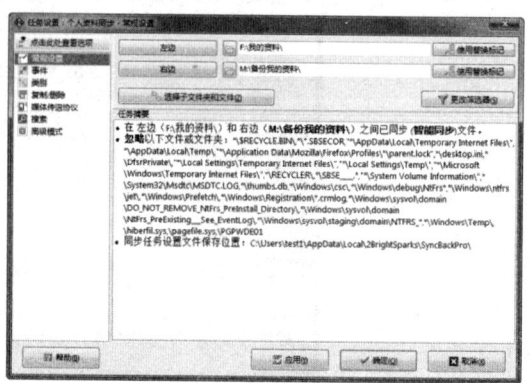

图2-70 同步完成

任务三　文件加密与保护

 **任务概述**

电脑中的个人文件若不想被他人看到，可以采取加密、隐藏等措施将其保护起来，此时就需要借助工具软件。Folder Guard 是一款可以严格控制电脑文件访问权的强大工具，特别是在用户在和别人共用一台电脑时，可以使用 Folder Guard 来防止其他用户打开私人文件，或将其完全隐藏起来。在本任务中，将详细介绍如何使用 Folder Guard 加密文件夹、隐藏文件以及解除限制。

 **任务重点与实施**

一、加密文件夹

对于不想让他人查看其内容的文件，可以为其添加密码。使用 Folder Guard 加密文件夹的具体操作方法如下：

Step 01 启动"Folder Guard"程序，弹出"主密码"对话框，输入密码，然后单击"确定"按钮，如图 2-71 所示。

Step 02 弹出提示信息框，单击"确定"按钮，如图 2-72 所示。

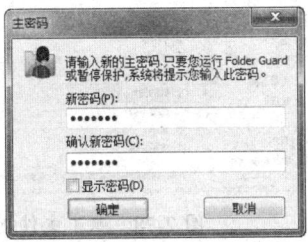
图 2-71　"主密码"对话框

图 2-72　提示信息框

Step 03 在程序左侧单击"文件夹"按钮，在右侧展开文件夹，选择要进行加密的文件夹，在上方工具栏中单击"密码"按钮，如图 2-73 所示。

Step 04 弹出"使用密码锁定"对话框，设置密码，然后单击"确定"按钮，如图 2-74 所示。

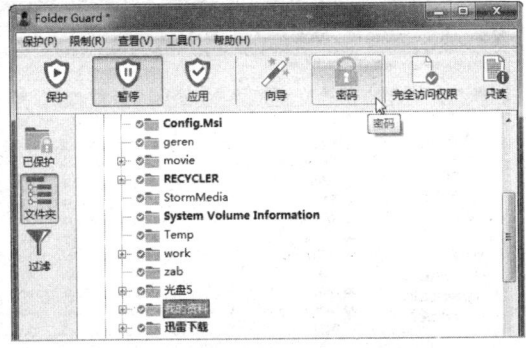
图 2-73　"Folder Guard"程序窗口

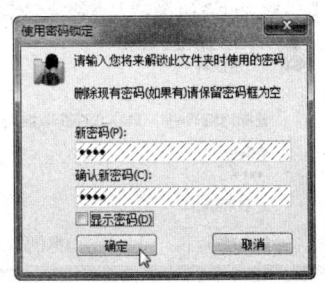
图 2-74　"使用密码锁定"对话框

Step 05 弹出"Folder Guard 指导"提示信息框,单击"确定"按钮,如图 2-75 所示。

Step 06 在上方工具栏中单击"应用"按钮,如图 2-76 所示。

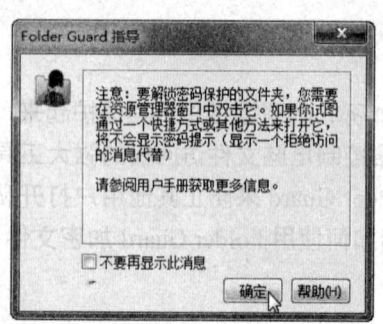

图 2-75 提示信息框

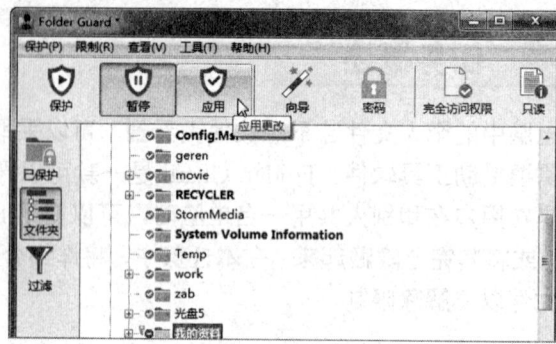

图 2-76 应用设置

Step 07 要使"Folder Guard"程序保护生效,需使其处于"保护"状态,在上方工具栏中单击"保护"按钮,如图 2-77 所示。

Step 08 在资源管理器窗口找到添加密码的文件夹并双击,如图 2-78 所示。

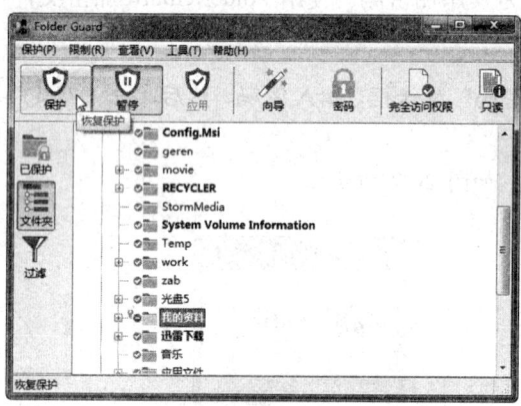

图 2-77 单击"保护"按钮

图 2-78 双击文件夹

Step 09 弹出"Folder Guard"对话框,输入正确的密码,然后单击"确定"按钮,如图 2-79 所示。

Step 10 打开加密的文件夹,如图 2-80 所示。要清除文件夹密码,只需在加密文件夹时设置密码为空即可。

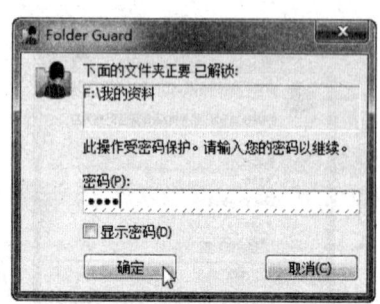

图 2-79 "Folder Guard"对话框

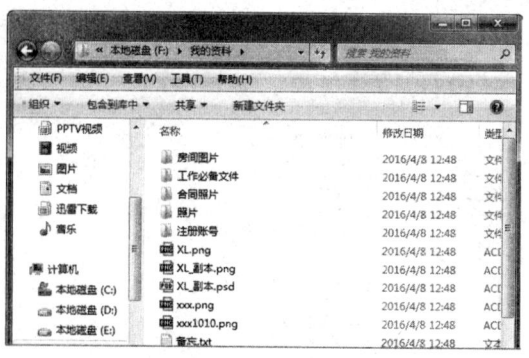

图 2-80 打开加密文件夹

二、隐藏文件夹

对于不想让他人看到的文件，可以使用 Folder Guard 将其隐藏起来（若包含密码，则需先清除密码），具体操作方法如下：

Step 01 在"Folder Guard"程序中右击要隐藏的文件，在弹出的快捷菜单中选择"可见性"| "隐藏"命令，如图 2-81 所示。

Step 02 在工具栏中单击"应用"按钮，即可将该文件在电脑中隐藏，如图 2-82 所示。

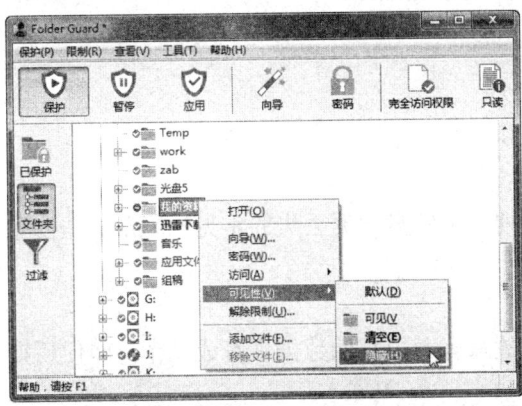 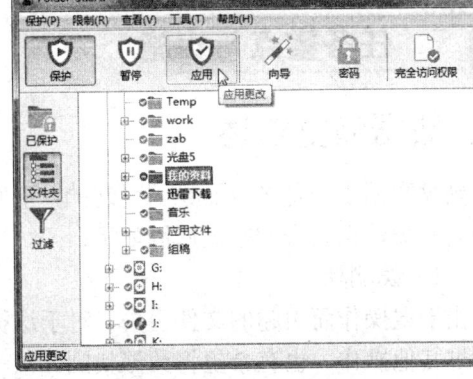

图 2-81　选择"隐藏"命令　　　　　　　　图 2-82　应用设置

三、解除限制

对于加密的与隐藏的文件，要将其恢复为原来的状态，使用 Folder Guard 解除限制即可，具体操作方法如下：

Step 01 右击隐藏的文件，在弹出的快捷菜单中选择"解除限制"命令，如图 2-83 所示。

Step 02 在工具栏中单击"应用"按钮，即可恢复文件原来的状态，如图 2-84 所示。

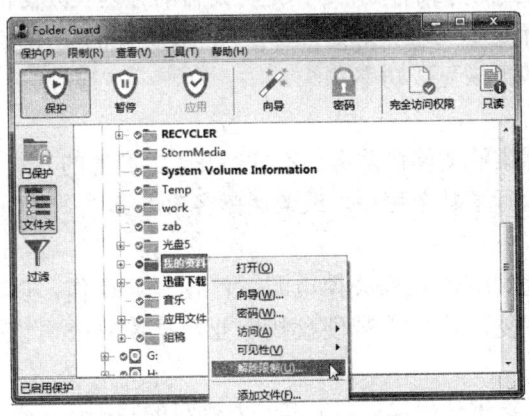 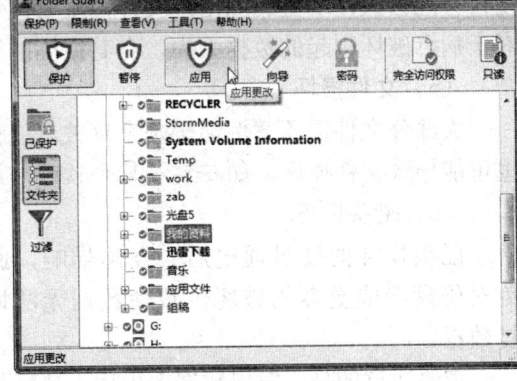

图 2-83　选择"解除限制"命令　　　　　　图 2-84　应用设置

使用 Folder Guard 还可以设置只隐藏文件夹中的内容，即文件夹可见，但看起来是空的，直到输入正确的密码，方法为：为文件夹应用"空"保护。

任务四　磁盘数据恢复

在 Windows 系统下的文件删除和磁盘格式化都属于高级格式化，其实并没有真正的删除文件，只要磁盘有多余的空间，并且没有被其他文件占据，都是可以恢复的。在本任务中，将介绍如何使用数据恢复软件恢复已经删除的硬盘数据。

一、数据恢复综述

硬盘数据丢失是多方面原因引起的，下面列举了硬盘数据丢失的常见原因及一些注意事项。硬盘数据丢失的常见原因如下：

（1）误删除

由于误操作而引起的文件丢失。对于这类故障有着很高的数据恢复成功率，即便后期进行过其他操作，也有希望将数据找回。

（2）误分区、误复制

在使用 PQ Magic 以及 Ghost 时，由于用户的误操作而导致数据丢失，这类逻辑故障也可以进行恢复，不过恢复的难度相对较大。

（3）误格式化

用户在系统崩溃后忘记硬盘中（一般是 C 盘）还有一些重要资料，然后格式化并重装了系统，这种情况一般也可以恢复。

（4）病毒破坏

病毒破坏数据的几率是很大的，它破坏数据的方式有多种：一是将硬盘的分区表改变，使得分区丢失；二是删除用户文件，主要破坏.doc、.xls、.jpg、.mpg 等几种类型的文件。对于病毒破坏引起的数据丢失，有着很高的数据恢复成功率。

（5）文件损坏

大部分文件损坏案例都跟杀毒有关，被感染的文件在杀毒后就打不开了。其他的方式也可能导致文件损坏，如安装了某个软件、运行了某个程序，或遭遇黑客攻击等。

（6）磁头损坏

磁头损坏的硬盘通电后会发出异响，此时应该立刻关掉电源，停止任何操作，以免对硬盘造成更多的破坏，致使数据无法恢复，然后携带硬盘找专业数据恢复公司恢复数据。

需要注意的是，发现数据丢失后不要轻易尝试任何操作，尤其是对硬盘的写操作，否则很容易覆盖数据。也不要轻易尝试 Windows 的系统还原功能，这并不会为用户找回丢失的文件，只会给后期的恢复造成不必要的麻烦。不要反复使用杀毒软件，这些操作也无法找回丢失的文件。数据丢失后的硬盘不要做开机自检和碎片整理操作。

二、恢复误删文件的注意事项

在误删文件后,能否成功恢复文件很大程度上取决于如何对待硬盘以及在误删除发生后有多少信息被写到硬盘上了。不要在发生数据丢失的硬盘上继续进行操作,要特别注意以下事项:

(1)不要继续使用被误删除文件的系统。
(2)不要使用该系统上网,收邮件,听音乐,看电影,创建文档。
(3)不要重启或者关闭系统。
(4)不要安装文件到想要恢复删除文件的系统上。
(5)对系统操作越多,恢复成功的可能性就越小。
(6)千万不要对该硬盘进行碎片整理或者执行任何磁盘检查工具。如果这样做,很有可能会清除掉想要恢复的文件在磁盘上的任何遗留信息。
(7)为了得到最佳效果,最好是在误删文件后尽早运行数据恢复软件。

三、常用数据恢复软件

数据恢复软件有很多种,常用的有"软媒数据恢复"、EasyRecovery、FinalData、"易我数据恢复向导",以及 WinHex 等。

"软媒数据恢复"软件是一款可以帮助用户恢复被误删掉的文件数据的工具,支持恢复硬盘、U盘、移动硬盘和SD卡上的数据文件,其程序界面如图2-85所示。

EasyRecovery 是著名数据恢复公司 Ontrack 制作的一款功能非常强大的硬盘数据恢复工具,它能够恢复丢失的数据以及重建文件系统。EasyRecovery 不会向原始驱动器写入任何文件,它主要是在内存中重建文件分区表使数据能够安全地恢复到其他驱动器中,其程序界面如图2-86所示。

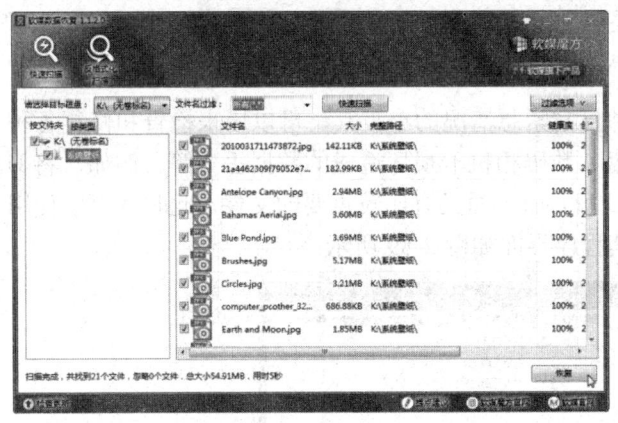
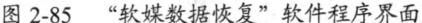

图 2-85 "软媒数据恢复"软件程序界面

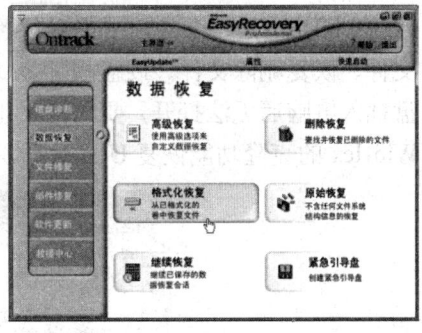

图 2-86 EasyRecovery 程序界面

FinalData 是一款很优秀的数据恢复软件,当文件被误删除(并从回收站中清除)、FAT表或磁盘根区被病毒侵蚀造成文件信息全部丢失、物理故障造成 FAT 表或者磁盘根区不可读,以及磁盘格式化造成的全部文件信息丢失之后,FinalData 都能通过直接扫描目标磁盘抽取并恢复出文件信息,用户可以根据这些信息方便地查找和恢复自己需要的文件,其程序界面如图2-87所示。

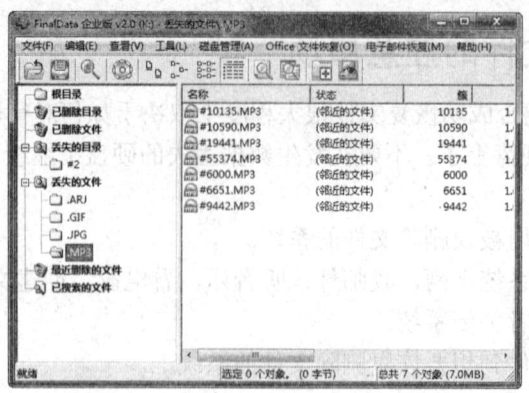

图 2-87 "FinalData"程序界面

易我数据恢复是国内自主研发的数据恢复软件,是一款功能强大的数据恢复软件,可以非常有效地恢复删除或丢失的文件、恢复格式化的分区以及恢复分区异常导致丢失的文件,其程序界面如图 2-88 所示。

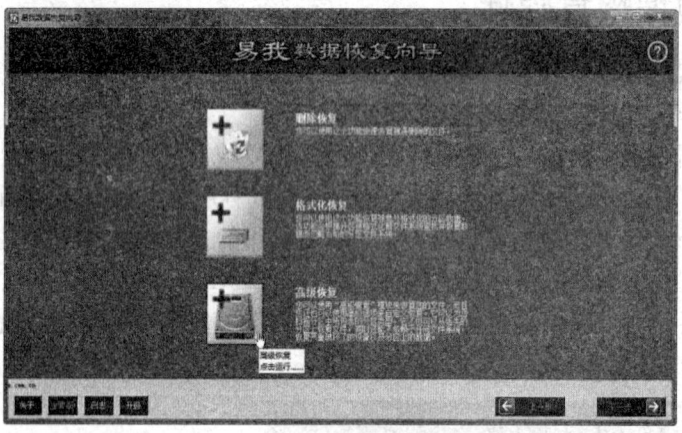

图 2-88 易我数据恢复向导程序界面

WinHex 是一个专门用来对付各种日常紧急情况的小工具,可以用来检查和修复各种文件、恢复删除文件、硬盘损坏、U 盘、数码相机卡损坏造成的数据丢失等。例如,将 U 盘插入电脑后无法打开,要求格式化 U 盘,而里面又有比较重要的文件,此时就可以使用 WinHex 的克隆功能恢复 U 盘数据。其程序界面如图 2-89 所示。

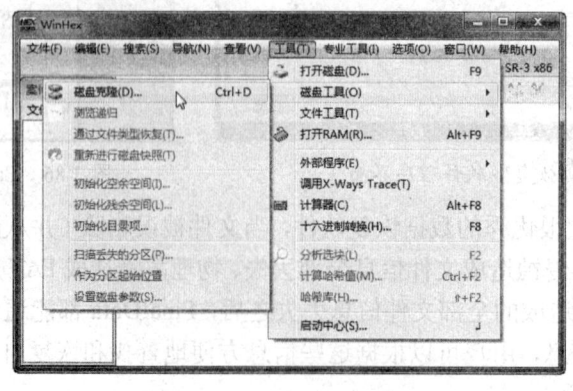

图 2-89 "WinHex"程序界面

四、使用 EasyRecovery 恢复数据

下面以恢复格式化后的 U 盘数据为例,介绍如何使用 EasyRecover 恢复格式化后驱动器中的数据,具体操作方法如下:

Step 01 启动 EasyRecovery 程序,在左侧选择"数据恢复"选项,在右侧单击"格式化恢复"按钮,如图 2-90 所示。

Step 02 弹出提示信息框,单击"确定"按钮,如图 2-91 所示。

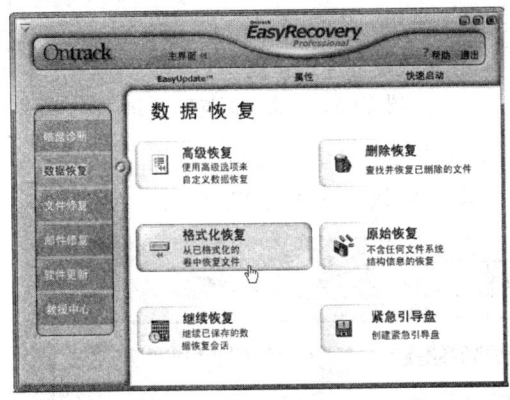
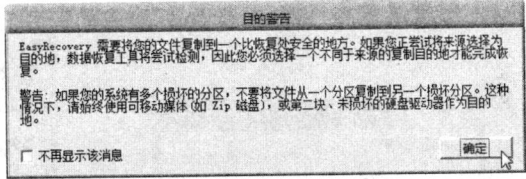

图 2-90 EasyRecovery 程序界面　　　　图 2-91 提示信息框

Step 03 在左侧选择 U 盘分区,选择 U 盘的文件系统,然后单击"下一步"按钮,如图 2-92 所示。

Step 04 程序开始扫描磁盘,此时需要耐心等待扫描完成,如图 2-93 所示。

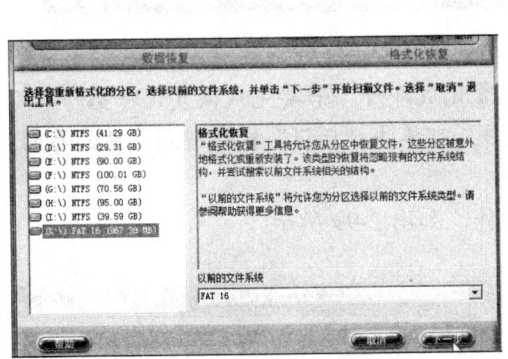
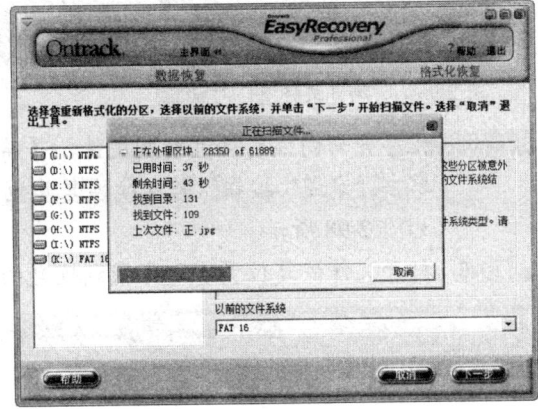

图 2-92 选择分区　　　　图 2-93 开始扫描文件

Step 05 在左侧树状文件列表中选择要恢复的文件夹,在右侧选择文件,然后单击"下一步"按钮,如图 2-94 所示。还可以对搜到的文件按行类型、日期、大小等参数进行筛选,选中"使用过滤器"复选框,并单击"过滤器选项"按钮,在弹出的对话框中进行设置即可。

Step 06 在打开的界面中单击"浏览"按钮,如图 2-95 所示。

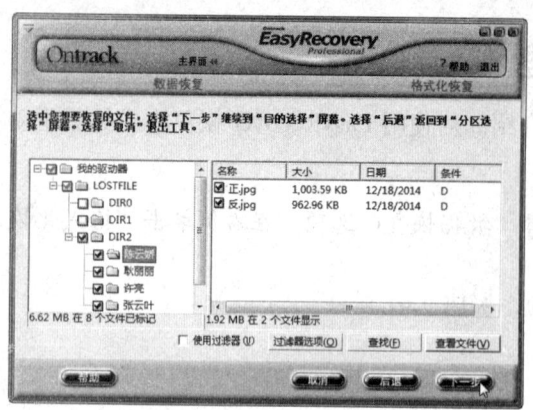
图 2-94 选择要恢复的文件

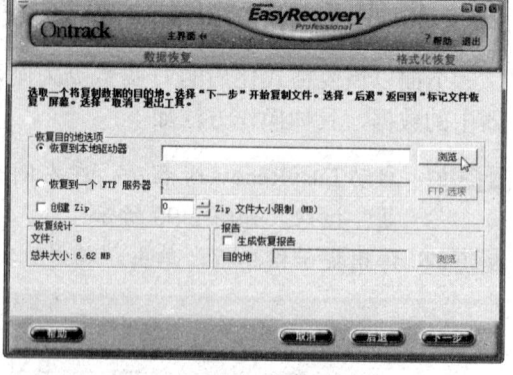
图 2-95 单击"浏览"按钮

Step 07 在弹出的对话框中选择文件恢复位置,然后单击"确定"按钮,如图 2-96 所示。
Step 08 返回"EasyRecovery"程序,单击"下一步"按钮,如图 2-97 所示。

图 2-96 "浏览文件夹"对话框

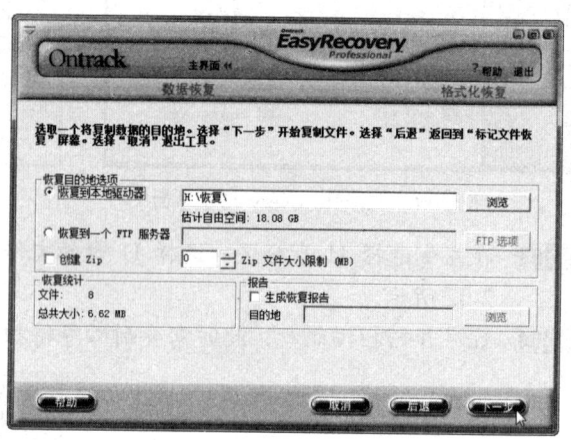
图 2-97 设置恢复位置

Step 09 程序开始向恢复位置复制文件,等待恢复完成即可。若要完成恢复文件操作,可单击"完成"按钮。若继续恢复其他文件,可单击"后退"按钮回到之前的界面,如图 2-98 所示。
Step 10 打开文件恢复位置,即可找到恢复的文件,如图 2-99 所示。

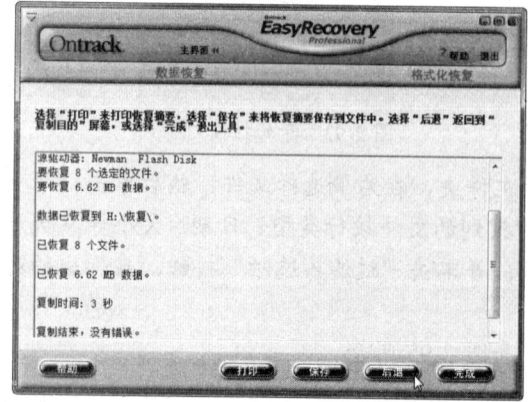
图 2-98 恢复完成

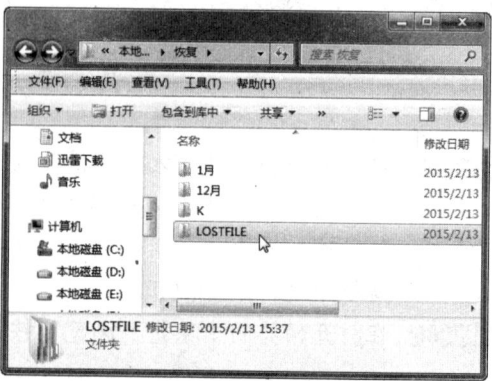
图 2-99 查看恢复的文件

项目小结

通过本项目的学习，读者应重点掌握以下知识：
（1）压缩文件时，可以选择多种压缩模式。
（2）用户可以根据需要在压缩包文件中添加或删除文件。
（3）使用 GoodSync 和 SyncBackPro 工具可以实现两台电脑或者电脑与 U 盘之间的数据和文件的同步转换。
（4）使用 Folder Guard 可以对指定性的文件夹进行加密码、隐藏及权限控制。
（5）文件被误删除后，可以使用数据恢复软件对其进行还原。

项目习题

（1）对电脑中的文件进行加密压缩，并选用不同的压缩模式。
（2）将重要文件备份到 U 盘，并使用 GoodSync 进行同步。
（3）使用 Folder Guard 对个人的隐私文件进行隐藏。
（4）删除 U 盘中的文件，然后使用 EasyRecovery 进行数据恢复。

项目三　PDF 阅读与翻译工具

项目概述

在生活、工作以及娱乐中，人们可能会阅读一些文本性内容，还可能跨平台阅读，这时需要有专业的阅读工具软件；如果遇到的是外语文本，非专业人士阅读起来会非常吃力，这时就需要借助翻译工具来阅读。本项目将详细介绍 PDF 阅读与翻译工具的使用方法。

项目重点

- 阅读 PDF 文档。
- 编辑 PDF 文档。
- 使用"有道词典"即时翻译工具。
- 在线翻译。

项目目标

- 掌握阅读 PDF 文档的方法。
- 掌握编辑 PDF 文档的方法。
- 掌握使用"有道词典"软件的方法。
- 掌握在线翻译的方法。

任务一　PDF 阅读工具软件

PDF 是一种便携式文档格式，PDF 文件以 PostScript 语言图像模型为基础，无论在哪种打印机上都可以保证精确的颜色还原和准确的打印效果，即 PDF 会完全地再现原稿的每一个字符、颜色以及图像。另外，PDF 文件不管是在 Windows、Unix，还是在 Mac OS 操作系统中都是通用的，因此 PDF 文件的应用十分广泛。在本任务中，将详细介绍 PDF 阅读工具软件的使用方法。

PDF 阅读与翻译工具　项目三

任务重点与实施

一、阅读 PDF 文件

阅读 PDF 文件需要专门的阅读工具，如 Adobe Reader、"福昕 PDF 阅读器"等。下面将介绍如何阅读 PDF 文件的方法：

Step 01 双击 Adobe Reader XI 图标，启动程序，如图 3-1 所示。

Step 02 打开 Adobe Reader XI 程序窗口，单击"文件"|"打开"命令，如图 3-2 所示。

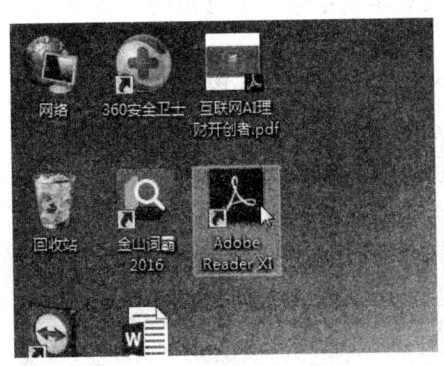

图 3-1　双击程序图标　　　　　图 3-2　"Adobe Reader XI"程序窗口

Step 03 弹出"打开"对话框，选择需要打开的文档，然后单击"打开"按钮，如图 3-3 所示。

Step 04 此时即可阅读 PDF 文档，滚动鼠标可进行翻页操作，如图 3-4 所示。

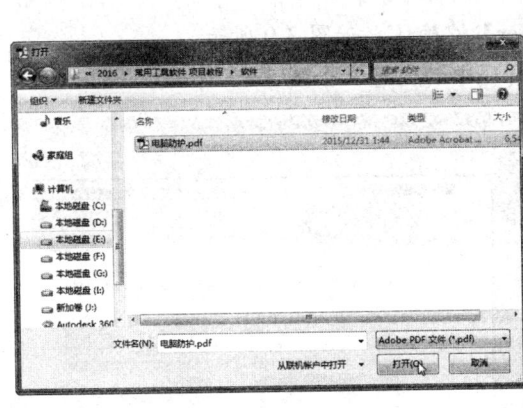 

图 3-3　"打开"对话框　　　　　图 3-4　翻页查看

Step 05 在显示比例文本框中输入数值，并按【Enter】键确认，如图 3-5 所示。

Step 06 此时即可按照输入数值比例显示文档，单击左上角的"页面缩略图"按钮，如图 3-6 所示。

常用工具软件项目教程

图 3-5　设置显示比例

图 3-6　单击"页面缩略图"按钮

Step 07　打开页面缩略图，单击可选择相应的页数，然后单击缩略图右上角的"展开"按钮，如图 3-7 所示。

Step 08　展开页面缩略图，双击某页面，即可快速进入该页面视图，如图 3-8 所示。

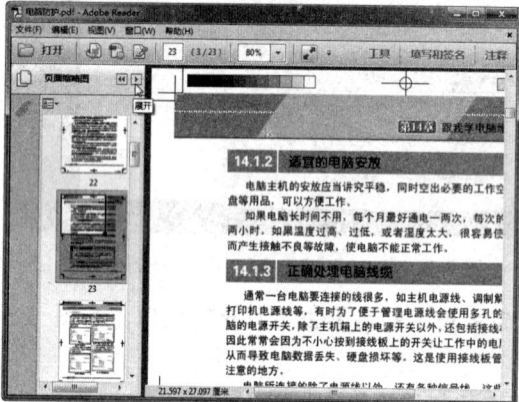
图 3-7　单击"展开"按钮

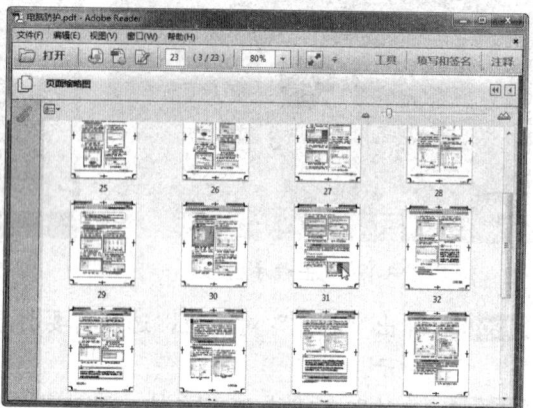
图 3-8　双击选择页面

Step 09　在页数文本框中输入页码，并按【Enter】键确认，如图 3-9 所示。

Step 10　此时即可快速更改页码页面，查看新页码中的内容，如图 3-10 所示。

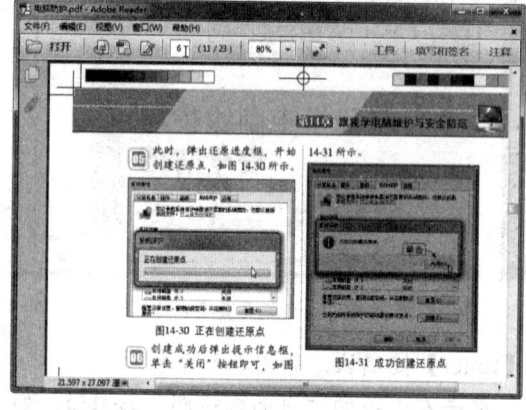
图 3-9　输入页码

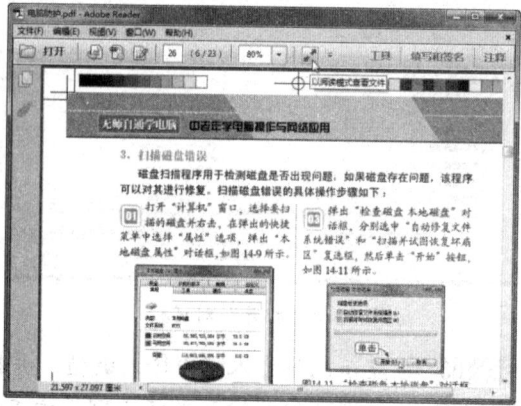
图 3-10　查看新页码内容

Step 11 单击"视图"|"全屏模式"命令,如图3-11所示。

Step 12 此时即可全屏阅读文档,按【Esc】键退出全屏模式,如图3-12所示。

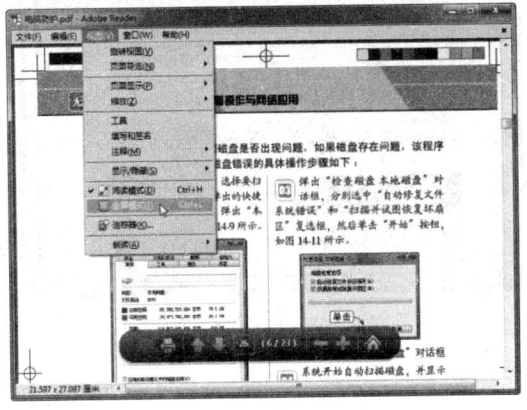
图3-11 单击"全屏模式"命令

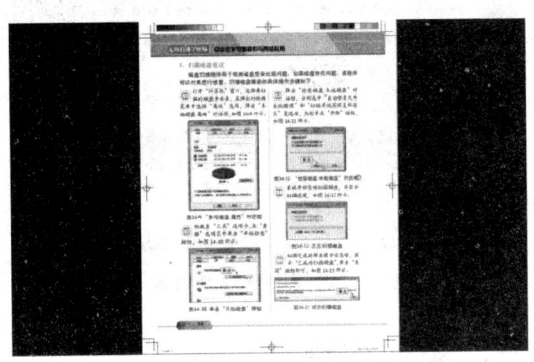
图3-12 全屏阅读

二、使用朗读功能

通过"朗读"功能可将PDF中的文本大声读出,这包括注释中的文本以及图像或填充域的文本描述。在加标签的PDF中,内容以它显示在文档的逻辑结构树中顺序阅读。在未加标签的文档中,"朗读"功能会推断出阅读顺序,除非已在"阅读"首选项中指定阅读顺序。使用朗读功能的方法如下:

Step 01 在阅读页面中右击,在弹出的快捷菜单中选择"选择工具"命令,如图3-13所示。

Step 02 单击"视图"|"朗读"|"启用朗读"命令,如图3-14所示。

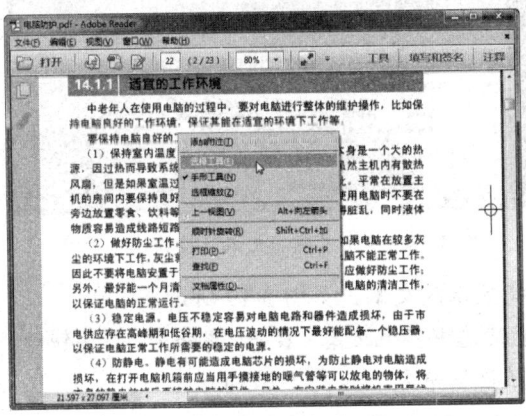
图3-13 选择"选择工具"命令

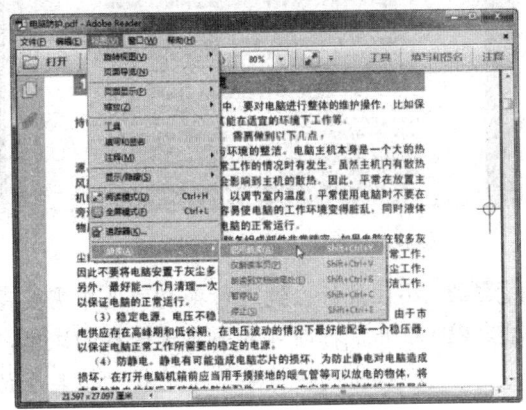
图3-14 单击"启用朗读"命令

Step 03 选择阅读范围,即可将选中内容以朗读形式展现出来,如图3-15所示。

Step 04 单击"视图"|"朗读"|"停用朗读"命令,即可停止朗读,如图3-16所示。

专家指导 Expert guidance：Adobe Reader还有截图功能,在菜单栏中单击"编辑"|"拍快照"命令,然后拖动鼠标选取要截取的内容,即可将所选区域以图片的形式复制到剪贴板中,根据需要将其粘贴到其他编辑程序中。按【Esc】键,可退出截图状态。

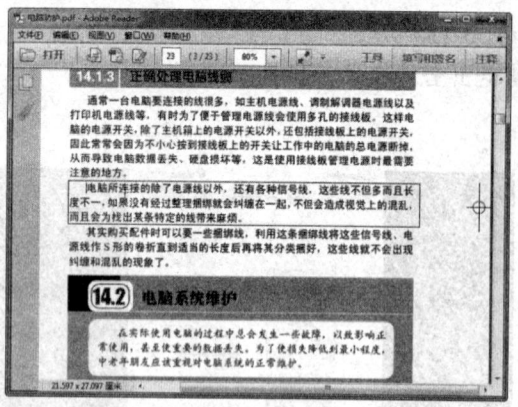
图 3-15　选择需要朗读的内容

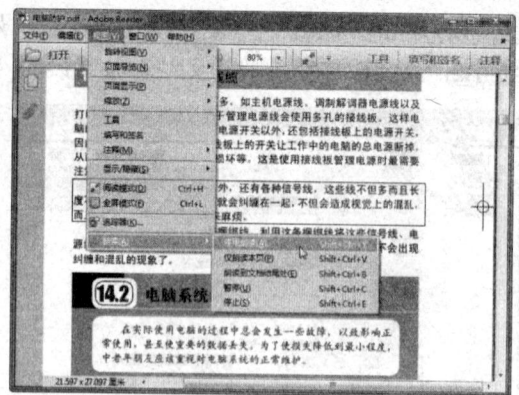
图 3-16　停止朗读

三、添加注释

有时在阅读 PDF 文档时需要对某些内容添加批注或注释，以方便理解或加强印象。下面将介绍如何对 PDF 文档添加注释，方法如下：

Step 01　打开 PDF 文档，在右上方单击"注释"按钮，如图 3-17 所示。

Step 02　展开注释工具栏，在其中单击"高亮文本"按钮，如图 3-18 所示。

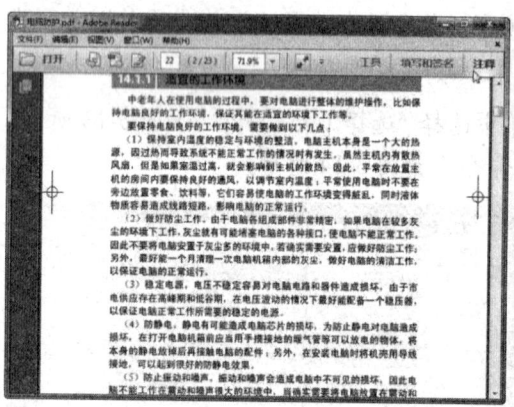
图 3-17　单击"注释"按钮

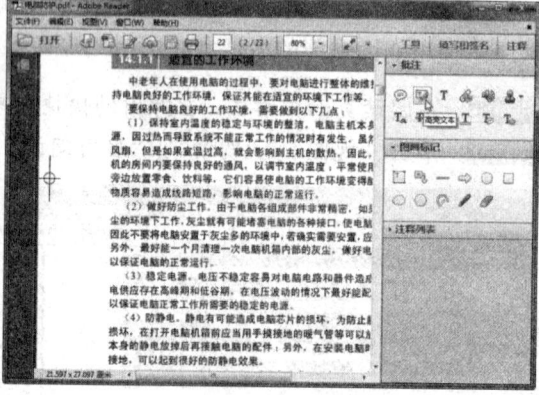
图 3-18　单击"高亮文本"按钮

Step 03　按住鼠标左键进行拖动，选中需要高亮显示的文本，如图 3-19 所示。

Step 04　松开鼠标即可高亮显示选择的文本，继续选中其他文本，右击"高亮文本"按钮，在弹出的快捷菜单中选择"工具默认属性"命令，如图 3-20 所示。

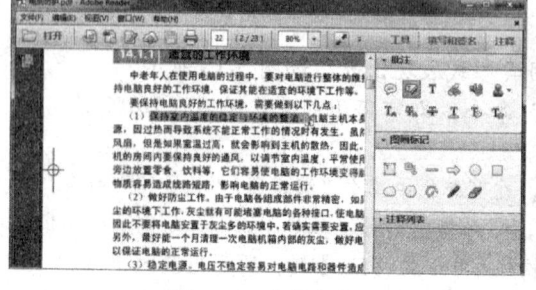
图 3-19　选择文本

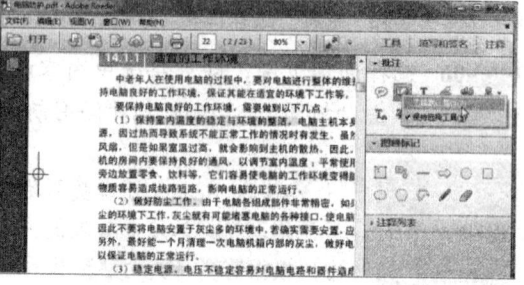
图 3-20　选择"工具默认属性"命令

Step 05 弹出"高亮工具属性"对话框，设置颜色及透明度，然后单击"确定"按钮，如图 3-21 所示。

Step 06 再次选中文本，即可查看更改颜色及透明度后的效果，如图 3-22 所示。

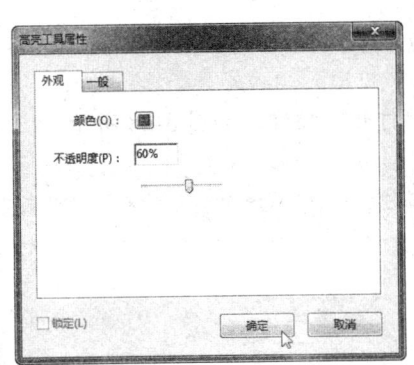
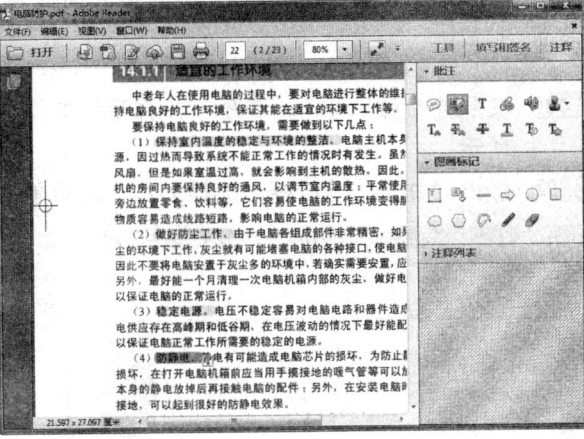

图 3-21　"高亮工具属性"对话框　　　　图 3-22　查看更改效果

Step 07 单击右窗格中"添加文本标注"按钮，如图 3-23 所示。

Step 08 在文本位置按住鼠标左键进行拖动，移至目标位置后松开鼠标，即可添加文本框，如图 3-24 所示。

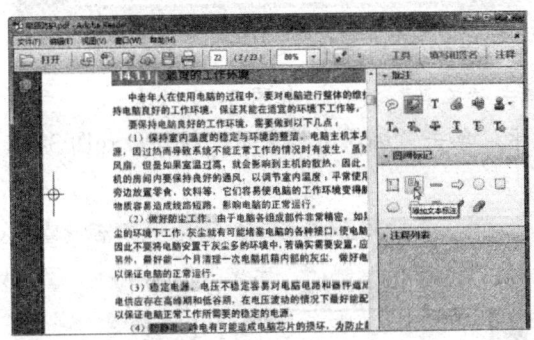
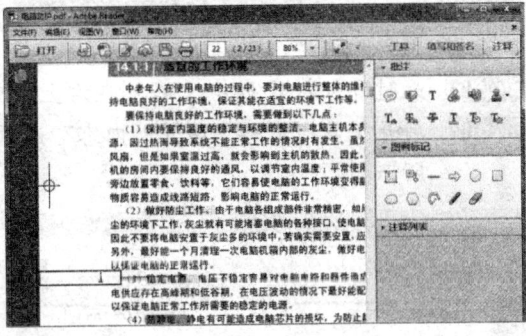

图 3-23　单击"添加文本标注"按钮　　　　图 3-24　添加文本框

Step 09 在文本框中输入注释内容，如图 3-25 所示。

Step 10 在空白位置单击鼠标左键，即可退出编辑状态，如图 3-26 所示。

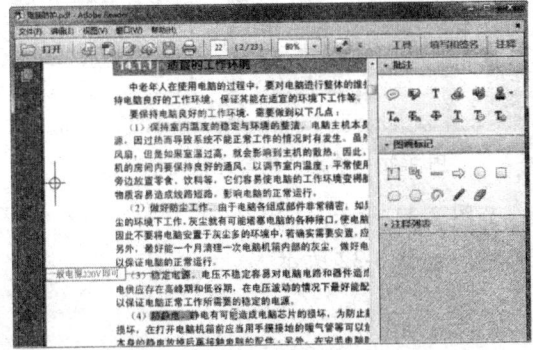
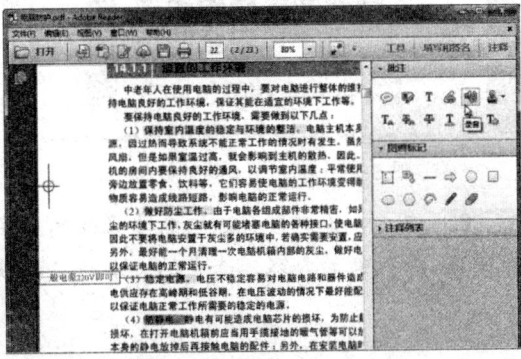

图 3-25　输入注释内容　　　　图 3-26　查看注释效果

四、编辑 PDF 文件

可能很多人都遇到过需要对一份 PDF 文件进行编辑修改却无从下手的情况，这时就要借助 PDF 的编辑软件 Acrobat。下面将介绍如何使用 Acrobat 软件编辑 PDF 文件，方法如下：

Step 01 安装并启动 Acrobat 程序，在打开的工作界面中单击"打开"超链接，如图 3-27 所示。

Step 02 弹出"打开"对话框，选择文件，然后单击"打开"按钮，如图 3-28 所示。

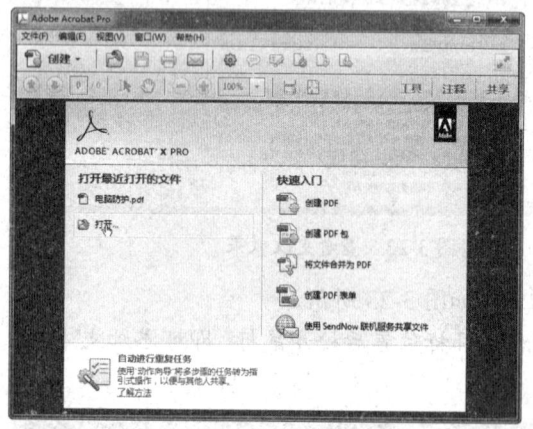   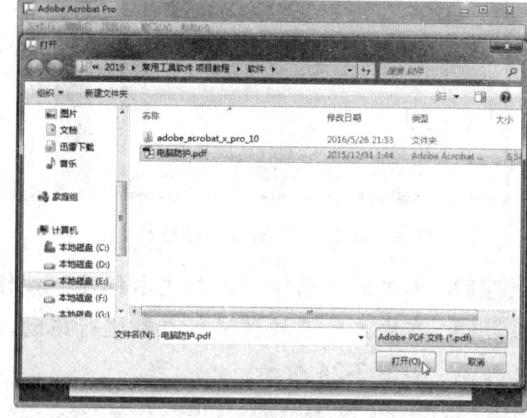

图 3-27　单击"打开"超链接　　　　　图 3-28　选择打开文档

Step 03 此时即可打开 PDF 文档，在右上方单击"工具"按钮，如图 3-29 所示。

Step 04 展开工具栏窗格，展开"内容"选项卡，单击"编辑文档文本"按钮，如图 3-30 所示。

图 3-29　单击"工具"按钮　　　　　图 3-30　单击"编辑文档文本"按钮

Step 05 在文中拖动鼠标选中需要修改的文字，如图 3-31 所示。

Step 06 输入新的内容，选中的文本将自动被替换，如图 3-32 所示。

图 3-31　选中要修改的文字

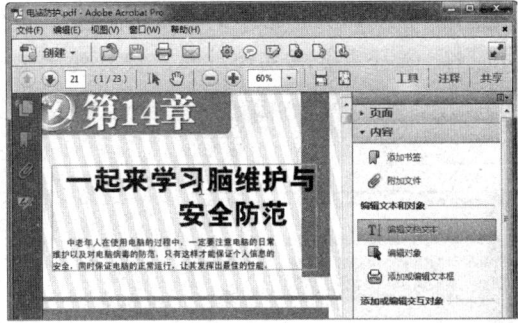

图 3-32　输入新内容

Step 07　在空白位置单击退出编辑，选择需要修改格式的文本并右击，在弹出的快捷菜单中选择"属性"命令，如图 3-33 所示。

Step 08　弹出"TouchUp 属性"对话框，单击"描边"选项右侧的颜色图标■，选择需要的颜色，如图 3-34 所示。

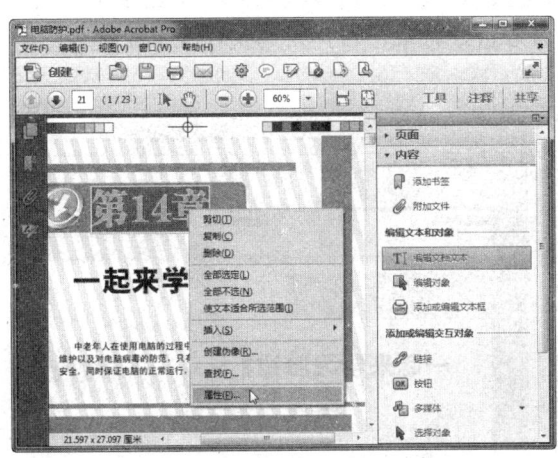

图 3-33　选择"属性"命令

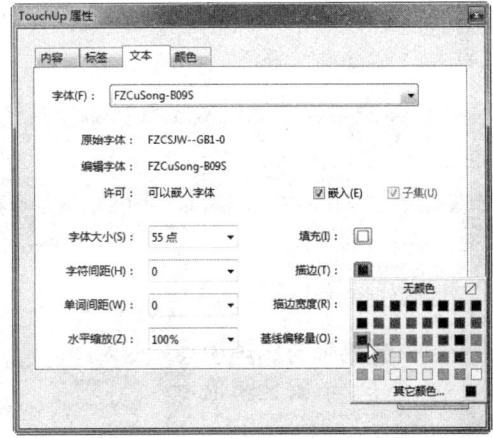

图 3-34　"TouchUp 属性"对话框

Step 09　设置描边宽度等参数，然后单击"关闭"按钮，如图 3-35 所示。

Step 10　返回正文，查看设置效果，如图 3-36 所示。

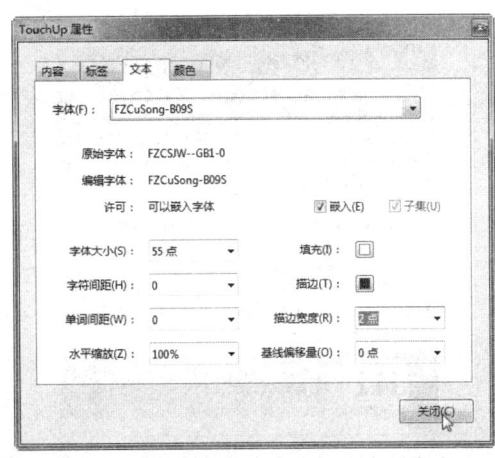

图 3-35　设置描边宽度

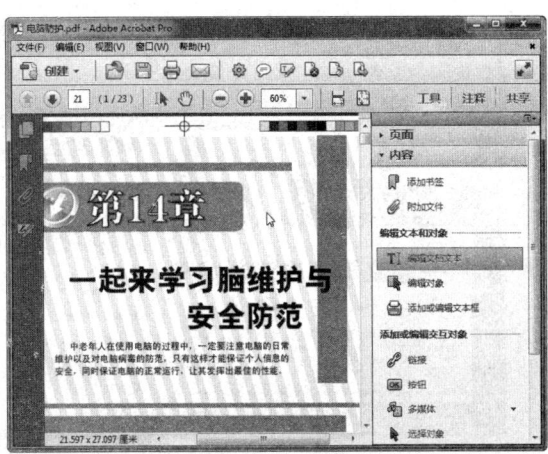

图 3-36　查看设置效果

Step 11 单击工具窗格中的"编辑对象"按钮，如图 3-37 所示。
Step 12 选择需要移动的对象，使其处于选中状态，如图 3-38 所示。

图 3-37 单击"编辑对象"按钮

图 3-38 选择要移动的对象

Step 13 按住鼠标左键进行拖动，移至合适位置后松开鼠标即可将其移动，如图 3-39 所示。
Step 14 选择对象，使其处于选中状态，然后右击该对象，在弹出的快捷菜单中选择"水平翻转"命令，如图 3-40 所示。

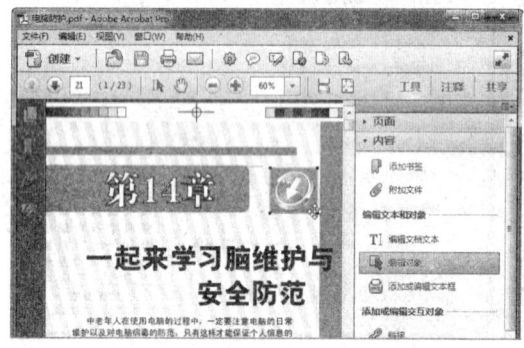
图 3-39 移动对象

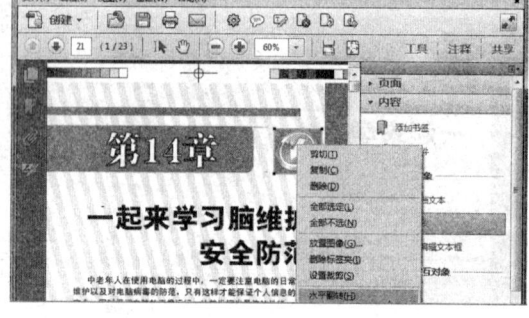
图 3-40 选择"水平翻转"命令

Step 15 此时即可查看翻转对象后的效果，单击工具窗格中的"链接"按钮，如图 3-41 所示。
Step 16 拖动鼠标，选中需要添加链接的文本内容，如图 3-42 所示。

图 3-41 单击"链接"按钮

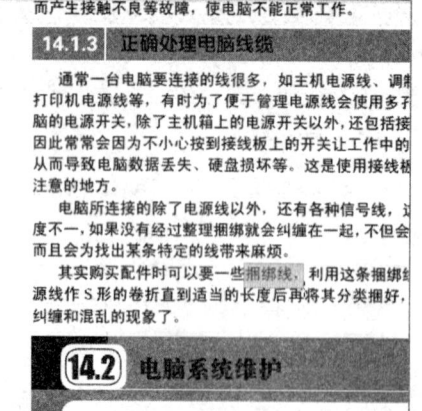
图 3-42 选择链接文本内容

Step 17 松开鼠标,弹出"创建链接"对话框,设置相关参数,然后单击"下一步"按钮,如图 3-43 所示。

Step 18 弹出"编辑 URL"对话框,在文本框中输入需要链接的网址,然后单击"确定"按钮,如图 3-44 所示。

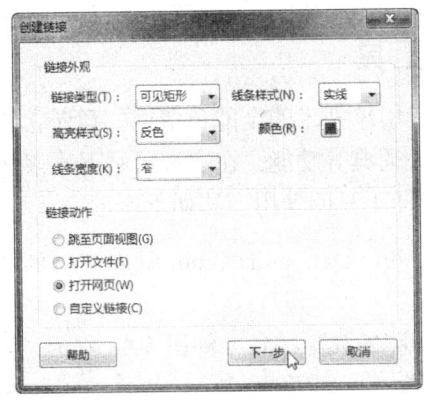

图 3-43　设置参数　　　　　　　　　图 3-44　输入链接网址

Step 19 返回正文,关闭工具窗格,将光标移至添加链接的文字上,鼠标指针将改变形状,并显示链接地址,单击该文字,如图 3-45 所示。

Step 20 此时会自动打开浏览器,并进入设置链接的网页,如图 3-46 所示。

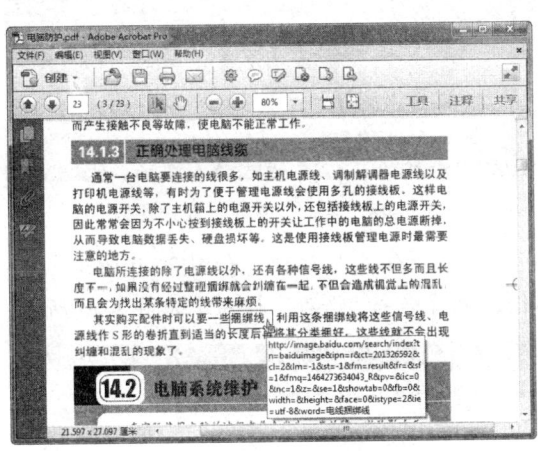

图 3-45　单击文字超链接　　　　　　图 3-46　进入链接网页

任务二　翻译工具软件

 **任务概述**

　　无论是我们平时浏览网页,还是阅读文献,都会或多或少地遇到过几个难懂的英文词汇,这时就可以使用翻译软件来帮助阅读。翻译软件就是将一种语言翻译为另一种语言的

软件，分为在线翻译软件和本地翻译软件。在本任务中，将分别对其使用方法进行详细介绍。

一、使用"有道词典"即时翻译工具

"有道词典"是由网易有道出品的基于搜索引擎技术的全能免费语言翻译软件，具有多国语言翻译发音、网页全文翻译、专业权威大词典等功能。在官方网站下载该软件，并安装到计算机中即可使用。"有道词典"即时翻译工具的使用方法如下：

Step 01 启动浏览器，打开"有道词典"首页（http://dict.youdao.com），在下方单击"桌面版"超链接，如图3-47所示。

Step 02 进入"有道词典"下载界面，单击"立即下载"按钮，如图3-48所示。

图 3-47　单击"桌面版"超链接　　　　　　　图 3-48　单击"立即下载"按钮

Step 03 弹出"文件下载 - 安全警告"对话框，单击"保存"按钮，如图3-49所示。

Step 04 弹出"另存为"对话框，选择保存路径，然后单击"保存"按钮，如图3-50所示。

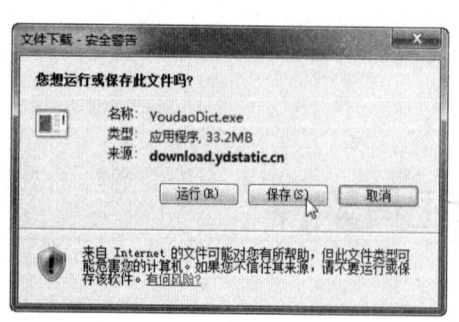 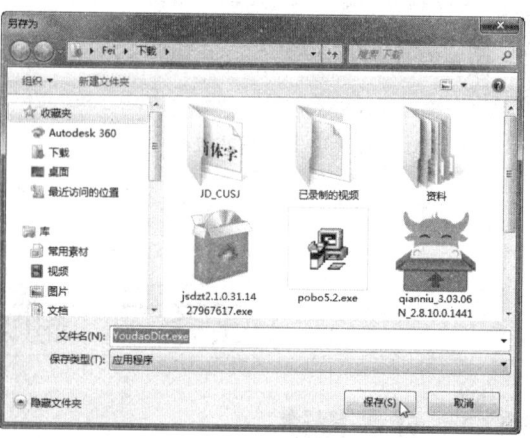

图 3-49　"文件下载 - 安全警告"对话框　　　图 3-50　"另存为"对话框

Step 05 开始下载软件，并显示下载进度，如图3-51所示。

Step 06 下载完毕后，单击"运行"按钮，如图 3-52 所示。

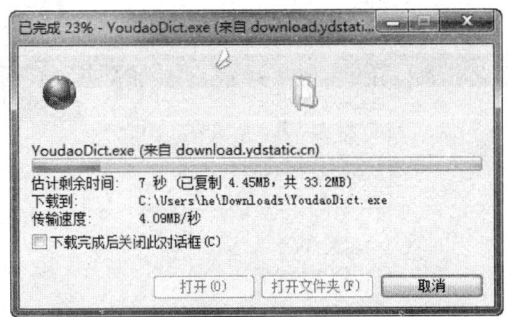
图 3-51 开始下载

图 3-52 完成下载

Step 07 弹出安装向导对话框，单击"自定义安装"按钮，如图 3-53 所示。

Step 08 选择软件安装路径，设置安装选项，然后单击"快速安装"按钮，如图 3-54 所示。

图 3-53 单击"自定义安装"按钮

图 3-54 设置安装选项

Step 09 开始安装软件，并显示安装进度，如图 3-55 所示。

Step 10 安装完毕后，单击"查词去"按钮，如图 3-56 所示。

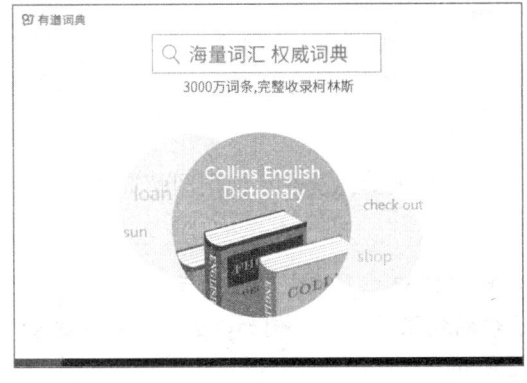
图 3-55 开始安装

图 3-56 完成安装

Step 11 打开"有道"翻译软件窗口，如图 3-57 所示。

Step 12 在翻译文本框中输入英文单词,在弹出的下拉列表中选择合适的选项,如图3-58所示。

图3-57 "有道"翻译软件窗口

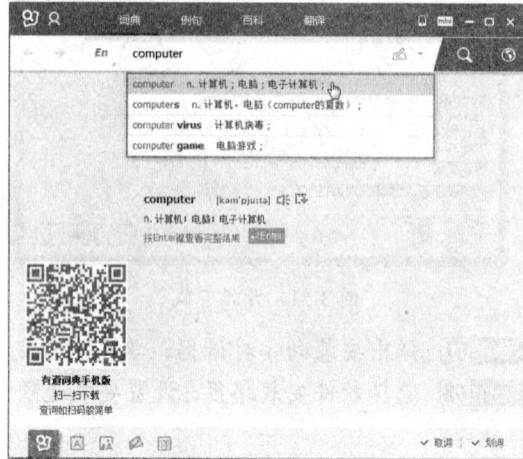

图3-58 输入英文单词

Step 13 进入单词详情页面,单击"真人发音"按钮,如图3-59所示。

Step 14 此时即可收听该单词的准确发音,如图3-60所示。

图3-59 单词详情页面

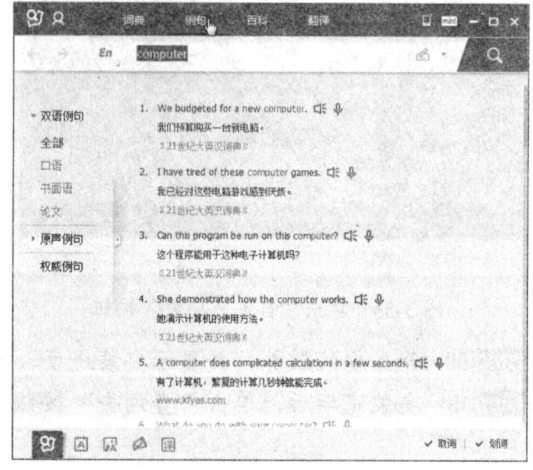

图3-60 收听发音

二、图解词典

对于一些英文基础比较差的用户,想通过有道软件来学习英文,使用图解词典功能可以很快地学会常用词汇,方法如下:

Step 01 启动"有道"翻译软件,单击"图解词典"按钮,如图3-61所示。

Step 02 弹出"图解词典"对话框,选择需要了解的词汇的类别,例如,选择"体育运动"|"篮球"|"篮球01"选项,如图3-62所示。

图 3-61　单击"图解词典"按钮

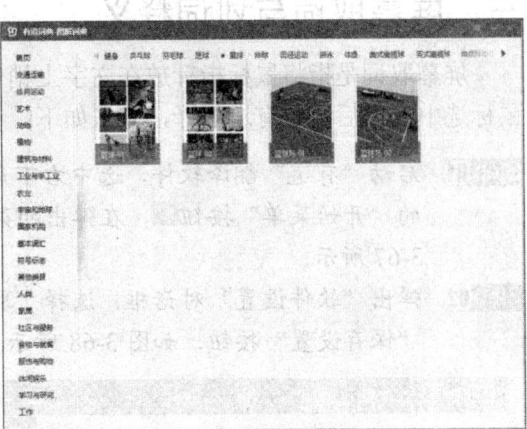

图 3-62　选择词汇类别

Step 03 选择需要学习的单词，与该动作相关的图片文字将高亮显示，单击"查看详情"按钮，如图 3-63 所示。

Step 04 进入释义窗口，并显示详细信息，选择"用法"选项，如图 3-64 所示。

图 3-63　单击"查看详情"按钮　　　　　　图 3-64　选择"用法"选项

Step 05 将显示与该单词相关的语句，单击"点击发音"按钮，可以朗读该句内容，如图 3-65 所示。

Step 06 返回"图解词典"对话框，单击"下一页"按钮，可以继续浏览其他词汇，如图 3-66 所示。

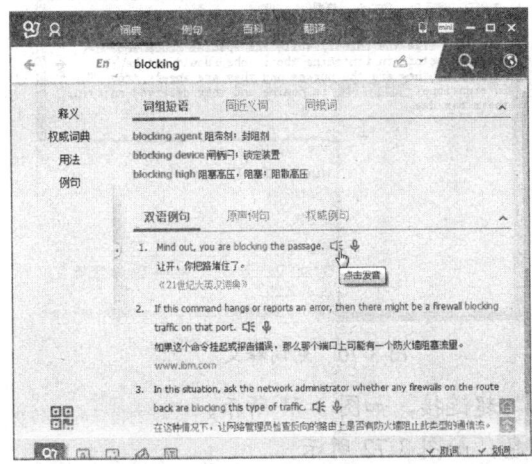

图 3-65　单击"点击发音"按钮

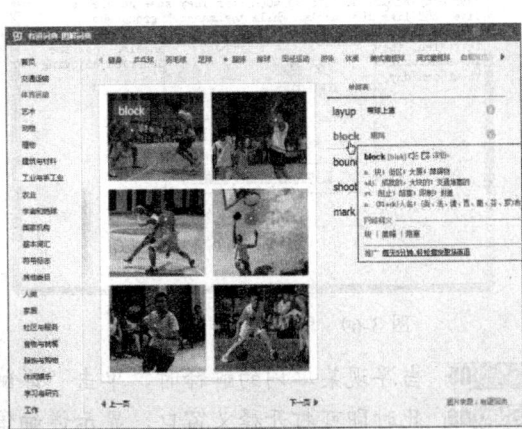

图 3-66　查看其他词汇

常用工具软件项目教程

三、屏幕取词与划词释义

屏幕取词是指将鼠标指针放在文字上稍作停留，便会出现有道翻译；划词释义是指用鼠标选中文本后出现有道翻译，方法如下：

Step 01 启动"有道"翻译软件，选中右下角的"取词"和"划词"复选框，单击左下角的"开始菜单"按钮，在弹出的菜单中选择"设置"|"软件设置"命令，如图3-67所示。

Step 02 弹出"软件设置"对话框，选择"取词划词"选项卡，设置相关参数，然后单击"保存设置"按钮，如图3-68所示。

图3-67 选择"软件设置"命令

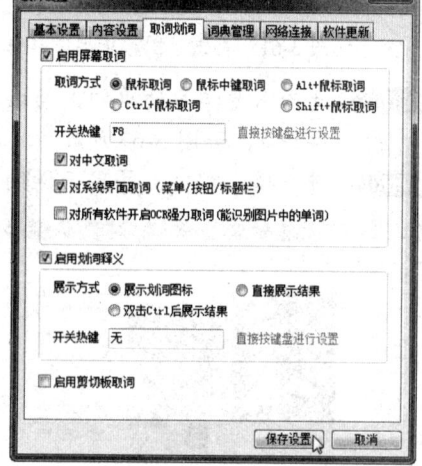

图3-68 "软件设置"对话框

Step 03 移动光标至某单词，稍作停留便会浮现该单词的解释，如图3-69所示。

Step 04 选择某个词组或某句话，稍作停留，便会浮现该词组或该句话的解释，如图3-70所示。

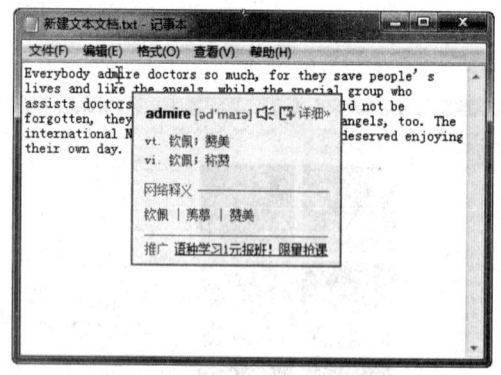

图3-69 取词释义

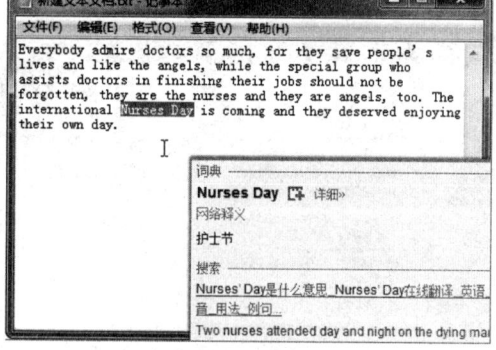

图3-70 划词释义

Step 05 当浮现某单词的解释时，单击"详细"超链接，如图3-71所示。

Step 06 此时即可打开释义窗口，显示详细信息，如图3-72所示。

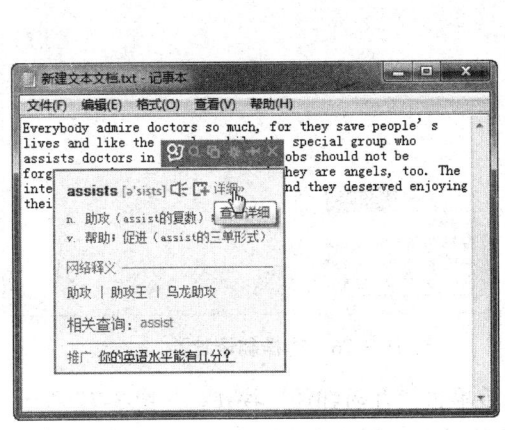
图 3-71　单击"详细"超链接

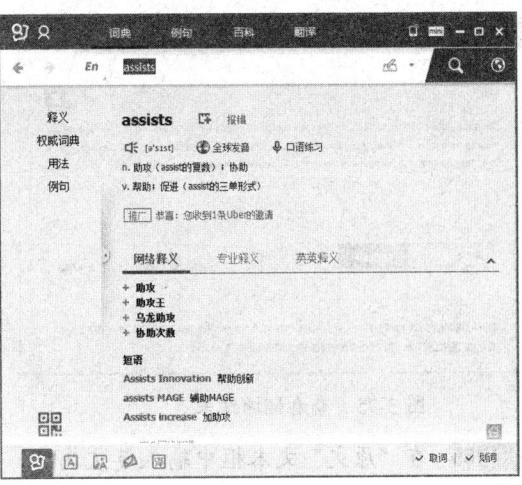
图 3-72　查看详细信息

四、翻译功能

翻译功能主要是对语句或段落进行整体翻译，在编写文章或阅读外文时经常遇到，方法如下：

Step 01 启动"有道"翻译软件，选择"翻译"选项卡，单击"自动检测"下拉按钮，在弹出的下拉列表中选择"英→汉"选项，如图 3-73 所示。

Step 02 在"原文"文本框中输入英文内容，然后单击"自动翻译"按钮，如图 3-74 所示。

图 3-73　选择翻译种类

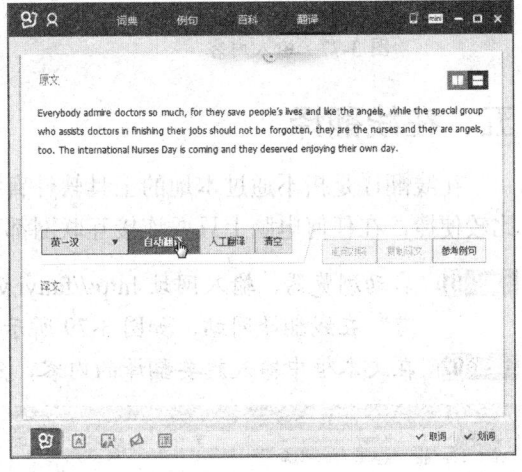
图 3-74　输入内容

Step 03 此时就会在"译文"文本框中显示翻译结果，如图 3-75 所示。

Step 04 单击"英→汉"下拉按钮，在弹出的下拉列表中选择"汉→英"选项，如图 3-76 所示。

> 专家指导 Expert guidance
>
> 对于不认识的生词，可以将其添加到单词本中学习或复习。在主界面下方单击"单词本"按钮，在打开的窗口中添加单词即可。还可以单击"管理"下拉按钮，将添加的单词导出到文件。

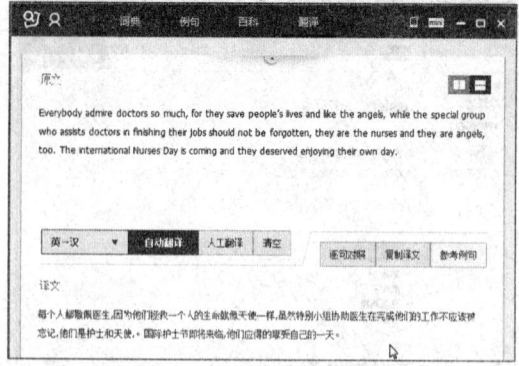
图 3-75 查看翻译结果

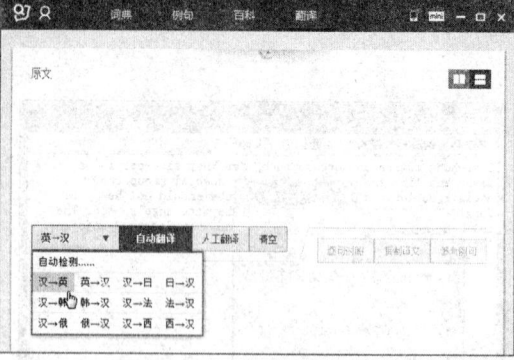
图 3-76 选择翻译种类

Step 05 在"原文"文本框中输入英文内容,然后单击"自动翻译"按钮,如图 3-77 所示。

Step 06 此时在"译文"文本框中就会显示翻译结果,如图 3-78 所示。

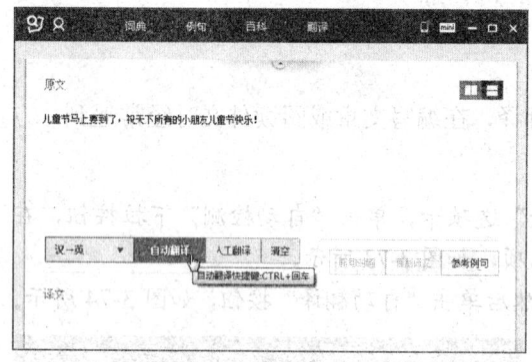
图 3-77 输入内容

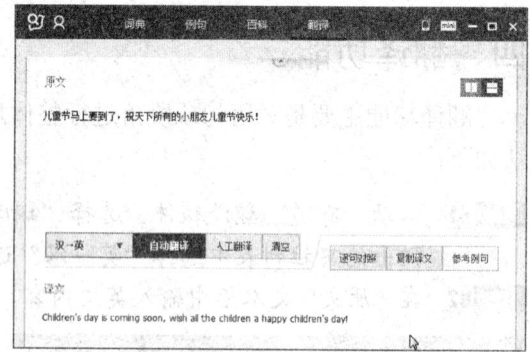
图 3-78 查看翻译结果

五、在线翻译

在线翻译是指不通过本地的工具软件直接在网页上进行文本翻译。使用在线翻译功能比较便捷,在任何电脑上只要连接互联网都可以使用。在线翻译的方法如下:

Step 01 启动浏览器,输入网址 http://fanyi.youdao.com,并按【Enter】键确认,打开"有道"在线翻译网站,如图 3-79 所示。

Step 02 在文本框中输入想要翻译的内容,然后单击"自动翻译"按钮,如图 3-80 所示。

图 3-79 打开网站

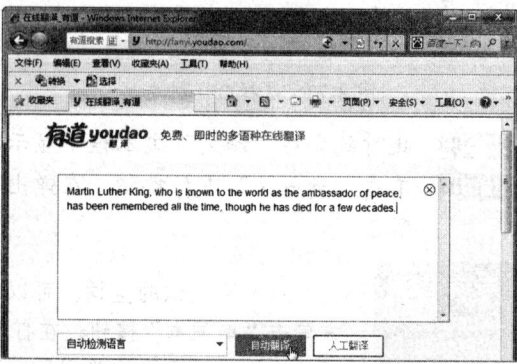
图 3-80 输入内容

Step 03 此时在页面下方就会显示出翻译结果，如图 3-81 所示。

Step 04 采用同样的方法可以将文字翻译成日语，如图 3-82 所示。

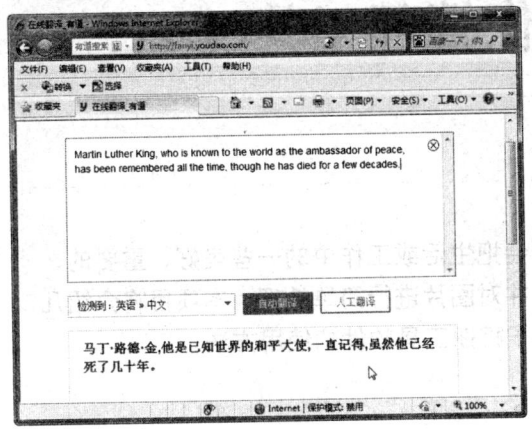
图 3-81　查看翻译结果

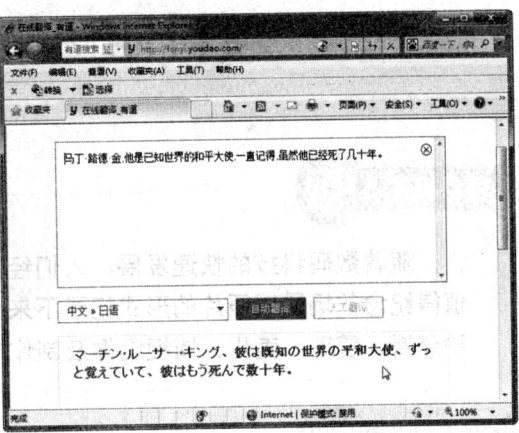
图 3-82　汉译日结果

项目小结

通过本项目的学习，读者应重点掌握以下知识：
（1）认识 PDF 文档的特征。
（2）学会使用工具软件阅读 PDF 文档。
（3）学会对 PDF 文档进行编辑和修改。
（4）学会使用"有道"翻译软件。
（5）可以在线翻译文档。

项目习题

（1）编辑 PDF 文档，对其添加按钮。
（2）在 PDF 文档中添加录音对象。
（3）使用"有道词典"将中文文字翻译成俄语。

项目四　图像管理工具

项目概述

随着数码科技的快速发展,人们经常会把生活或工作中的一些美好、重要的、值得纪念的场景以照片的形式记录下来,并对图片进行简单处理,本项目将介绍几种查看、管理、美化、捕捉图像及制作电子相册工具软件的使用方法。

项目重点

- 浏览并管理图像。
- 美化图像。
- 捕捉与处理图像。
- 制作电子相册。

项目目标

- 掌握浏览与管理图像的方法。
- 掌握美化图像的方法。
- 掌握捕捉与处理图像的方法。
- 掌握制作电子相册的方法。

任务一　图像浏览和管理软件

任务概述

如今网上有多种浏览与管理图像的软件,不仅可以实现以多种方式对图像文件进行浏览和查看,还可以对图像文件进行裁剪、颜色调整等编辑操作。在本任务中,将详细介绍 ACDsee 软件的使用方法。

任务重点与实施

一、安装 ACDSee

ACDSee 是一款专业的图形浏览软件,也是目前最流行的看图软件之一,具有获取、浏览和处理图像等功能。下面将详细介绍如何安装 ACDSee 软件，方法如下：

Step 01 双击下载的安装程序，如图 4-1 所示。

Step 02 打开软件安装向导，单击"下一步"按钮，如图 4-2 所示。

图 4-1 双击安装程序

图 4-2 安装向导窗口

Step 03 进入"许可证协议"窗口，单击"我接受"按钮，如图 4-3 所示。

Step 04 进入"安装类型"窗口，选中"自定义"单选按钮，然后单击"下一步"按钮，如图 4-4 所示。

图 4-3 接受许可协议

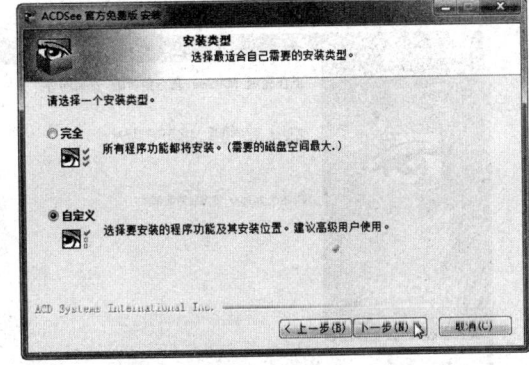
图 4-4 选择安装类型

Step 05 取消选择不需要安装组件前的复选框，然后单击"下一步"按钮，如图 4-5 所示。

Step 06 选择安装路径，然后单击"下一步"按钮，如图 4-6 所示。

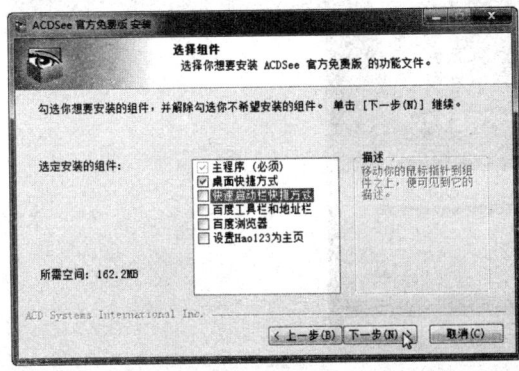
图 4-5 选择安装组件

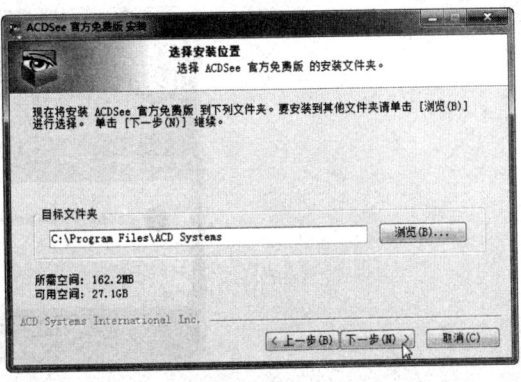
图 4-6 选择安装路径

Step 07 选择"开始菜单"文件夹,然后单击"安装"按钮,如图 4-7 所示。
Step 08 开始安装软件,并显示安装进度,如图 4-8 所示。

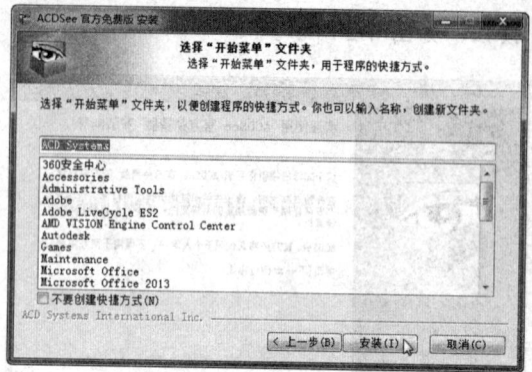
图 4-7 选择"开始菜单"文件夹

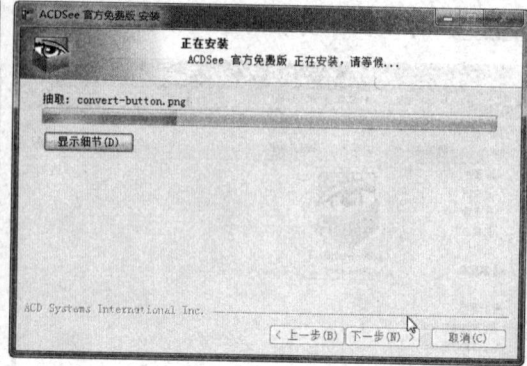
图 4-8 开始安装

Step 09 软件安装完毕,单击"完成"按钮,如图 4-9 所示。
Step 10 自动启动软件,并弹出注册对话框,根据提示创建 acdID 账户或输入已注册过的账号及密码,然后单击"下一步"按钮,如图 4-10 所示。

图 4-9 完成安装

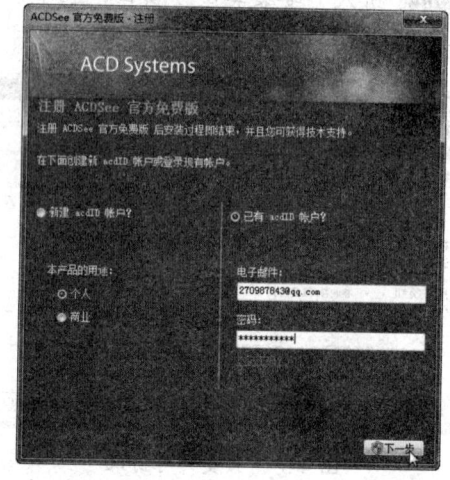
图 4-10 输入账号

Step 11 弹出提示信息框,提示登录成功,单击"确定"按钮,如图 4-11 所示。

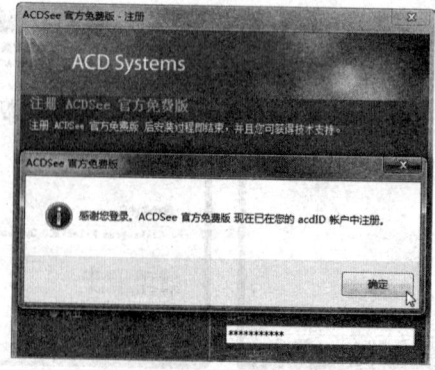
图 4-11 确认信息

Step 12 进入软件主窗口，并自动选择"我的图片"文件夹，如图 4-12 所示。

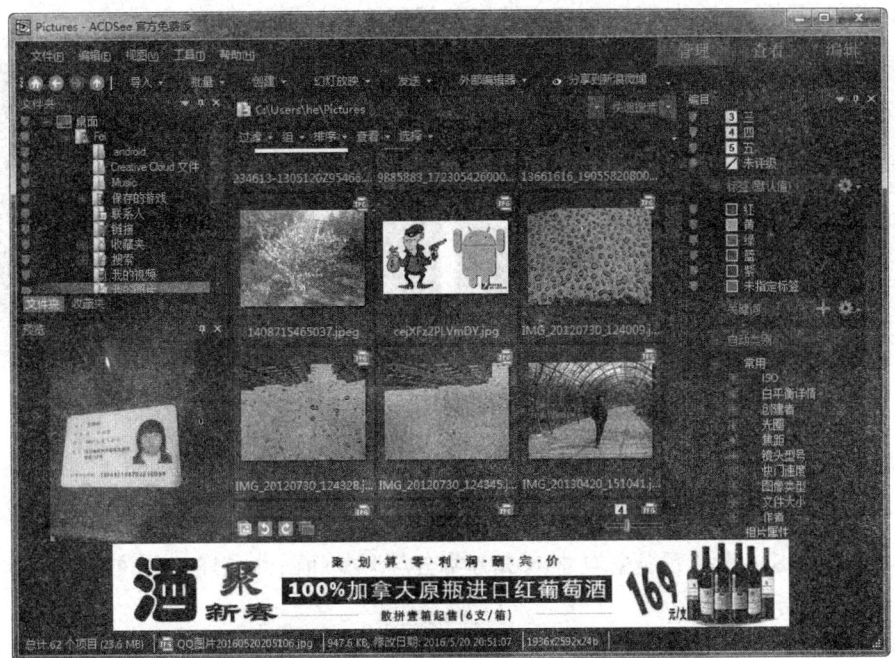

图 4-12 主窗口

二、使用 ACDSee 浏览图片

浏览图片是 ACDSee 最基本的功能，除了能以缩略图等形式浏览图片外，还能以全屏方式、自动播放和幻灯片形式进行浏览。

1. 普通模式浏览图片

通过普通模式浏览图片的方法如下：

Step 01 双击桌面上的 ACDsee 图标，如图 4-13 所示。

Step 02 打开 ACDsee 软件，在"文件夹"窗格中选择图片文件夹，在 ACDSee 图像预览窗口中双击需要浏览的图片，如图 4-14 所示。

图 4-13 双击软件图标

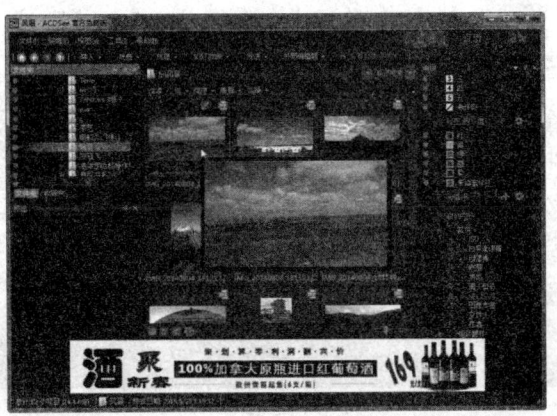

图 4-14 双击浏览图片

Step 03 此时即可打开该图片进行浏览，如图 4-15 所示。

Step 04 单击"下一个"按钮，即可浏览下一幅图片，如图 4-16 所示。

图 4-15　浏览图片　　　　　　　　　图 4-16　切换图片

2. 全屏浏览图片

在 ACDSee 中还可以全屏浏览图片，以获得更好的视觉效果。全屏浏览图片的方法如下：

Step 01 在 ACDSee 图像预览窗口中双击需要全屏浏览的图片，即可将该图片打开，如图 4-17 所示。

Step 02 在打开的图片窗口中右击，在弹出的快捷菜单中选择"视图"|"全屏幕"命令，如图 4-18 所示。

图 4-17　查看图片　　　　　　　　　图 4-18　选择"全屏幕"命令

Step 03 此时即可全屏浏览图片，效果如图 4-19 所示。

Step 04 按【F】键退出全屏模式，或按【Esc】键退出预览模式，如图 4-20 所示。

图 4-19　全屏浏览模式　　　　　　　图 4-20　退出全屏模式

三、批量重命名图片

在获取大量的图片后,一般都需要对图片进行重命名,以便图片的管理和使用。为此,可以使用 ACDSee 对图片进行批量重命名,避免因逐个重命名图片文件而带来工作量的增加,方法如下:

Step 01 在 ACDSee 图像预览窗口中框选需要重命名的图片,如图 4-21 所示。

Step 02 在菜单栏中单击"编辑"|"重命名"命令,如图 4-22 所示。

图 4-21　框选图片　　　　　　　　图 4-22　单击"重命名"命令

Step 03 弹出"批量重命名"对话框,在"模板"下拉列表框中输入"风景",然后单击"开始重命名"按钮,如图 4-23 所示。

Step 04 弹出"批量重命名"提示信息框,单击"确定"按钮,如图 4-24 所示。

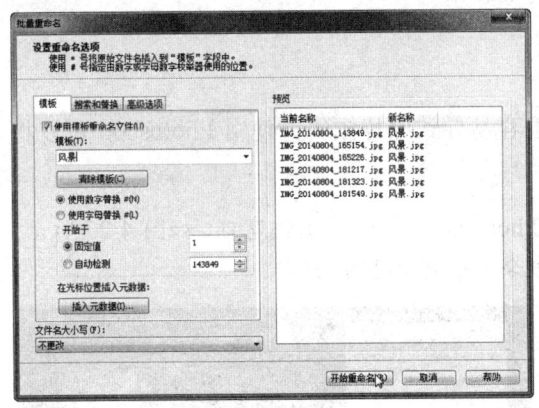 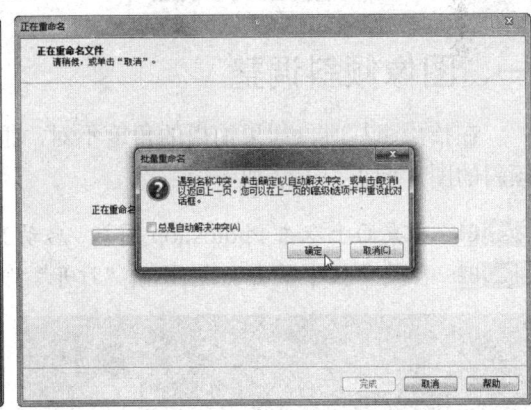

图 4-23　"批量重命名"对话框　　　　图 4-24　确认批量重命名操作

Step 05 弹出"正在重命名"对话框,并显示重命名进度,重命名完成后单击"完成"按钮,如图 4-25 所示。

Step 06 返回软件窗口,查看批量重命名后的效果,如图 4-26 所示。

专家指导　Expert guidance

> 重命名文件时,可在名称后添加"#"符号以代替数字或字母。ACDSee 有多个版本可以选择,使用 ACDSee Pro 版还可对图片进行批量编辑,如批量旋转、调整大小、调整曝光度、添加水印等。

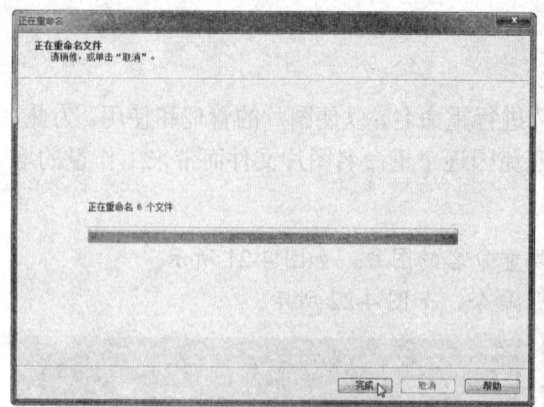

图 4-25　重命名完成

图 4-26　查看重命名效果

任务二　图像美化软件

任务概述

Photoshop 被广泛应用于图片后期处理和美化，用户可以使用 Photoshop 处理效果不好的图片，如调整照片亮度，调整曝光过度以及制作相框等。在本任务中，将详细介绍如何使用 Photoshop 处理图片。

任务重点与实施

一、图像倾斜调整

在拍摄照片时，如果拍摄的角度不对，很容易导致照片倾斜。使用 Photoshop 可以将倾斜的图片调正，方法如下：

 在桌面上双击 Photoshop 图标，启动 Photoshop，打开其工作窗口，如图 4-27 所示。

 在菜单栏中单击"文件"|"打开"命令，如图 4-28 所示。

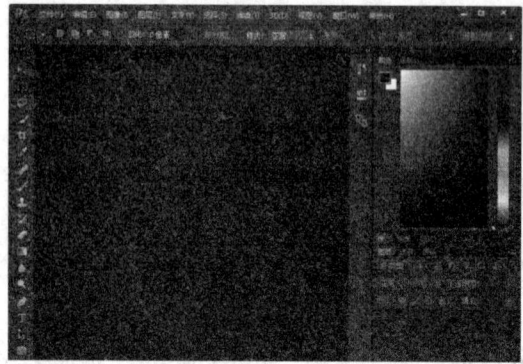

图 4-27　启动软件

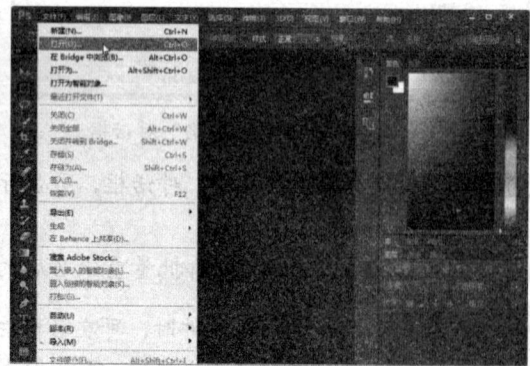

图 4-28　单击"打开"命令

Step 03 弹出"打开"对话框，选择需要打开的图片，然后单击"打开"按钮，如图4-29所示。

Step 04 打开需要修复的图片，选择工具箱中的裁剪工具，如图4-30所示。

图4-29 "打开"对话框

图4-30 选择工具

Step 05 移动鼠标指针至图像编辑窗口中的图片上，按住鼠标左键并拖动，绘制出一个变换控制框，如图4-31所示。

Step 06 移动鼠标指针至变换控制框右上角的控制柄上，当指针呈旋转箭头形状时按住鼠标左键并向上拖动，旋转变换控制框至合适位置，如图4-32所示。

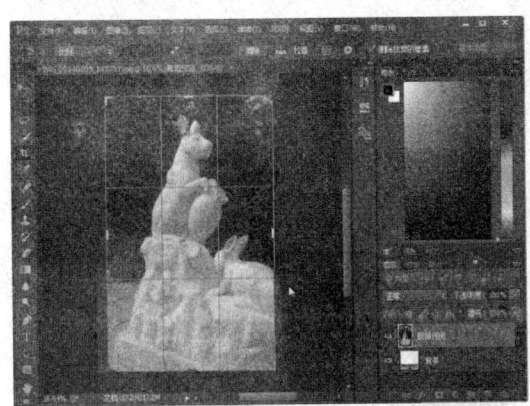

图4-31 绘制控制框

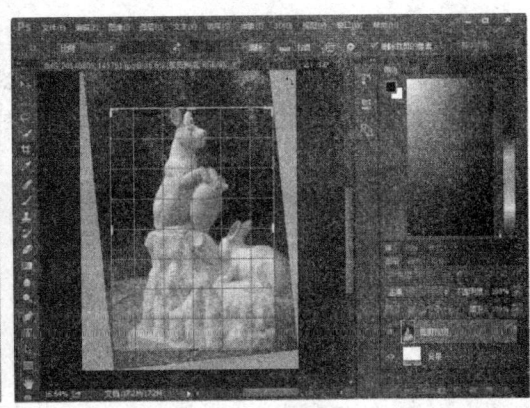

图4-32 旋转控制框

Step 07 按【Enter】键确认操作，照片中的主体图像即可被调正，效果如图4-33所示。

Step 08 在菜单栏中单击"文件"|"存储"命令，即可保存该图片的修改，如图4-34所示。

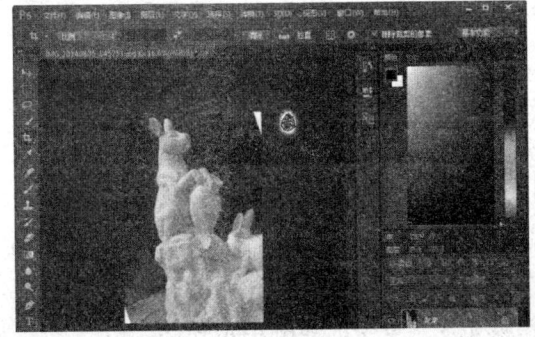

图4-33 图像被调正

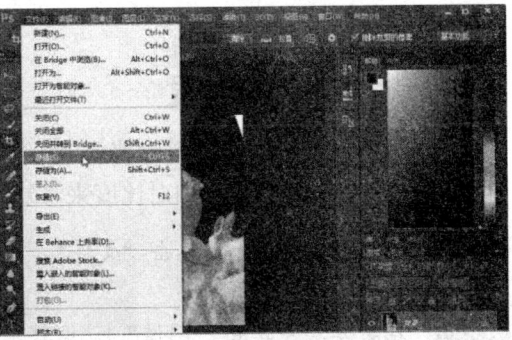

图4-34 保存图片

二、调整图像亮度

在拍摄照片时，有时由于种种原因导致图片的亮度不足、层次感不强或色彩明显不足，可以通过调整图片的亮度来修复图片。

Step 01 启动 Photoshop，单击"文件"|"打开"命令，打开需要修复的图片，如图 4-35 所示。

Step 02 在菜单栏中单击"图像"|"调整"|"曲线"命令，如图 4-36 所示。

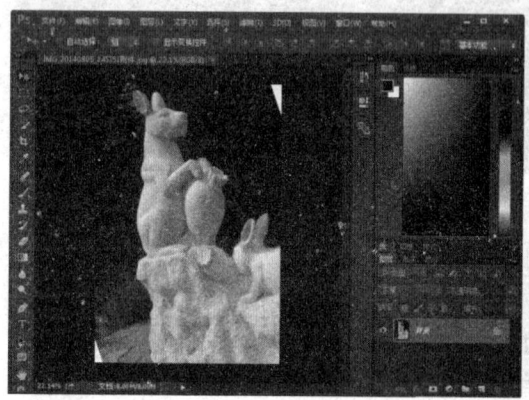
图 4-35 打开图片

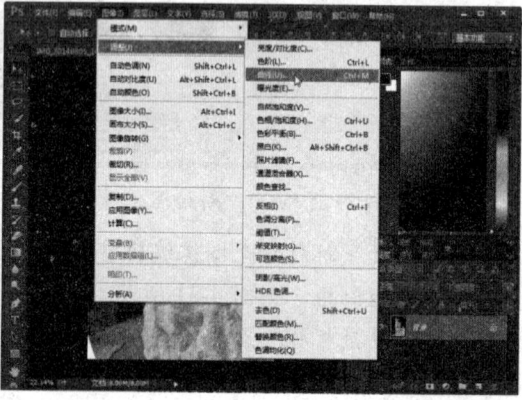
图 4-36 单击"曲线"命令

Step 03 弹出"曲线"对话框，调整曲线，然后单击"确定"按钮，如图 4-37 所示。

Step 04 此时即可调整图片的亮度，效果如图 4-38 所示。

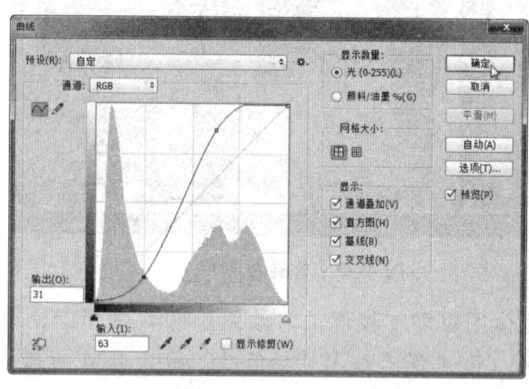
图 4-37 "曲线"对话框

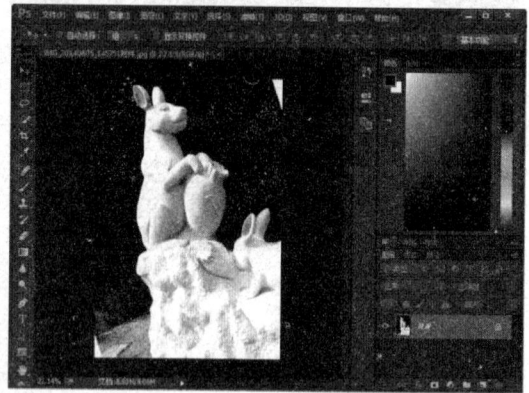
图 4-38 查看调整亮度效果

三、调整图像曝光度

有时拍摄的照片会出现曝光过度的现象，使整张图片过于明亮，这时可以通过 Photoshop 调整图片的亮度和对比度来修复图片，方法如下：

Step 01 启动 Photoshop，单击"文件"|"打开"命令，打开需要修复的图片，如图 4-39 所示。

Step 02 在菜单栏中单击"图像"|"调整"|"曝光度"命令，如图 4-40 所示。

图像管理工具　项目四

图 4-39　打开要修复的图片

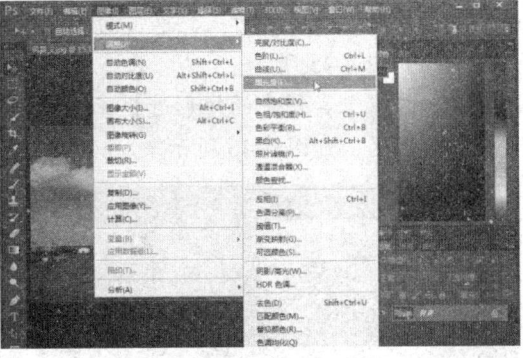

图 4-40　单击"曝光度"命令

Step 03　弹出"曝光度"对话框，分别设置相应的参数，然后单击"确定"按钮，如图 4-41 所示。

Step 04　此时即可调整曝光过度的图片，效果如图 4-42 所示。

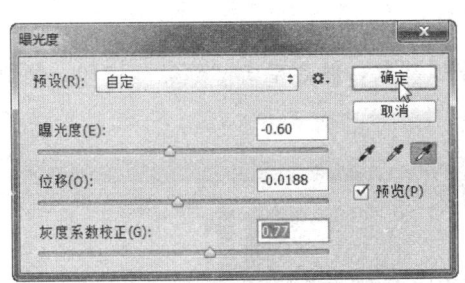

图 4-41　"曝光度"对话框

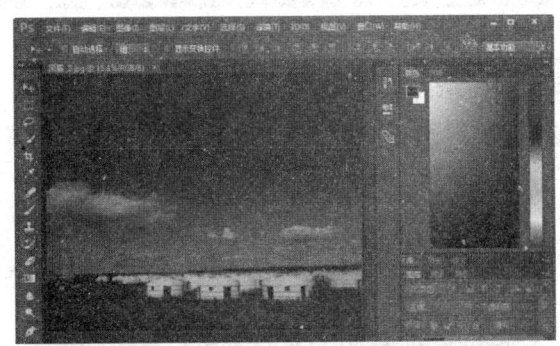

图 4-42　查看调整效果

四、添加图像边框

一张唯美的照片需要一个富有同样浓郁气息的相框来衬托，使用 Photoshop 可以为图片制作一个精美的相框，方法如下：

Step 01　启动 Photoshop，单击"文件"|"打开"命令，打开一张图片，如图 4-43 所示。

Step 02　在菜单栏中单击"窗口"|"通道"命令，如图 4-44 所示。

图 4-43　打开图片

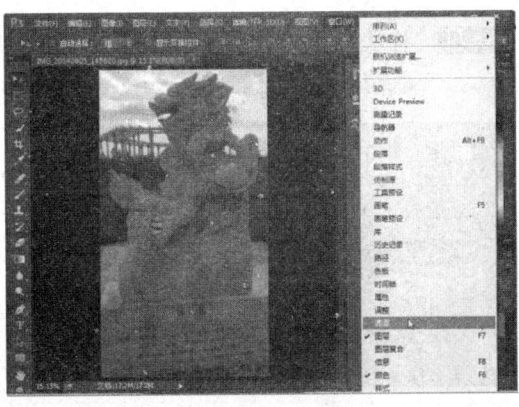

图 4-44　单击"通道"命令

Step 03 打开"通道"面板,单击面板底部的"创建新通道"按钮,创建一个新的通道,如图 4-45 所示。

Step 04 选取工具箱中的矩形选框工具,在图片中按住鼠标左键并拖动,绘制一个矩形选区,如图 4-46 所示。

图 4-45　创建新通道　　　　　　　　图 4-46　绘制矩形选区

Step 05 在工具箱中单击"设置前景色"色块,如图 4-47 所示。

Step 06 弹出"拾色器(前景色)"对话框,设置各项参数,然后单击"确定"按钮,如图 4-48 所示。

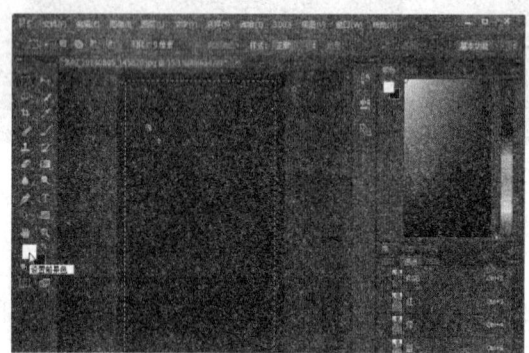
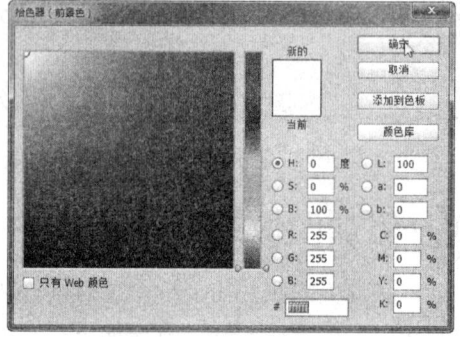

图 4-47　设置前景色　　　　　　　　图 4-48　"拾色器(前景色)"对话框

Step 07 设置前景色为白色,返回图像编辑窗口,选择工具箱中的油漆桶工具,如图 4-49 所示。

Step 08 将鼠标指针移至矩形选区中,单击鼠标左键填充矩形,然后按【Ctrl + D】组合键取消矩形选区,效果如图 4-50 所示。

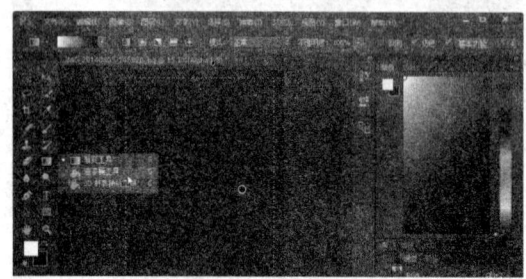
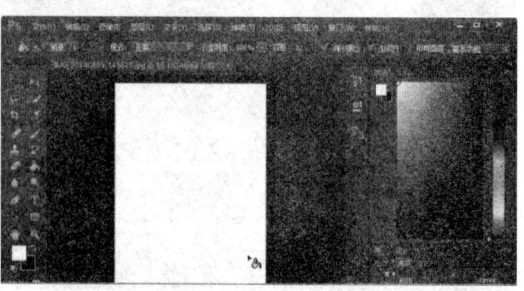

图 4-49　选择油漆桶工具　　　　　　图 4-50　填充颜色

Step 09　单击"滤镜"|"滤镜库"命令，如图4-51所示。

Step 10　在弹出的对话框中选择"画笔描边"|"喷溅"滤镜，设置"喷色半径"为25、"平滑度"为3，然后单击"确定"按钮，如图4-52所示。

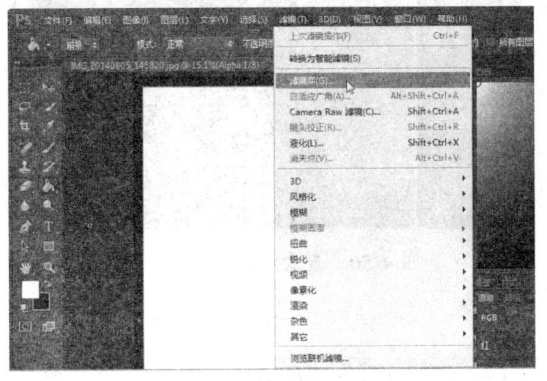 

图4-51　单击"滤镜库"命令　　　　　　图4-52　选择滤镜并设置参数

Step 11　返回编辑窗口，在"通道"面板中单击RGB左侧的"指示通道可见性"图标显示RGB通道，并单击Alpha 1左侧的"指示通道可见性"图标将其隐藏，如图4-53所示。

Step 12　单击"窗口"|"图层"命令，打开"图层"面板。单击"选择"|"载入选区"命令，弹出"载入选区"对话框，设置"通道"为Alpha 1，然后单击"确定"按钮，如图4-54所示。

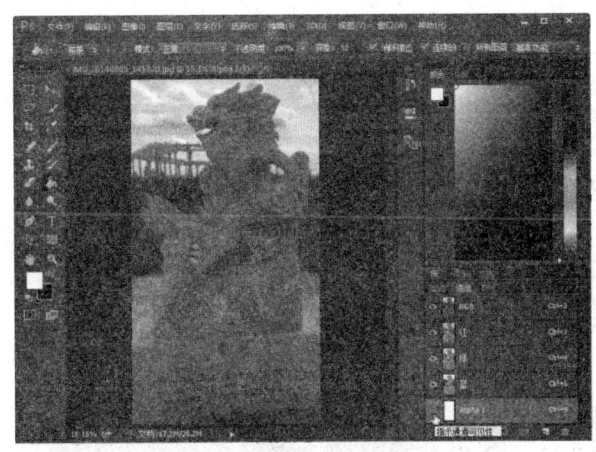 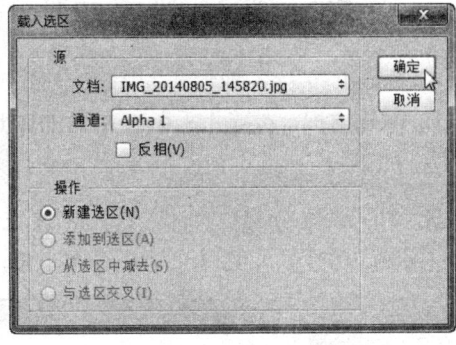

图4-53　隐藏通道　　　　　　图4-54　"载入选区"对话框

Step 13　此时即可载入Alpha 1通道中的选区。按【Ctrl + Shift + I】组合键将选区反选，如图4-55所示。

Step 14　按【Delete】键删除所选的区域，按【Ctrl + D】组合键取消选区，即可完成相框制作，效果如图4-56所示。

专家指导　根据色彩模式的不同，通道会分别记录一幅图像的各个颜色值。使用通道可以分别管理和控制图像中的各个颜色值，而不会影响到其他颜色的值。

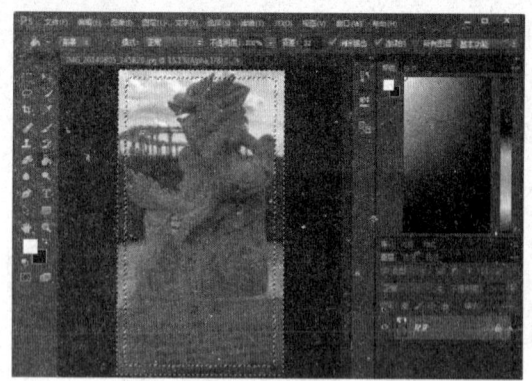
图4-55 反选选区

图4-56 查看相框效果

任务三　图像捕捉与处理软件

任务概述

图像捕捉软件是一种专门用于抓取屏幕内容的软件，可以抓取整个屏幕内容，或选择性抓取屏幕的一部分内容。捕捉完图像后，一般还需要对其进行简单处理，才可以保存并应用到工作和生活中。在本任务中，将详细介绍 SnagIt 捕捉软件的使用方法。

任务重点与实施

一、使用 SnagIt 截取图片

SnagIt 支持各种形式的图像捕捉，包括常见窗口，DirectX 表面捕捉（游戏）和视频捕捉，Web 捕捉，支持几乎所有常见的图片格式。下面将介绍如何使用 SnagIt 进行截图操作，方法如下：

Step 01　启动 SnagIt 软件，采用系统默认设置，单击"捕获"按钮，如图 4-57 所示。
Step 02　此时鼠标指针变为小手形状，准备捕获图像，如图 4-58 所示。

图4-57 单击"捕获"按钮

图4-58 准备捕获图像

Step 03 按住鼠标左键并进行拖动,选择截图范围,如图 4-59 所示。
Step 04 松开鼠标,自动进入编辑窗口,并显示截取的图像,如图 4-60 所示。

图 4-59　选择截图范围　　　　　　　　图 4-60　查看截图

二、设置捕获方案

SnagIt 具有多种捕捉方案,在使用时可以根据需要选择最快捷的一种方案,方法如下:

Step 01 启动 SnagIt 软件,在"基础捕获方案"选项区中选择"范围"选项,然后单击"捕获"按钮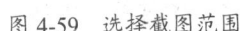,如图 4-61 所示。

Step 02 此时指针变为小手形状,按住鼠标左键进行拖动选择截图范围,即可进行范围截图,如图 4-62 所示。

图 4-61　选择"范围"方案　　　　　　图 4-62　选择截图范围

Step 03 返回软件主窗口,在"基础捕获方案"选项区中选择"窗口"选项,然后单击"捕获"按钮,如图 4-63 所示。

Step 04 移动鼠标指针,软件将自动选择活动窗口,并显示红色边框,单击鼠标左键即可进行截图,如图 4-64 所示。

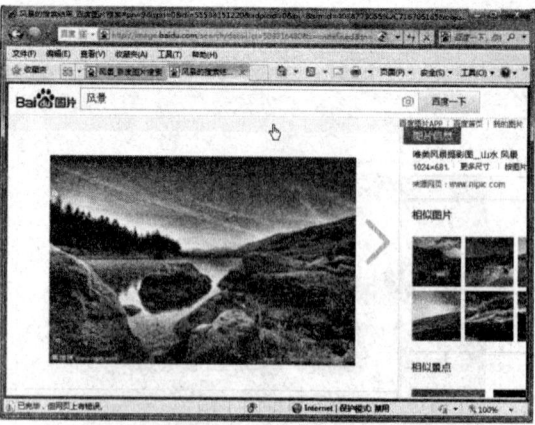

图 4-63　选择"窗口"方案　　　　　图 4-64　截取窗口

Step 05　返回软件主窗口,在"基础捕获方案"选项区中选择"全屏幕"选项,然后单击"捕获"按钮,如图 4-65 所示。

图 4-65　选择"全屏幕"方案

Step 06　自动进入编辑窗口,显示已经截取全屏幕图像,如图 4-66 所示。

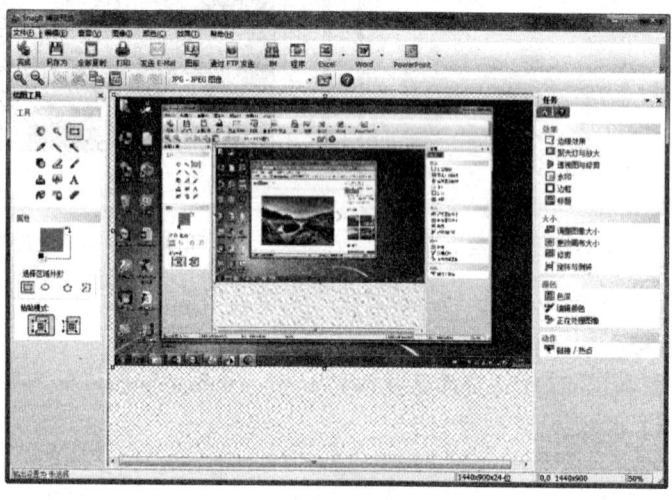

图 4-66　截取全屏幕

三、编辑图片

SnagIt 软件不仅具有强大的图像捕捉功能,其图像编辑和处理功能也非常完善。下面将介绍如何对图像进行编辑,以及如何添加各种效果,方法如下:

Step 01 启动 SnagIt 软件,使用"窗口"方案对网页中的图片进行捕捉操作,并进入编辑窗口,如图 4-67 所示。

Step 02 将光标移至图片右下角的光标节点上进行拖动,如图 4-68 所示。

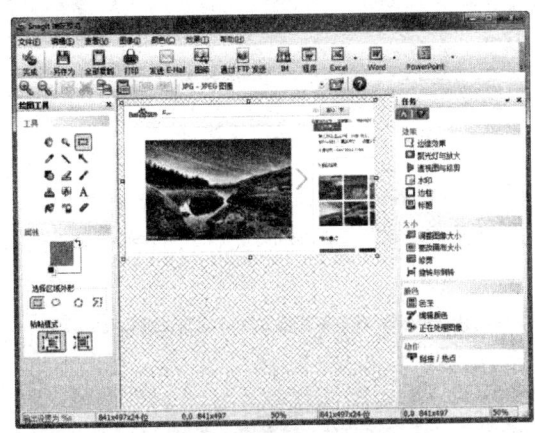
图 4-67 捕捉图像

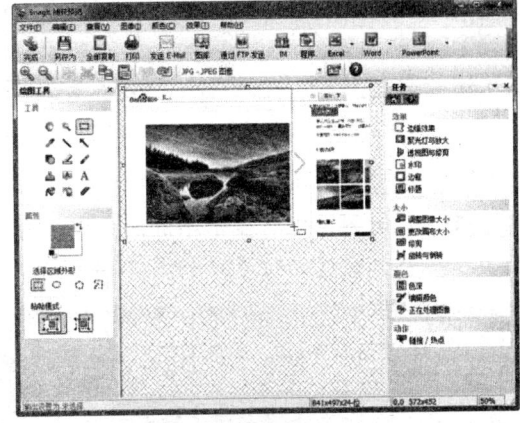
图 4-68 拖动节点

Step 03 在合适的位置松开鼠标,即可裁剪图片。用同样的方法裁剪另外一个角,如图 4-69 所示。

Step 04 若软件中的图片太小不方便操作,可单击功能区中的"放大"按钮,如图 4-70 所示。

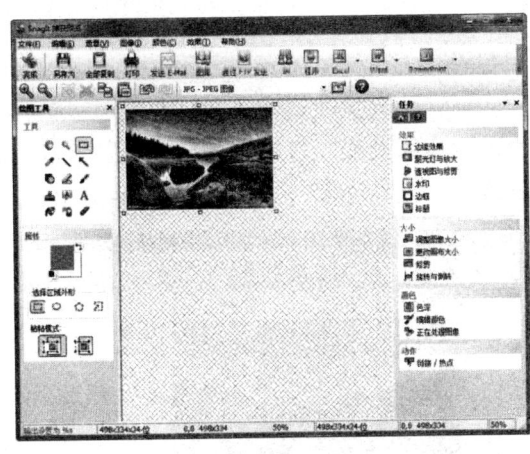
图 4-69 裁剪图片

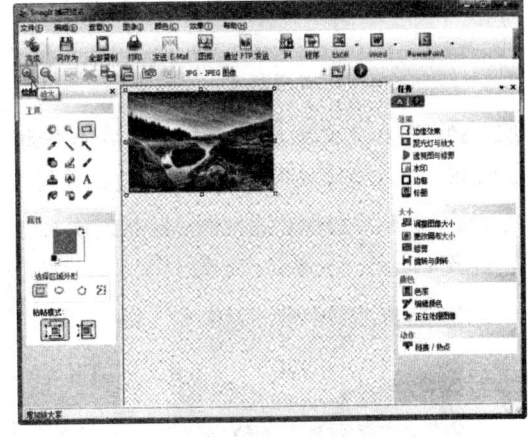
图 4-70 单击"放大"按钮

Step 05 此时可将图片放大显示,单击"文本工具"按钮 A,如图 4-71 所示。

Step 06 在图像中的合适位置单击鼠标左键,弹出"编辑文本"对话框,在文本框中输入文字,如图 4-72 所示。

图 4-71 单击"文本工具"按钮　　　　　　　图 4-72 输入文字

Step 07 设置文字的格式，如设置文字大小和颜色，然后单击"确定"按钮，如图 4-73 所示。

Step 08 此时图像上将显示添加的文字，移动光标至文本框上，按住鼠标进行拖动，将其移到合适的位置，如图 4-74 所示。

图 4-73 设置格式　　　　　　　　　　　　图 4-74 移动文字

Step 09 添加完文本后，单击右窗格任务面板中的"边缘效果"超链接，如图 4-75 所示。

Step 10 进入边缘效果面板，选择边缘类型，在此单击"淡入边缘"超链接，如图 4-76 所示。

图 4-75 单击"边缘效果"超链接　　　　　图 4-76 单击"淡入边缘"超链接

Step 11 进入淡入边缘面板,分别设置相关参数,并预览效果,设置完毕后单击"首页"按钮,如图 4-77 所示。

Step 12 返回任务面板,单击"聚光灯与放大"超链接,如图 4-78 所示。

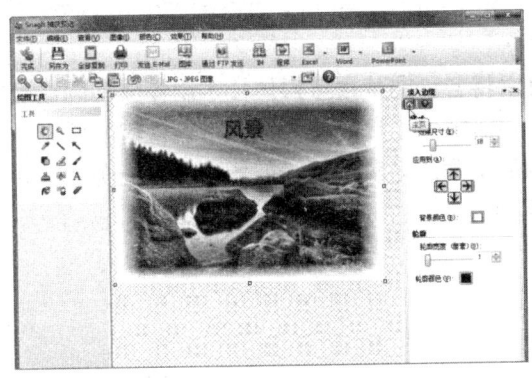

图 4-77 预览效果　　　　　　　　　图 4-78 单击"聚光灯与放大"超链接

Step 13 进入选择聚光灯区域面板,在图像上按住鼠标左键并拖动选择区域,如图 4-79 所示。

Step 14 松开鼠标完成区域选择,单击聚光灯区域面板中的"继续聚光灯与放大效果"超链接,如图 4-80 所示。

图 4-79 选择区域　　　　　　　　　图 4-80 继续聚光灯与放大效果

Step 15 进入聚光灯与放大面板,分别设置相关参数并预览效果,如图 4-81 所示。

Step 16 完成设置后单击"另存为"按钮,可将图像进行保存,如图 4-82 所示。

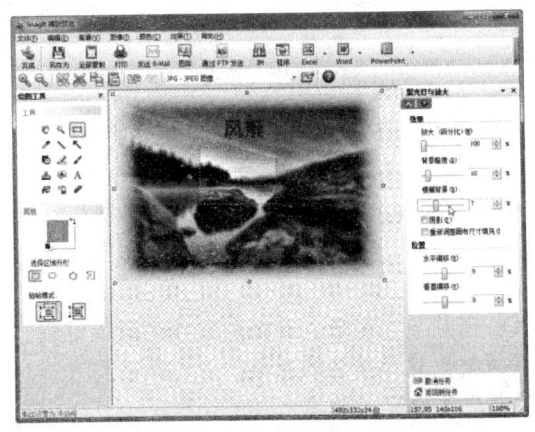 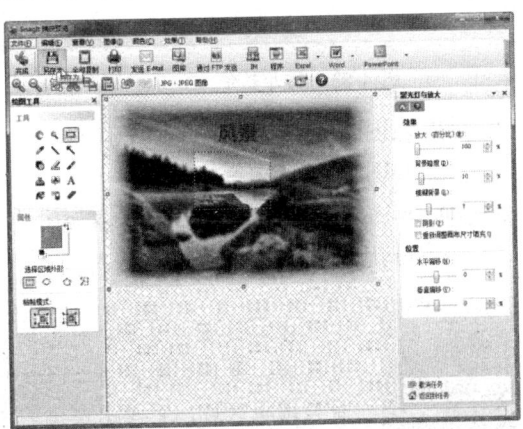

图 4-81 设置参数并预览效果　　　　　　　图 4-82 保存图片

任务四 制作电子相册

任务概述

电子相册是一种新兴的计算机多媒体，可以将各种图片用多媒体技术制作成动画或可执行程序。MemoriesOnTV 是一款出色的电子相册制作工具，该软件上手非常容易，制作的电子相册中声音特效非常专业，还可以在相册中添加各种转场特效等。在本任务中，将详细介绍如何使用 MemoriesOnTV 制作电子相册。

任务重点与实施

一、导入图片

在使用 MemoriesOnTV 制作电子相册之前，应先为相册添加照片素材。导入图片的方法如下：

Step 01 启动 MemoriesOnTV 程序，打开其工作窗口，单击"导入"按钮，如图 4-83 所示。

Step 02 在 MemoriesOnTV 窗口下方显示"导入"面板，在左下方的结构树中选择要制作相册的照片存放的文件夹，如图 4-84 所示。

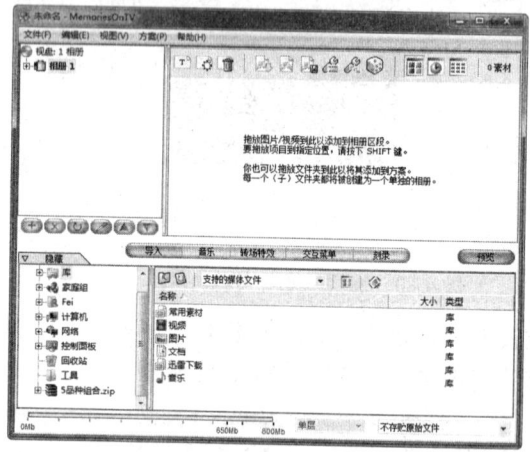
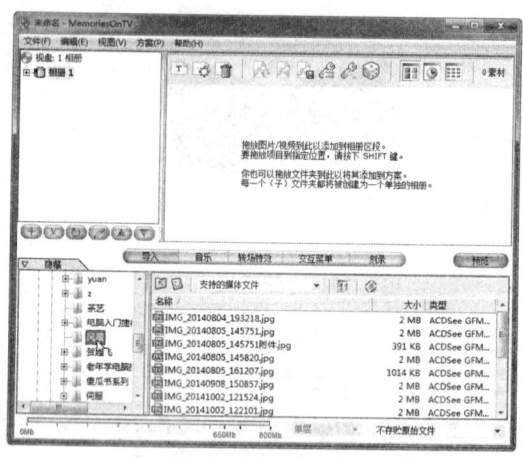

图 4-83　打开软件　　　　　　　　　图 4-84　选择文件夹

Step 03 在图像预览窗口中选择一张照片，然后单击"编辑"|"全部选择"命令全选图片，如图 4-85 所示。

Step 04 单击"导入"面板中的"添加图片到相册"按钮，将选中的图片全部添加到相册轨迹窗口中，如图 4-86 所示。

> **专家指导** 还可以通过复制和粘贴的方法将图片导入相册。若拖放文件夹到相册轨迹区时，文件夹中的每个子文件夹将被创建为单独的相册。为了获得更大的视频编辑区域，可单击左侧的"隐藏"按钮▽来隐藏底部的面板。

图像管理工具　项目四

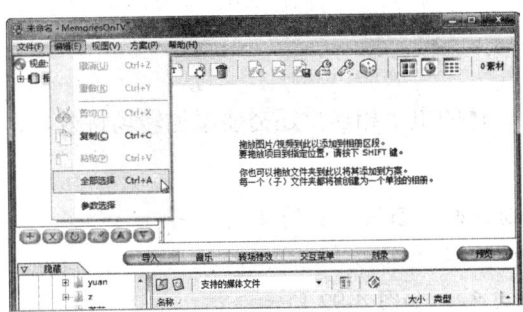
图 4-85　选择全部图片

图 4-86　添加到轨迹窗口

二、选择背景音乐

在电子相册中可以添加自己喜欢的背景音乐来丰富电子相册内容，方法如下：

Step 01　单击"音乐"按钮，切换至"音乐"面板，单击面板左下角的"添加音乐到相册"按钮 +，如图4-87所示。

Step 02　弹出"打开"对话框，选择要添加的音乐文件，然后单击"打开"按钮，如图4-88所示。

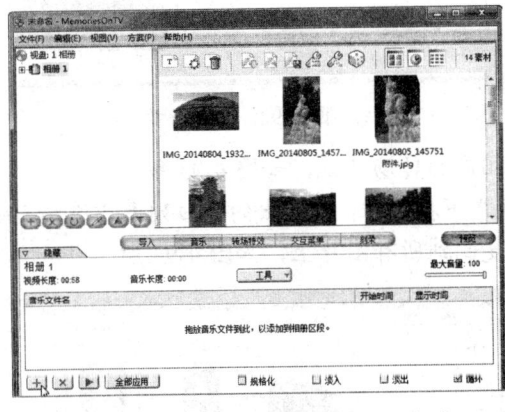
图 4-87　单击 "添加音乐到相册"按钮

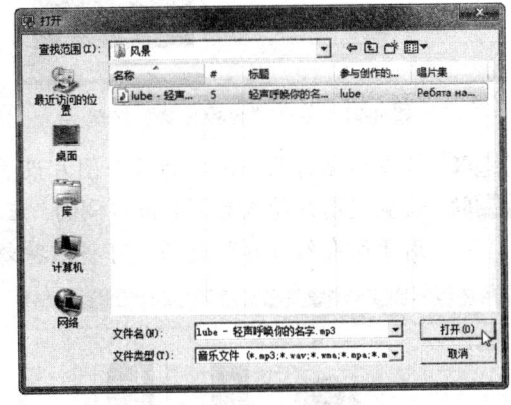
图 4-88　"打开"对话框

Step 03　此时即可将选择的音乐文件添加到面板中，如图4-89所示。

Step 04　在面板右下角分别选中"淡入"和"淡出"复选框，为音乐添加淡入和淡出效果，如图4-90所示。

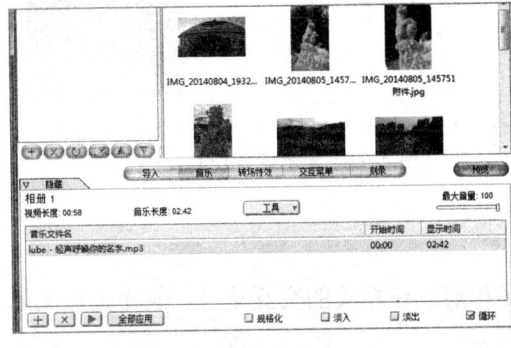
图 4-89　添加成功

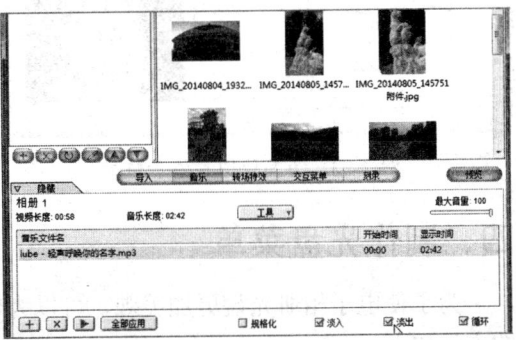
图 4-90　添加效果

三、添加转场效果

要想制作出集娱乐性、艺术性及观赏性于一体的电子相册，还需要添加转场特效。添加转场特效的方法如下：

Step 01 单击"转场特效"按钮，切换至"转场特效"面板，如图4-91所示。

Step 02 选择第一张图片，在"特效"面板中设置"图片特效"为"随机推拉""转场特效"为"百叶窗"，并设置"转场延迟"为3秒，如图4-92所示。

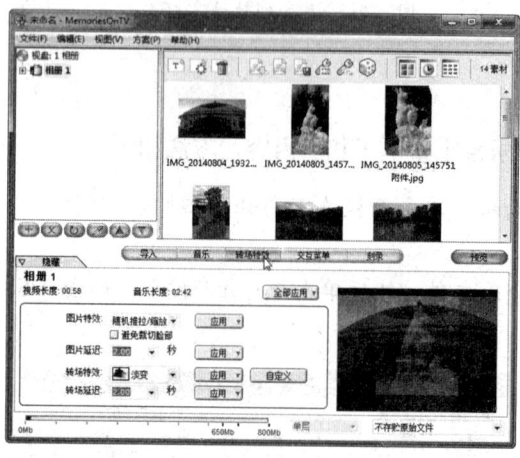

图4-91 单击"转场特效"按钮

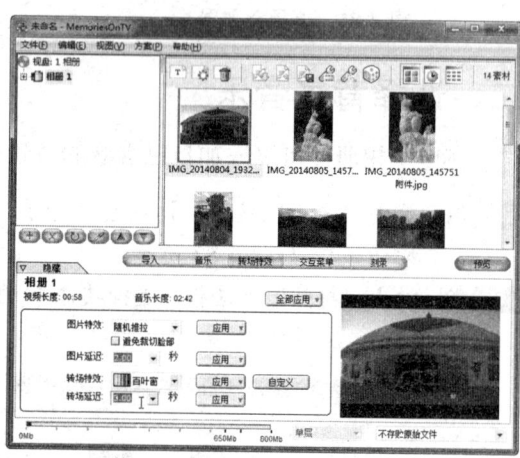

图4-92 添加特效

Step 03 可以根据自己的需要为各个图片设置相应的转场特效，如图4-93所示。

Step 04 设置完图片特效后，单击右侧的"应用"下拉按钮，在弹出的下拉列表中选择"应用于所有幻灯片"选项，可将该特效复制到所有图片上，如图4-94所示。

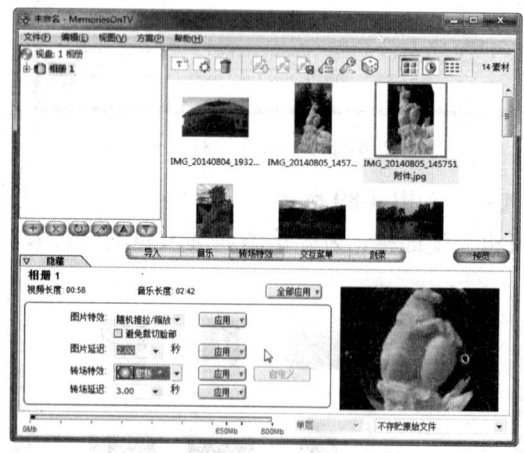

图4-93 为其他图片添加特效

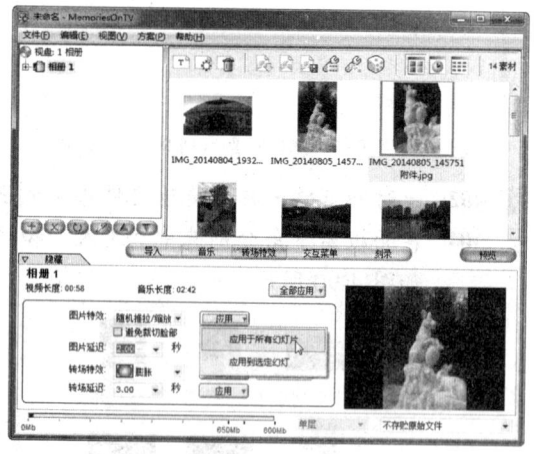

图4-94 复制效果到其他图片

四、制作光盘菜单

为了使电子相册光盘更加美观，可以为电子相册制作精美的交互菜单。制作光盘菜单的方法如下：

Step 01 单击"交互菜单"按钮,切换至"交互菜单"面板,如图4-95所示。
Step 02 在自己喜欢的模板上单击鼠标左键,即可载入该模板,如图4-96所示。

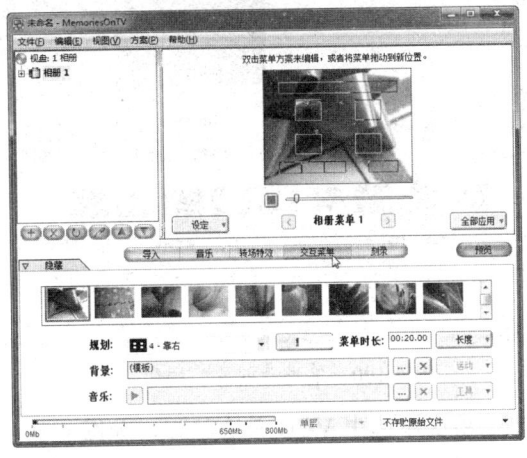 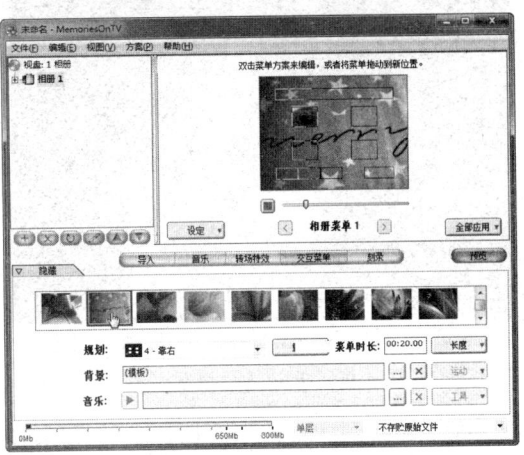

图4-95 单击"交互菜单"按钮   图4-96 载入模板

五、刻录电子相册

制作好电子相册后,可以在预览窗口中查看电子相册效果。若对电子相册的效果感到满意,就可以开始刻录电子相册了,方法如下:

Step 01 设置相册信息选项,然后单击"预览"按钮,如图4-97所示。
Step 02 弹出"预览"对话框,单击"全部播放"按钮,如图4-98所示。

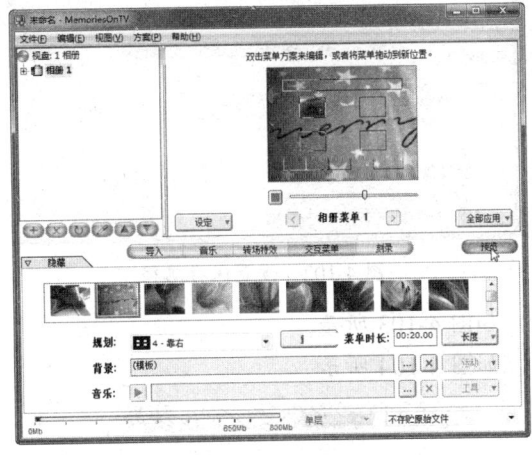 

图4-97 单击"预览"按钮   图4-98 单击"全部播放"按钮

Step 03 此时会在"预览"对话框中自动播放视频,单击Menu按钮可返回主菜单,如图4-99所示。
Step 04 在预览相册效果后,单击该对话框右上角的"关闭"按钮,返回"交互菜单"面板,单击"刻录"按钮,如图4-100所示。

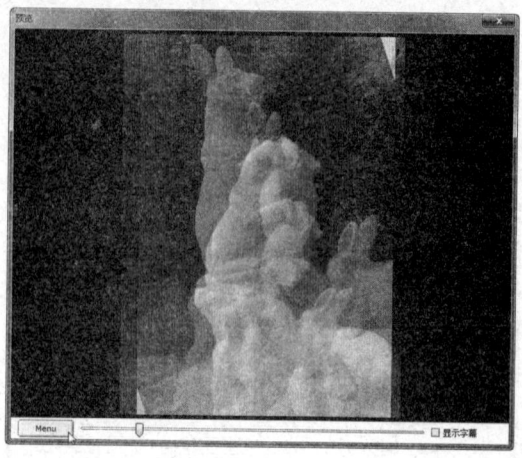

图 4-99 开始播放视频

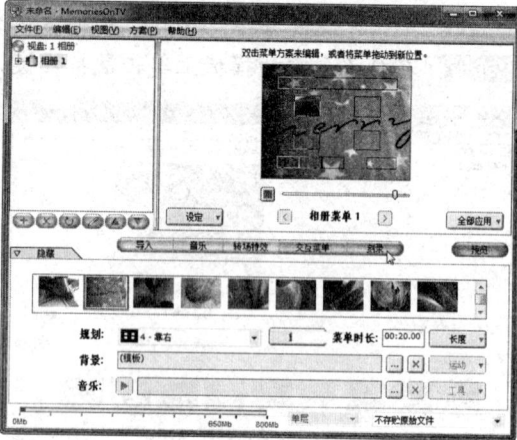

图 4-100 单击"刻录"按钮

Step 05 切换到"刻录"面板，在"视频选项"选项区中选中 VCD 单选按钮，如图 4-101 所示。

Step 06 在"工作文件夹"文本框中设置保存路径，然后单击"开始"按钮，如图 4-102 所示。

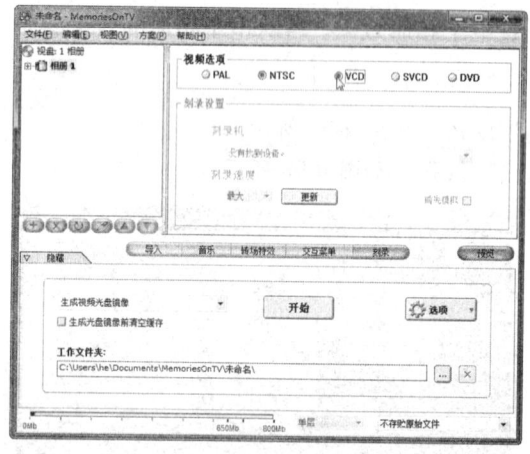

图 4-101 选中 VCD 单选按钮

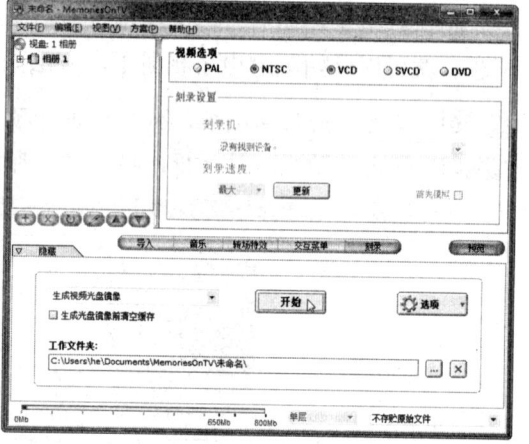

图 4-102 设置保存路径

Step 07 开始制作镜像文件，并显示生成进度，如图 4-103 所示。

Step 08 刻录完成后，单击"确定"按钮即可，如图 4-104 所示。

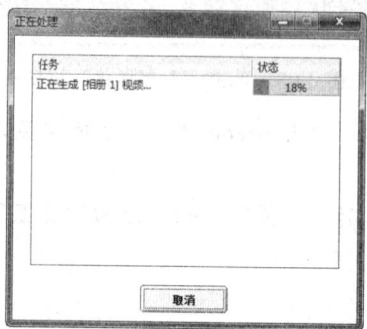

图 4-103 开始刻录文件

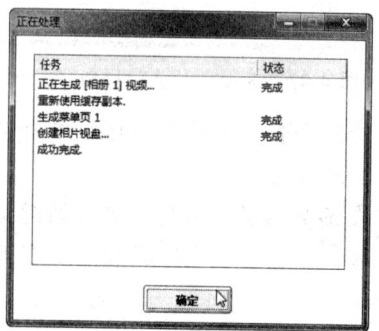

图 4-104 刻录完成

项目小结

通过本项目的学习，读者应重点掌握以下知识：
（1）可以熟练运用 ACDsee 查看操作图片。
（2）能够熟练运用 PhotoShop 进行图片的美化操作。
（3）学会使用图像捕捉软件进行截图，并进行图片处理
（4）使用 MemoriesOnTV 可以快速地制作电子相册。

项目习题

（1）使用 ACDsee 软件对图片进行批量旋转操作。
（2）使用 PhotoShop 软件对图片进行修复红眼操作。
（3）使用 SnagIt 软件截图并添加水印。
（4）使用 MemoriesOnTV 制作个人生活照的电子相册。

项目五 音/视频播放与编辑工具

项目概述

丰富多彩的世界离不开多媒体的参与，通过网络不仅可以收听音乐、观看视频等，还可以通过一些多媒体编辑软件对音频或视频进行编辑，实现以往只有专业人士才能完成的效果。本项目将详细介绍如何播放音文件/视频媒体及如何对音/视频进行编辑处理。

项目重点

- 播放音频文件。
- 播放视频文件。
- 编辑音频文件。
- 编辑视频文件。

项目目标

- 掌握播放音频文件的方法。
- 掌握播放视频文件的方法。
- 掌握编辑音频文件的方法与技巧。
- 掌握编辑视频文件的方法与技巧。

任务一 音频播放工具软件

网易云音乐是一款专注于发现与分享音乐产品的软件，以歌单、DJ 节目、社交和地理位置为核心要素，主打发现和分享。在本任务中，将详细介绍网易云音乐的使用方法。

音/视频播放与编辑工具　　项目五

**任务重点与实施**

一、添加并播放本地音乐

使用"网易云音乐"可以播放多种类型的音乐文件,下面将详细介绍如何在"网易云音乐"中播放电脑中的歌曲文件,方法如下:

Step 01 启动"网易云音乐",在左侧选择"本地音乐"选项,在右侧单击"选择本地音乐文件夹"按钮,如图5-1所示。

Step 02 在弹出的"选择本地音乐文件夹"对话框中单击"添加文件夹"按钮,如图5-2所示。

图5-1　单击"选择本地音乐文件夹"按钮　　　图5-2　单击"添加文件夹"按钮

Step 03 弹出"选择添加目录"对话框,选择包含音乐文件的文件夹,然后单击"确定"按钮,如图5-3所示。

Step 04 此时即可将本地音乐添加到网易云音乐中,双击音乐文件即可进行播放,如图5-4所示。

图5-3　"选择添加目录"对话框　　　　　　图5-4　播放歌曲

Step 05 单击程序窗口右下角的"歌词"按钮，即可显示歌词,如图5-5所示。

Step 06 在歌词上单击鼠标左键，弹出歌词调节按钮。单击设置按钮，在弹出的列表中可对歌词进行设置，如图5-6所示。

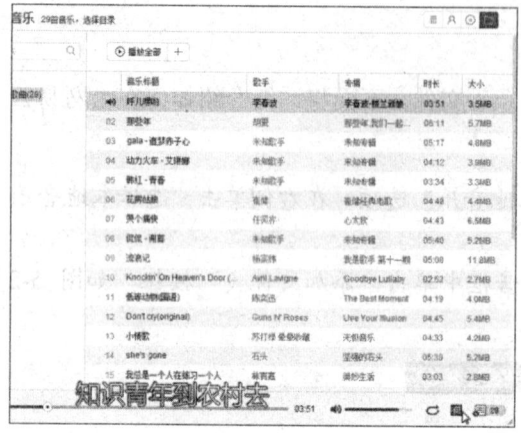

图5-5 显示歌词

图5-6 设置歌词

Step 07 单击程序窗口右下角的"播放列表"按钮，打开播放列表，其中显示播放过的歌曲，如图5-7所示。

Step 08 单击"历史记录"按钮，可以查看更多播放过的歌曲；单击"清空"按钮，可以清空列表，如图5-8所示。

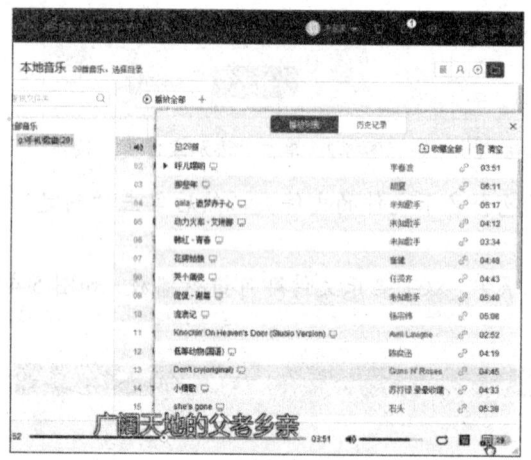

图5-7 查看播放列表

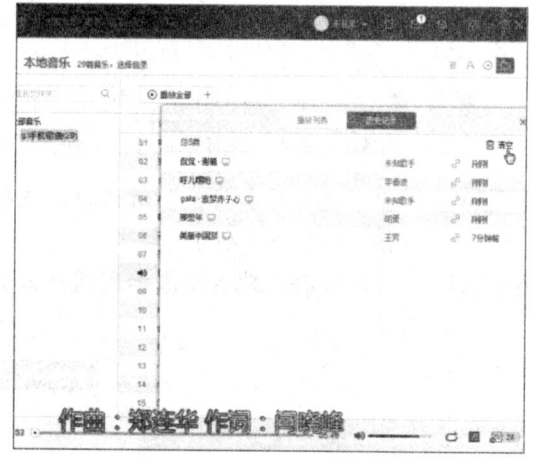

图5-8 查看播放历史记录

二、创建歌单

在"网易云音乐"中可以创建自己的专属歌单，并将喜欢的歌曲添加到歌单中。创建歌单的方法如下：

Step 01 在"网易云音乐"程序左侧单击"新建歌单"按钮，如图5-9所示。

Step 02 此时即可创建歌单，输入歌单名称，右击歌单，在弹出的快捷菜单中选择"编辑歌单信息"命令，如图5-10所示。

音/视频播放与编辑工具　项目五

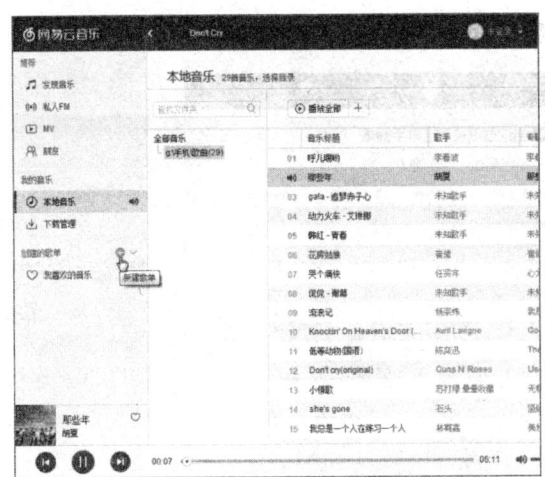

图 5-9　单击"新建歌单"按钮　　　　　图 5-10　选择"编辑歌单信息"命令

Step 03　编辑歌单名、标签及介绍,然后单击"保存"按钮,如图 5-11 所示。
Step 04　打开"本地音乐"列表,将歌曲直接拖至歌单名称上,即可将其添加到歌单,如图 5-12 所示。

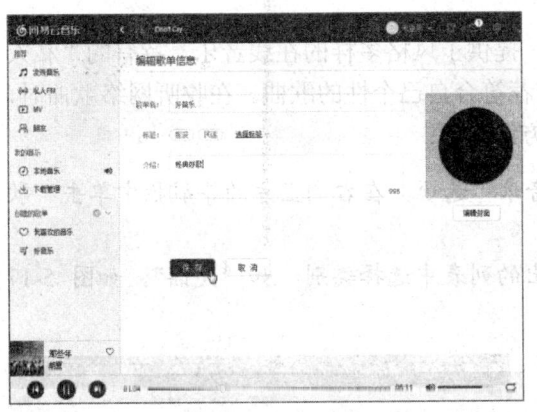

图 5-11　编辑歌单　　　　　　　　　　图 5-12　向歌单添加歌曲

Step 05　选择创建的歌单,可以查看其中包含的歌曲,如图 5-13 所示。
Step 06　也可将"网易云音乐"中喜欢的歌单收藏起来,找到喜欢的歌单后单击"收藏"按钮,如图 5-14 所示。

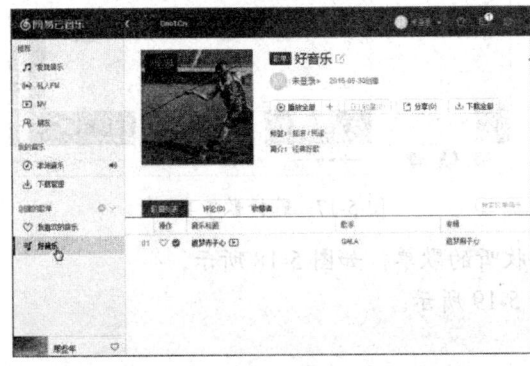 

图 5-13　查看歌单　　　　　　　　　　图 5-14　收藏在线歌单

89

Step 07 此时即可在左侧"收藏的歌单"下显示歌单,如图5-15所示。

图 5-15　查看收藏的歌单

三、播放网络音乐

"网易云音乐"专注于发现和分享音乐,提供了风格多样的在线音乐,特有的"私人FM"功能还可以根据用户的听歌类型自动推荐符合自己个性的歌曲。在收听网络歌曲时,还可以将喜欢的歌曲添加到自己的歌单中,方法如下:

Step 01 在"网易云音乐"左侧选择"发现音乐"选项,在右侧上方的导航栏中单击"歌单"按钮,如图 5-16 所示。

Step 02 单击"全部歌单"下拉按钮,在弹出的列表中选择类别,如"民谣",如图 5-17 所示。

图 5-16　单击"歌单"按钮　　　　图 5-17　选择歌单类别

Step 03 打开相应类别下的歌单列表,单击要收听的歌单,如图 5-18 所示。

Step 04 双击歌曲,即可在线进行收听,如图 5-19 所示。

图 5-18　选择歌单

图 5-19　收听在线歌曲

Step 05　也可在线搜索歌曲，在程序上方的搜索框中输入歌曲名并按【Enter】键确认，如图 5-20 所示。

Step 06　查看搜索到的歌曲，右击歌曲，在弹出的快捷菜单中选择"收藏"|"我喜欢的音乐"命令，即可将该歌曲添加到歌单，如图 5-21 所示。

图 5-20　在线搜索歌曲

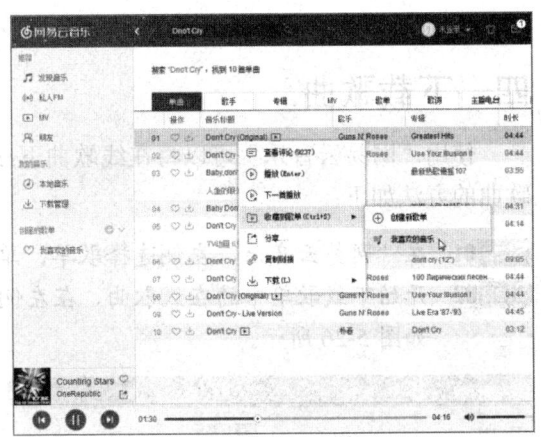
图 5-21　将歌曲添加到歌单

Step 07　在左侧选择"私人 FM"选项，单击"更多"按钮，在弹出的列表中选择"收藏"选项，如图 5-22 所示。

Step 08　弹出"添加到歌单"对话框，选择要添加到的歌单即可，如图 5-23 所示。

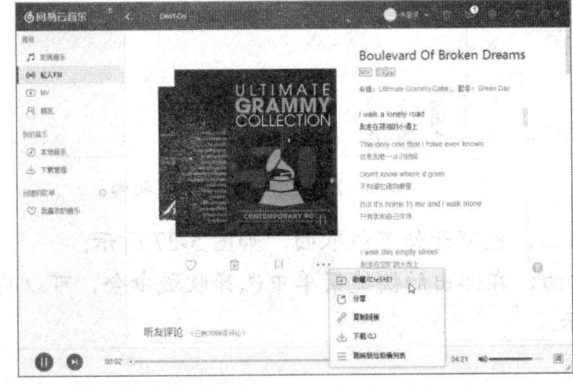
图 5-22　收藏"私人 FM"歌曲

图 5-23　选择歌单

Step 09 在左侧选择歌单，即可查看添加到歌单中的在线歌曲，如图 5-24 所示。

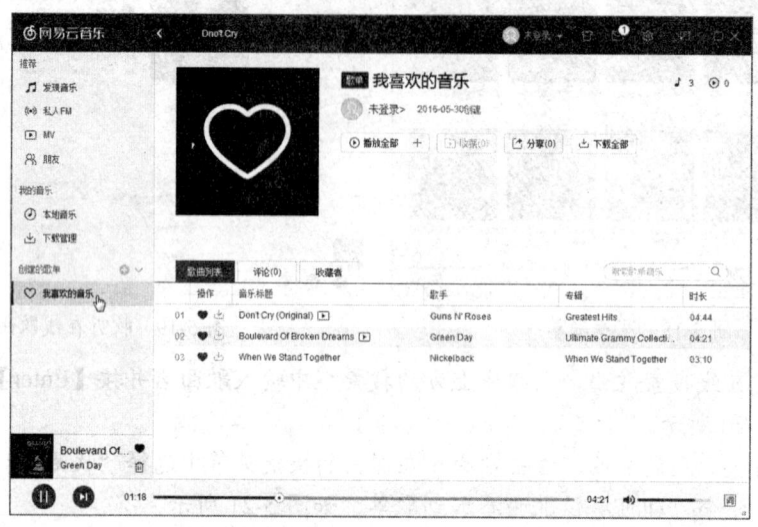

图 5-24　查看歌单

四、下载歌曲

使用"网易云音乐"可以将在线歌曲下载到本地电脑中，以便离线后随时收听。下载歌曲的方法如下：

Step 01 在"网易云音乐"左侧选择歌单，单击"下载全部"按钮，如图 5-25 所示。

Step 02 开始下载歌单中的在线歌曲，在左侧选择"下载管理"选项，可以看到下载详情，如图 5-26 所示。

图 5-25　单击"下载全部"按钮　　　　图 5-26　开始下载歌曲

Step 03 在线听歌时单击"下载"按钮，也可开始下载歌曲，如图 5-27 所示。

Step 04 在"下载管理"界面中右击歌曲，在弹出的快捷菜单中选择收藏命令，可以将其收藏到歌单中，如图 5-28 所示。

音/视频播放与编辑工具　项目五

图 5-27　单击"下载"按钮

图 5-28　收藏歌曲

Step 05 在"下载管理"界面中单击"打开目录"超链接，如图 5-29 所示。
Step 06 此时即可打开歌曲下载文件夹，查看下载的歌曲，如图 5-30 所示。

图 5-29　单击"打开目录"超链接　　　　　　　图 5-30　查看下载的歌曲

专家指导
Expert guidance

　　也可使用快捷键进行播放控制，如按【Ctrl+P】组合键可暂停/继续播放，按【Ctrl+→】组合键可播放下一首。在播放器上方单击"设置"按钮，在打开的界面左侧选择"快捷键"选项，在右侧可以自定义快捷键。

任务二　音频编辑工具软件

任务概述

　　GoldWave 是一个功能强大的数字音乐编辑器，是集声音编辑、播放、录制和转换的音频工具，它还可以对音频内容进行转换格式等处理。在本任务中，将详细介绍 GodlWave 软件的使用方法。

一、调整音量

有时下载或录制的音频音量太大或太小,单纯靠放大电脑音量不足以满足需求,此时可以使用 GoldWave 软件来对音频的音量进行调整,方法如下:

Step 01 启动 GoldWave 软件,打开程序窗口,左侧窗口为音频处理主界面,右侧窗口为录音功能的主界面,如图 5-31 所示。

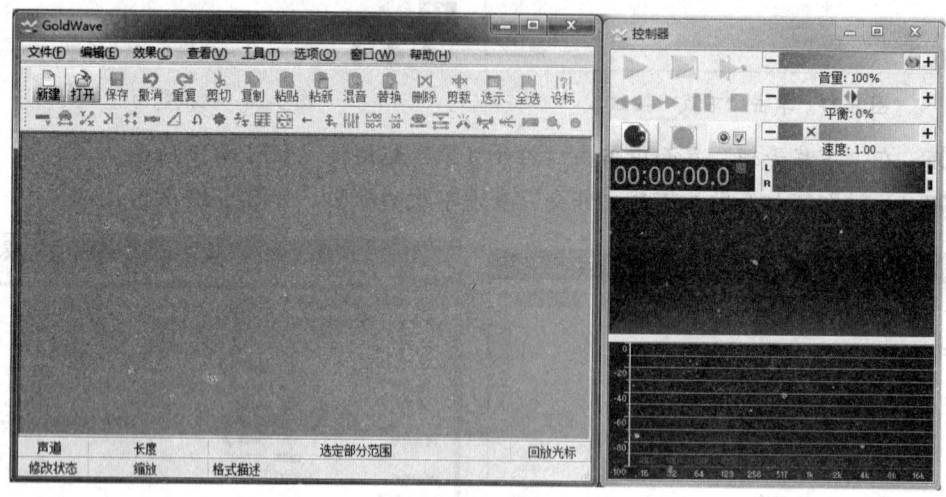

图 5-31 "GoldWave"程序窗口

Step 02 单击"文件"|"打开"命令,如图 5-32 所示。

Step 03 弹出"打开音频文件"对话框,选择需要处理的音频文件,然后单击"打开"按钮,如图 5-33 所示。

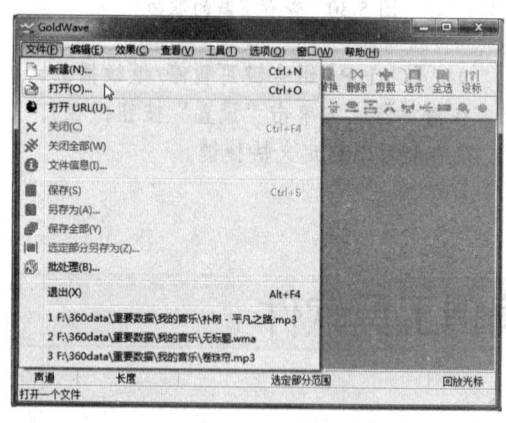

图 5-32 单击"打开"命令

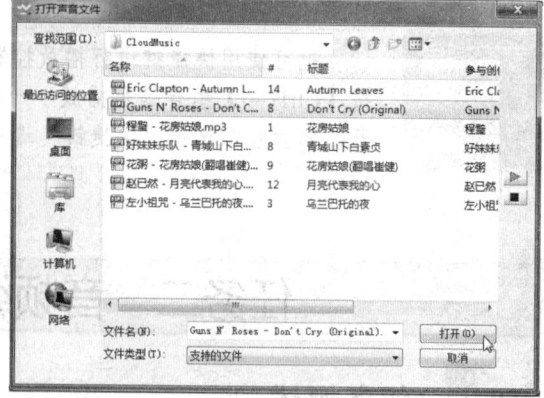

图 5-33 "打开音频文件"对话框

Step 04 开始导入音频文件,并显示导入进度,如图 5-34 所示。

Step 05 打开音频后,单击"效果"|"音量"|"更改音量"命令,如图 5-35 所示。

音/视频播放与编辑工具　项目五

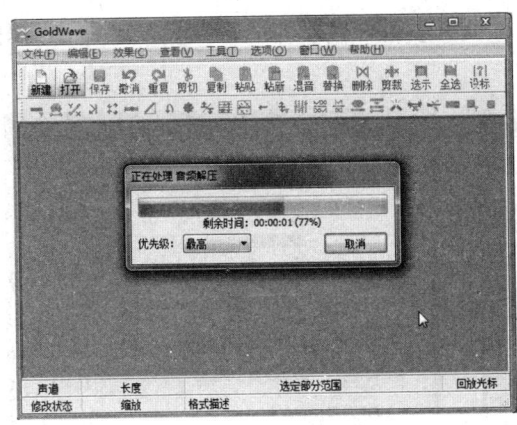

图 5-34　导入音频文件

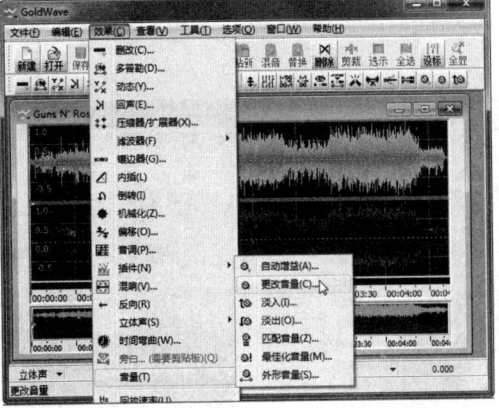

图 5-35　单击"更改音量"命令

Step 06 弹出"更改音量"对话框，拖动滑块或输入数值更改音量，然后单击"确定"按钮，如图 5-36 所示。

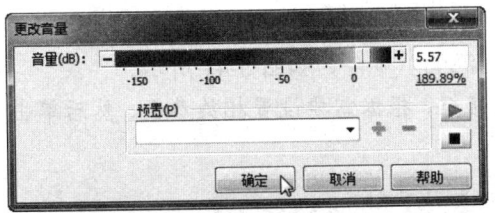

图 5-36　"更改音量"对话框

Step 07 返回主窗口，可以看到音波已发生变化，如图 5-37 所示。
Step 08 在"控制器"窗口中单击"播放"按钮▶试听效果，如图 5-38 所示。

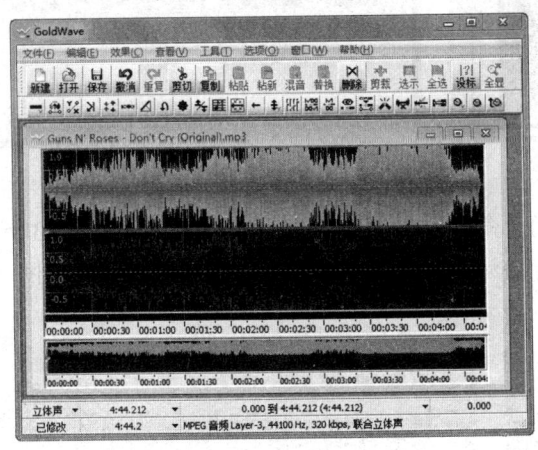

图 5-37　查看音波变化

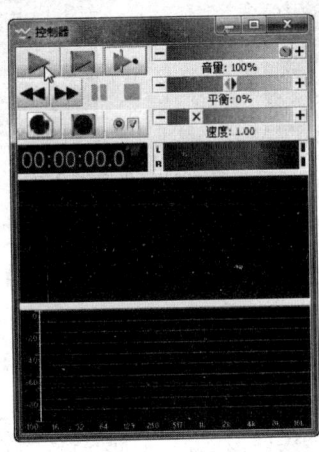

图 5-38　试听效果

二、处理音效

音效就是指由声音所制造的效果，主要是增强场面真实感与气氛。为声音添加音效可以让音质更加清晰、有质感，下面将介绍如何使用 GoldWave 软件处理音效，方法如下：

Step 01 启动软件，打开音频文件，单击"效果"|"镶边器"命令，如图 5-39 所示。

Step 02 弹出"镶边器"对话框，根据需要设置相关参数，然后单击"确定"按钮，如图5-40所示。

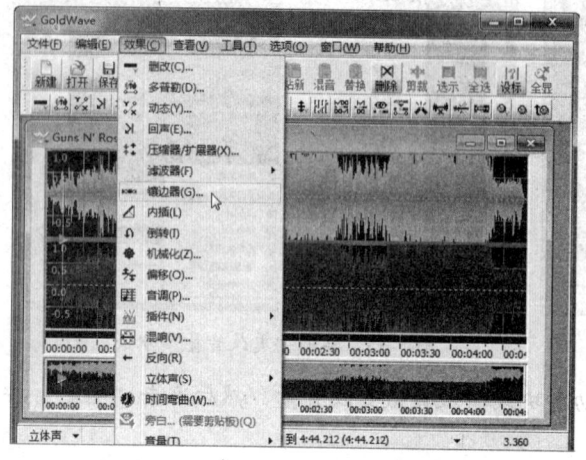
图5-39 单击"镶边器"命令

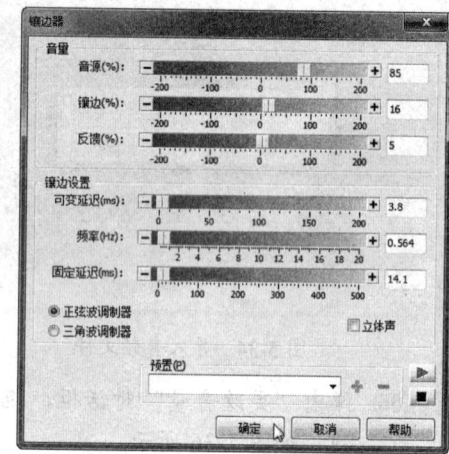
图5-40 "镶边器"对话框

Step 03 单击"效果"|"混响"命令，如图5-41所示。

Step 04 弹出"混响"对话框，根据需要设置相关参数，然后单击"确定"按钮，如图5-42所示。

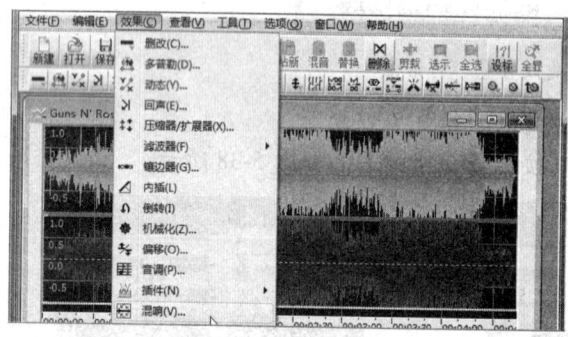
图5-41 单击"混响"命令

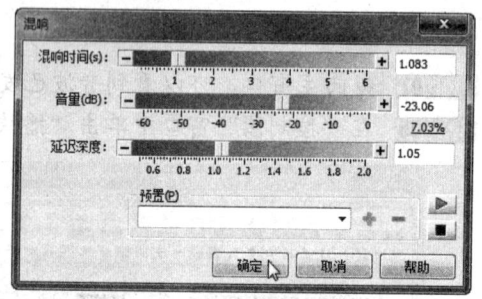
图5-42 "混响"对话框

Step 05 单击"效果"|"立体声"菜单下的子命令，可以设置其他效果类型，如图5-43所示。

Step 06 设置完毕后按【Space】键可进行播放试听，再次按【Space】键可暂停，如图5-44所示。

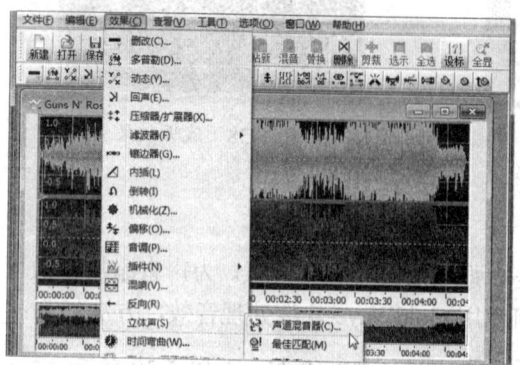
图5-43 设置其他效果

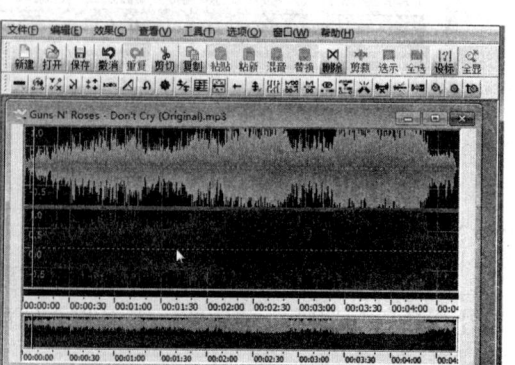
图5-44 试听效果

三、转换音频格式

不同领域的不同需求，对音频格式的要求也都不一样。下面将介绍如何使用 GoldWave 软件转换音频格式，方法如下：

Step 01 打开需要转换的音频文件，单击"文件"|"另存为"命令，如图 5-45 所示。

Step 02 弹出"保存声音为"对话框，单击"保存类型"下拉按钮，在弹出的下拉列表中选择需要的格式，如图 5-46 所示。

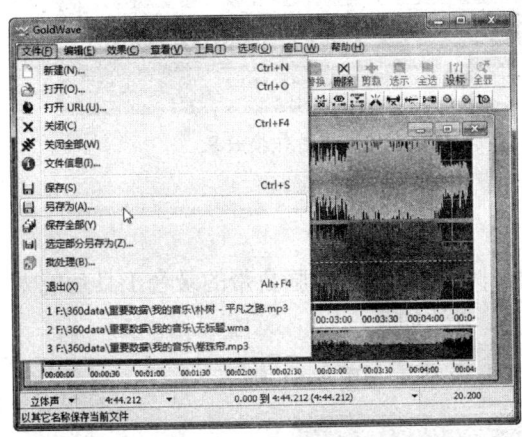 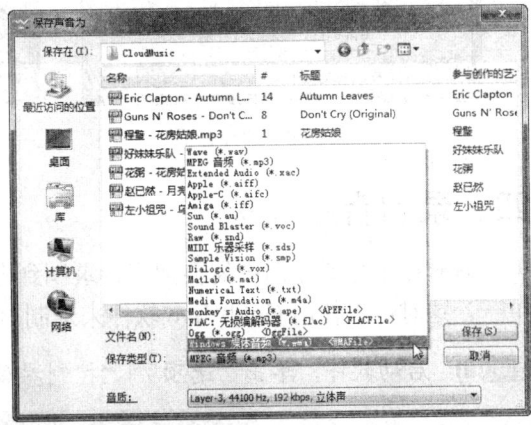

图 5-45　单击"另存为"命令　　　　　　图 5-46　"保存声音为"对话框

Step 03 单击"音质"下拉按钮，在弹出的下拉列表中选择需要的音质类型，如图 5-47 所示。

Step 04 设置保存路径和文件名，然后单击"保存"按钮，如图 5-48 所示。

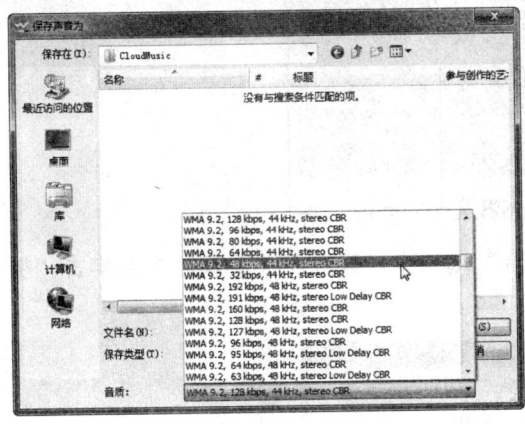 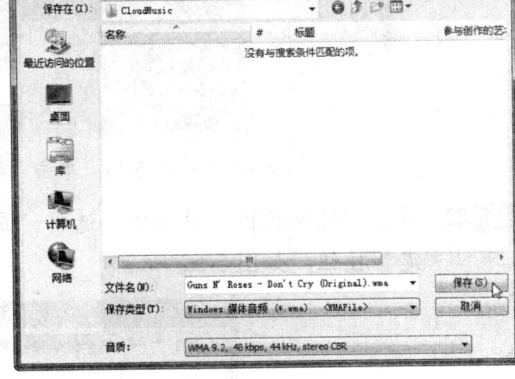

图 5-47　选择音质类型　　　　　　图 5-48　设置保存路径和文件名

Step 05 弹出提示信息框，显示保存进度，如图 5-49 所示。

Step 06 打开转换格式后的文件，发现文件格式已经改变，如图 5-50 所示。

专家指导 使用 GoldWave 可以批处理音频文件，单击"文件"|"批处理"命令，弹出"批处理"对话框，在"来源"选项卡下添加音频文件，在其他选项卡下设置处理、转换、目标位置等信息，然后单击"开始"按钮即可。

常用工具软件项目教程

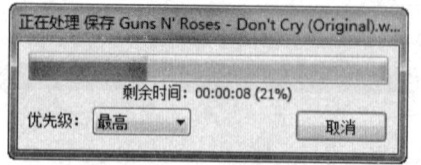

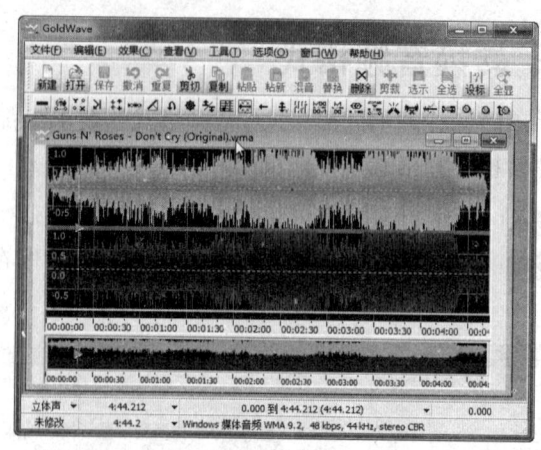

图 5-49 开始保存　　　　　　　　图 5-50 查看转换效果

四、录制音频

有时在工作或生活中需要把声音录制到电脑中保存下来，电脑自带的录音工具功能太单一，这时可以使用 GoldWave 软件来录制声音，方法如下：

Step 01 启动软件，单击"选项"|"控制器属性"命令，如图 5-51 所示。

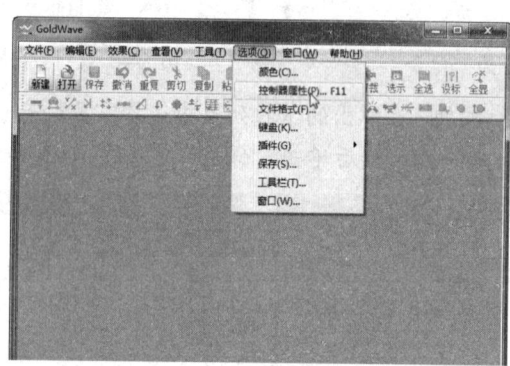

图 5-51 单击"控制器属性"命令

Step 02 弹出"控制属性"对话框，选择"录音"选项卡，设置相关参数，然后单击"确定"按钮，如图 5-52 所示。

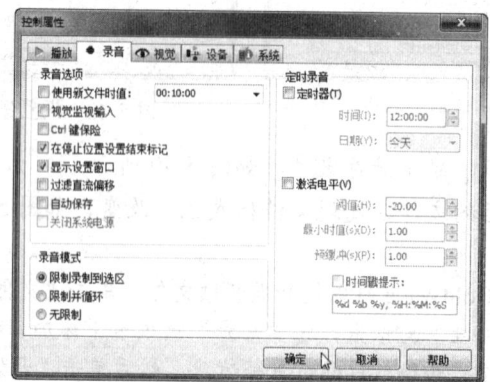

图 5-52 "控制属性"对话框

Step 03 在"控制器"窗口中设置相关参数，然后单击"开始录制"按钮●开始录制音频，如图 5-53 所示。

Step 04 弹出"持续时间"窗口，单击"确定"按钮，如图 5-54 所示。

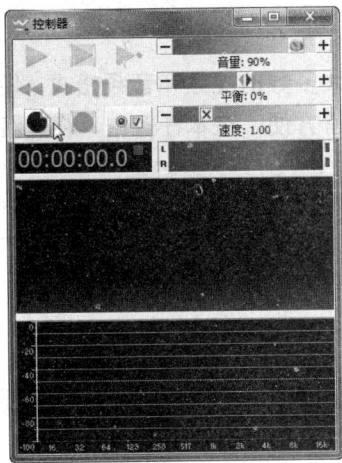

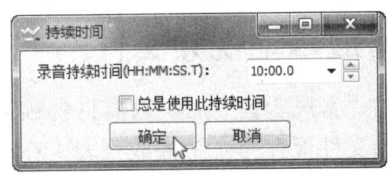

图 5-53 开始录制音频　　　　　　　　图 5-54 确认持续时间

Step 05 录制完毕后，单击"停止录音"按钮■结束录制，如图 5-55 所示。

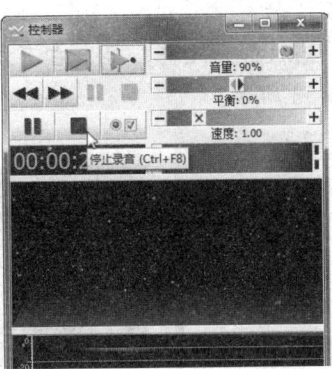

图 5-55 停止录音

Step 06 录制的音频自动转入主窗口，单击"播放"按钮▶即可进行试听，如图 5-56 所示。

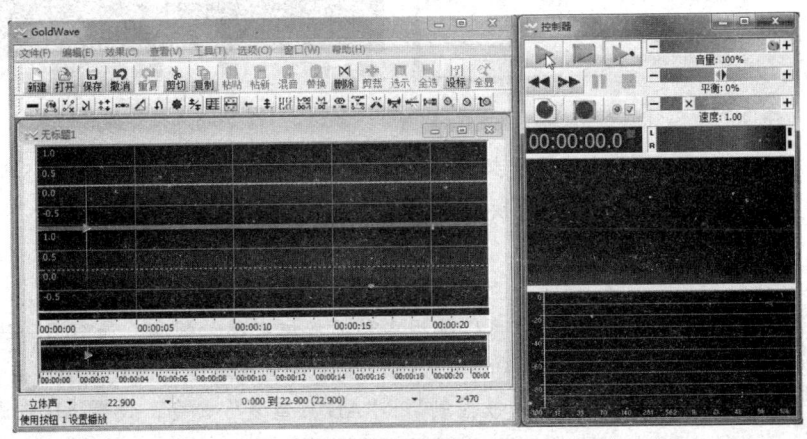

图 5-56 试听录音

 常用工具软件项目教程

任务三　视频播放工具软件

 任务概述

暴风影音是一款视频播放软件，该软件能够兼容大多数的视频和音频格式，使用它可以清晰、顺畅地播放本地或在线视频，使用起来也非常方便。在本任务中，将详细介绍暴风影音播放器的使用方法。

 任务重点与实施

一、播放本地视频文件

启动"暴风影音"后，只需将视频文件拖至播放窗口即可播放视频，还可将要播放的多个视频文件保存为一个播放列表，在播放视频时可以采用多种播放模式。

使用"暴风影音"播放本地视频的方法如下：

Step 01 选中要播放的视频文件并右击，在弹出的快捷菜单中选择"打开方式"|"暴风影音5"命令，如图5-57所示。

Step 02 开始使用"暴风影音"播放视频文件，单击右下方的"播放列表"按钮，即可打开播放列表，如图5-58所示。

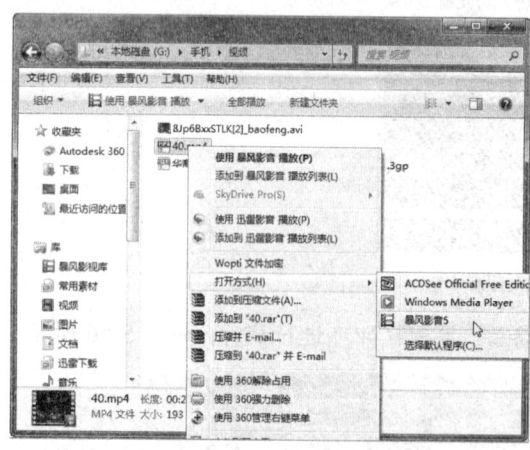

图5-57　选择打开方式

图5-58　打开播放列表

Step 03 若要播放其他视频，可将视频文件直接拖至播放列表中即可，如图5-59所示。

Step 04 右击播放列表，在弹出的快捷菜单中选择"保存播放列表"命令，如图5-60所示。

 专家指导 Expert guidance

在"暴风影音"中可以使用多种播放模式播放视频，如全屏、最小界面、1倍尺寸、2倍尺寸、关灯模式等。在播放视频时还可以设置AB点重复，右击播放界面，选择"播放控制"|"AB点重复"命令，设置AB点即可。

图 5-59 添加视频到播放列表

图 5-60 选择"保存播放列表"命令

Step 05 弹出"另存为"对话框，选择保存位置，输入文件名，然后单击"保存"按钮，即可保存播放列表，如图 5-61 所示。

Step 06 单击"播放列表"按钮，可关闭播放列表，在左上方包含了播放方式，如全屏播放、最小界面、1 倍尺寸、2 倍尺寸、剧场模式与关灯模式等，在此单击"最小播放"按钮，如图 5-62 所示。

图 5-61 "另存为"对话框

图 5-62 单击"最小播放"按钮

Step 07 此时即可进入最小界面播放窗口，隐藏了播放器界面，而只保留播放界面，如图 5-63 所示。

Step 08 若单击"全屏播放"按钮，可以全屏播放视频，如图 5-64 所示。

图 5-63 最小播放窗口

图 5-64 全屏播放窗口

二、调节视频画质

在播放视频时,可以根据需要调节视频的画质,如亮度、对比度、饱和度和色彩等,还可使用"暴风影音"独有的"左眼"功能一键提升视频画质。调节视频画质的方法如下:

Step 01 在播放窗口右上方单击"画质调节"按钮,如图 5-65 所示。

Step 02 弹出"画质调节"面板,根据需要调节亮度、对比度、饱和度和色彩,如图 5-66 所示。

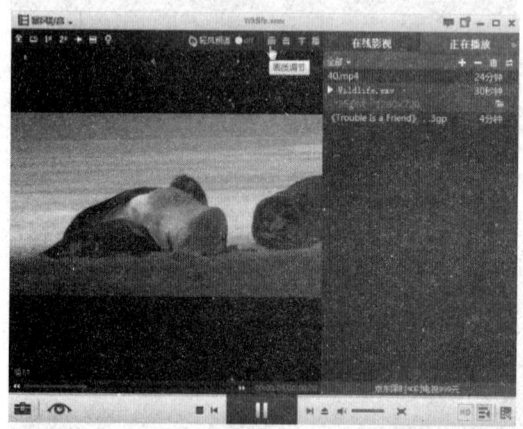 

图 5-65 单击"画质调节"按钮　　　　　图 5-66 进行画质调节

Step 03 若要一键提升画质,可单击左下方的"开启左眼"按钮,如图 5-67 所示。

Step 04 此时即可开启"左眼"功能,程序开始智能调节画质,画面中出现一条竖线,并自左向右慢慢移至最右侧,如图 5-68 所示。

 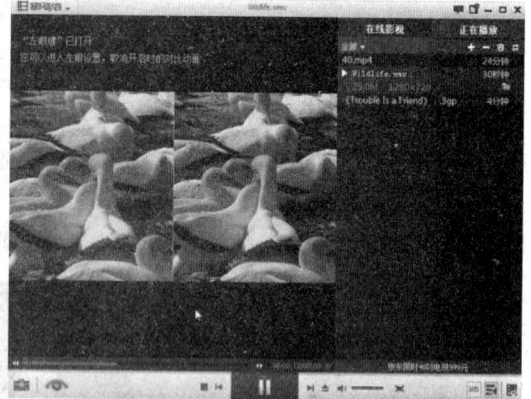

图 5-67 单击"开启左眼"按钮　　　　　图 5-68 开启"左眼"功能

三、截取视频画面

使用"暴风影音"的截屏功能可以轻松捕捉视频中静态的画面,方法如下:

Step 01 单击左上角的"暴风影音"下拉按钮,在弹出的列表中选择"高级选项"选项,如图 5-69 所示。

Step 02 弹出"高级选项"对话框,在左侧"常规设置"列表中选择"热键设置"选项,在右侧查看截屏快捷键,默认为【Ctrl+F5】组合键,也可根据需要进行修改,如图5-70所示。

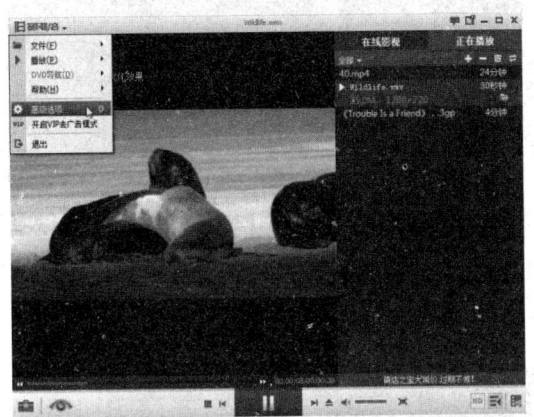
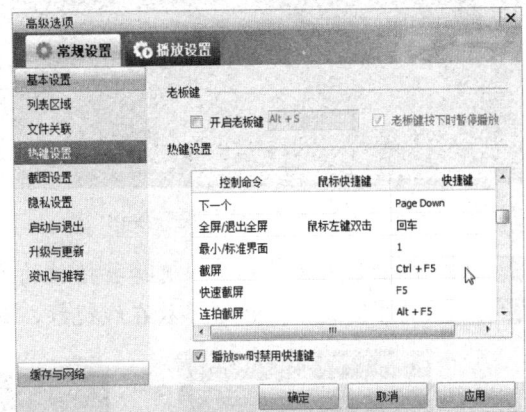

图5-69 选择"高级选项"选项　　　　　　图5-70 查看截屏热键

Step 03 在左侧选择"截图设置"选项,在右侧设置截图的默认保存路径、保存格式、连拍截图及截图方式等,然后单击"确定"按钮,如图5-71所示。

Step 04 按【Ctrl+F5】组合键,弹出"截图工具"对话框,单击"保存"按钮,即可将当前画面的截图保存到指定位置,如图5-72所示。

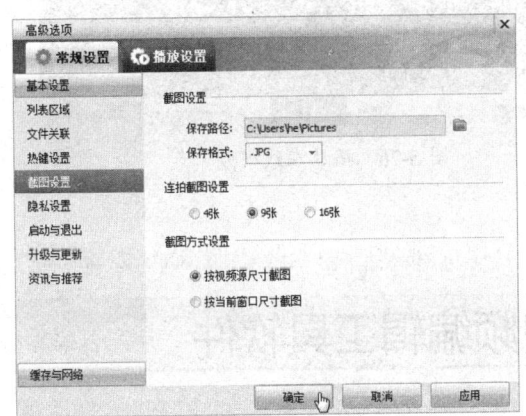

图5-71 截图设置　　　　　　图5-72 保存截图

四、播放在线视频

使用暴风影音不仅可以播放本地视频文件,还可以使用其附带的"暴风盒子"来播放在线视频节目,方法如下:

Step 01 打开播放列表,单击"在线影视"按钮,如图5-73所示。

Step 02 打开暴风视频频道列表,选择要播放的频道和视频,如在此选择"公益频道"下的"听道讲坛"选项,如图5-74所示。

图 5-73 单击"在线影视"按钮

图 5-74 选择视频节目

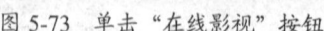 弹出暴风盒子界面,选择要播放的期数,如图 5-75 所示。

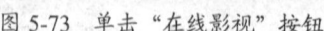 缓冲完成后,开始播放在线视频,如图 5-76 所示。

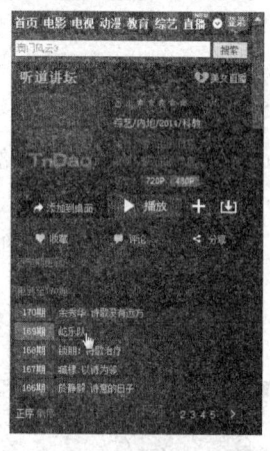

图 5-75 选择期数

图 5-76 播放在线视频

任务四 视频编辑工具软件

任务概述

视频编辑一般包括视频的裁剪和分割、添加特效、字幕、音乐背景,以及转换视频格式等。"爱剪辑"是一款首款全能免费视频剪辑软件,功能强大、操作简单。在本任务中,将详细介绍"爱剪辑"软件的使用方法。

任务重点与实施

一、截取与合并视频

对于某些视频,如果只需获取其中的一段画面,而其他画面并不需要,这时需要进行截取视频;或需要将几个视频合并为一整段视频,这时需要进行合并视频,方法如下:

Step 01 启动爱剪辑软件，单击"添加视频"按钮，如图 5-77 所示。
Step 02 弹出"请选择视频"对话框，选择视频，然后单击"打开"按钮，如图 5-78 所示。

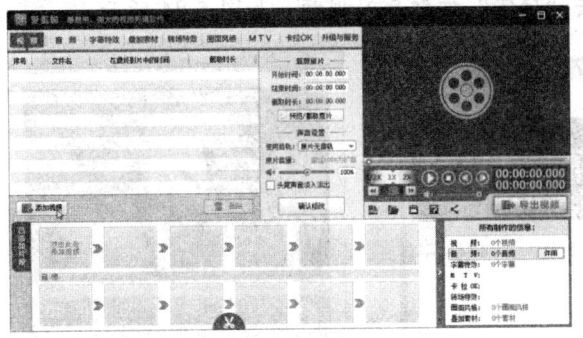 

图 5-77　单击"添加视频"按钮　　　　　图 5-78　"请选择视频"对话框

Step 03 弹出"预览/截取"对话框，单击"播放"按钮即可试看视频，如图 5-79 所示。
Step 04 试看完毕后单击"确定"按钮，导入视频，在"裁剪原片"选项区中设置裁剪时间，然后单击"预览/截取原片"按钮，如图 5-80 所示。

图 5-79　试看视频　　　　　图 5-80　设置裁剪时间

Step 05 弹出"预览/截取"对话框，单击"播放截取的片段"按钮，如图 5-81 所示。
Step 06 播放完毕，返回主窗口，单击"确认修改"按钮，即可成功截取视频，如图 5-82 所示。

图 5-81　单击"播放截取的片段"按钮　　　　　图 5-82　确认修改

Step 07 再次单击"添加视频"按钮,弹出"请选择视频"对话框,选择视频,然后单击"打开"按钮,如图 5-83 所示。

Step 08 弹出"预览/截取"对话框,单击"确定"按钮导入视频,如图 5-84 所示。

图 5-83 "请选择视频"对话框

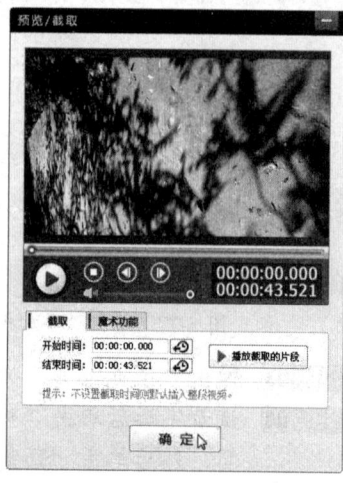

图 5-84 导入视频

Step 09 依次播放两段视频,然后单击"导出视频"按钮,如图 5-85 所示。

Step 10 弹出"导出设置"对话框,设置相关参数,然后单击"导出"按钮,如图 5-86 所示。

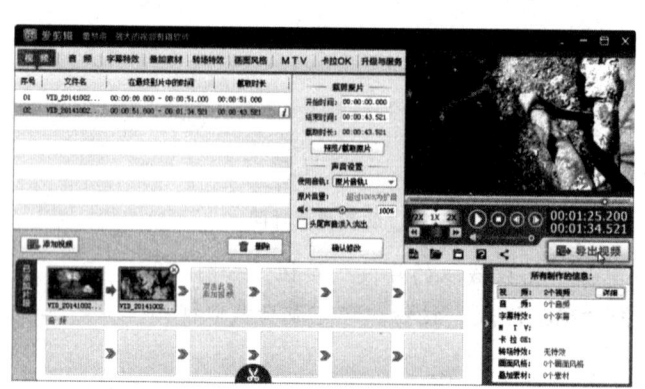

图 5-85 单击"导出视频"按钮

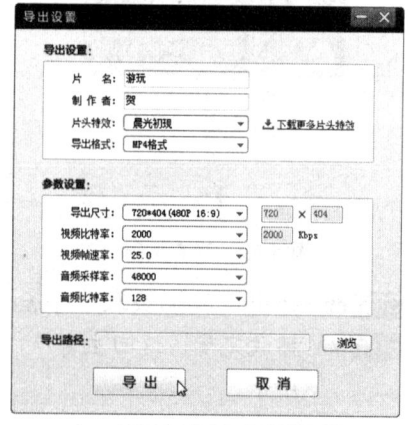

图 5-86 "导出设置"对话框

Step 11 弹出"请选择视频的保存路径"对话框,输入视频名称,设置保存路径,然后单击"保存"按钮,如图 5-87 所示。

Step 12 弹出"进度"对话框,开始导出视频,并显示进度,稍等片刻便可成功合并视频,如图 5-88 所示。

专家指导 Expert guidance

截取好片段后,若要制作特殊的效果,可以在片段缩略图上右击,在弹出的快捷菜单中选择"复制多一份"或"生成倒放副本"命令,播放视频可预览效果。

图 5-87 "请选择视频的保存路径"对话框

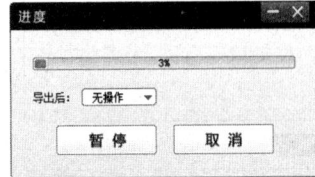
图 5-88 开始导出视频

二、添加字幕特效

为视频加字幕和特效，不仅可以作为自己的个性标签和专属印记，还可以用来做广告宣传，方法如下：

Step 01 启动软件，并导入需要添加字幕的视频，如图 5-89 所示。

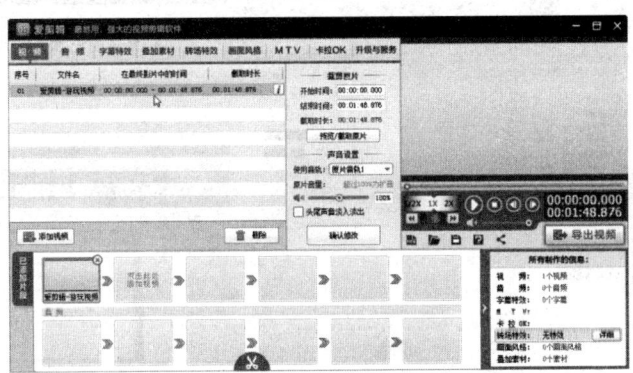
图 5-89 导入视频

Step 02 选择"字幕特效"选项卡，在右侧视频预览区需要添加字幕的位置双击，如图 5-90 所示。

图 5-90 双击预览区

Step 03 弹出"输入文字"对话框，输入需要添加的文字，然后单击"确定"按钮，如图 5-91 所示。

Step 04 返回主窗口，分别设置字体格式、出现特效，如图 5-92 所示。

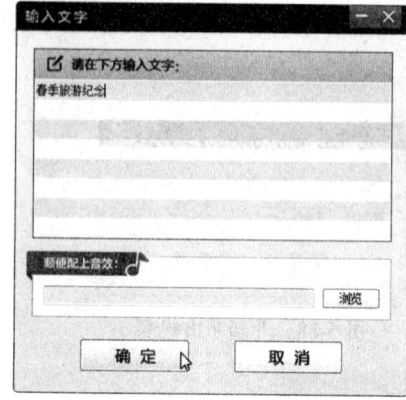

图 5-91　输入文字

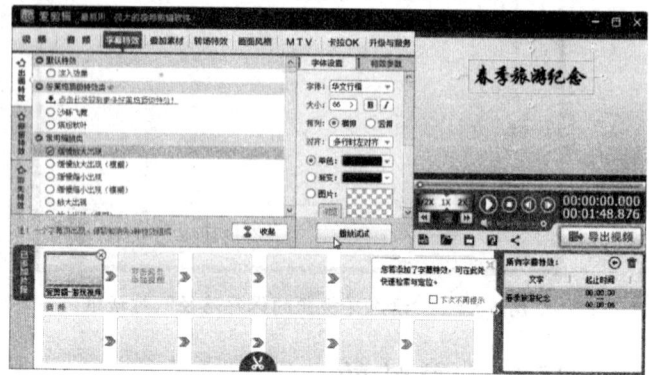

图 5-92　设置字体格式与出现特效

Step 05 用同样的方法设置停留特效和消失特效，然后单击"播放试试"按钮进行预览，如图 5-93 所示。

图 5-93　设置其他特效

Step 06 设置完毕后，单击"导出视频"按钮即可，如图 5-94 所示。

图 5-94　导出视频

三、更改视频格式

不同的系统平台对视频格式的要求也不尽相同，有的格式的视频换了平台可能无法播放，这时需要使用软件转换视频的格式，方法如下：

Step 01 启动软件，导入 MP4 格式视频，单击"导出视频"按钮，如图 5-95 所示。

Step 02 弹出"导出设置"对话框，单击"导出格式"下拉按钮，在弹出的下拉列表中选择需要的格式，然后单击"导出"按钮即可，如图 5-96 所示。

图 5-95　单击"导出视频"按钮

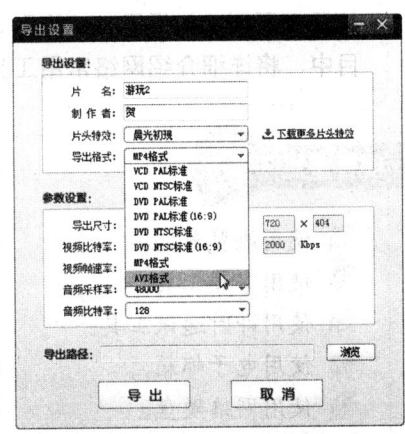

图 5-96　"导出设置"对话框

项目小结

通过本项目的学习，读者应重点掌握以下知识：
（1）可灵活运用音乐播放器在网络上搜索歌曲。
（2）将喜欢的歌曲下载到电脑保存到本地磁盘。
（3）学会对音频文件进行编辑，如降噪、增加立体声效果等。
（4）可灵活运用视频播放软件在网络上搜索需要的节目。
（5）可对本地视频进行编辑。

项目习题

（1）下载百度音乐播放软件，并下载歌曲。
（2）练习使用 CoolEdit 音频编辑软件。
（3）使用暴风影音转换视频格式。

项目六　网络常用工具

项目概述

随着互联网的进一步完善和应用，人们越来越多地享受到网络给日常生活带来的极大便利，如娱乐、查询和订票、购物等，这也改变了人们的生活方式。在本项目中，将详细介绍网络常用工具的使用方法与技巧。

项目重点

- 使用浏览器。
- 使用下载工具。
- 使用即时通讯工具。
- 使用电子邮箱。
- 使用网络硬盘。

项目目标

- 掌握浏览器的使用方法与技巧。
- 掌握下载网络资源的方法。
- 掌握即时通讯工具的使用方法。
- 掌握电子邮箱的使用方法。
- 掌握网络硬盘的使用方法。

任务一　使用浏览器

任务概述

搜狗高速浏览器是由搜狗公司开发的一款网页浏览器，基于谷歌 Chromium 内核，为用户提供跨终端无缝的使用体验，让上网更简单、网页阅读更流畅。在本任务中，将详细介绍如何使用搜狗高速浏览器高效地浏览网页、收藏网页，增加扩展程序等。

任务重点与实施

一、高效浏览网页

搜狗高速浏览器使浏览网页变得更加简便，它为用户提供了划词复制、搜索、翻译、网页截图、鼠标手势、快速浏览历史记录等功能，下面将进行详细介绍。

1. 划词复制、翻译、搜索

在使用搜狗浏览器观看网页文章时，可以快速进行复制、翻译及搜索操作，方法如下：

Step 01 在网页上选中文本后将自动弹出工具栏，单击"复制"按钮即可复制文本，如图6-1所示。

Step 02 在网页上选中英文单词，即可立即将其翻译为中文，如图6-2所示。

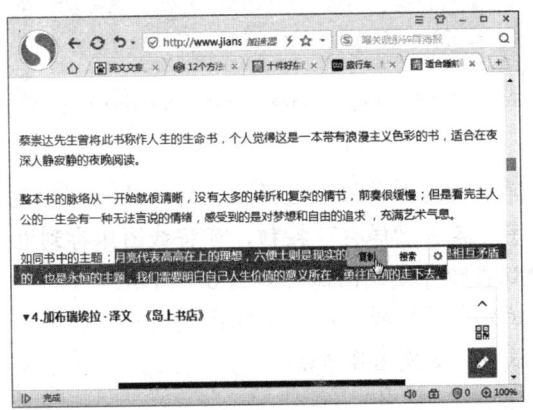
图6-1 复制文本

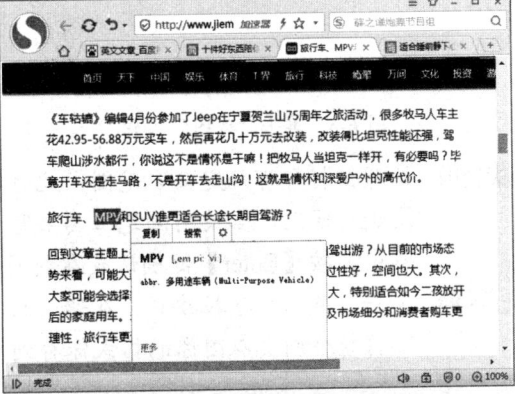
图6-2 划词翻译

Step 03 在弹出的工具栏中单击"搜索"按钮，即可使用"搜狗搜索"引擎搜索所选的文本，如图6-3所示。

Step 04 在工具栏右侧单击设置按钮，在弹出的窗口中可以设置划词菜单，如更改搜索引擎，如图6-4所示。

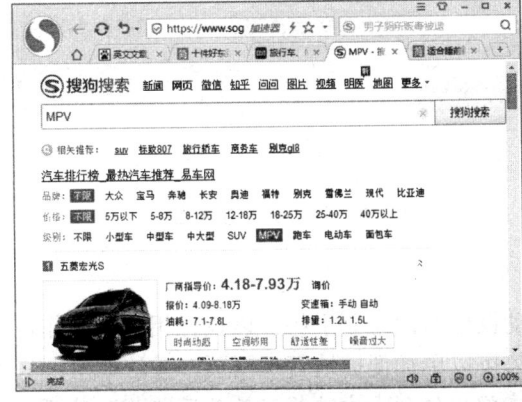
图6-3 搜索文本

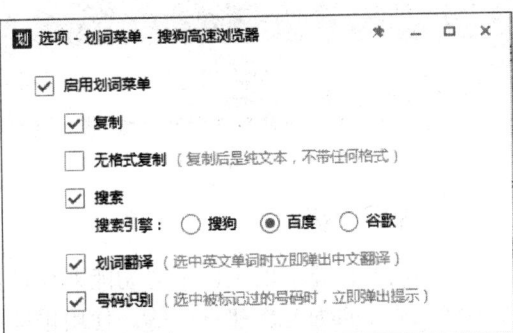
图6-4 设置划词菜单

2. 网页截图

搜狗高速浏览器内置了截图功能，可以快速将网页上的内容截取为图像，方法如下：

Step 01 在浏览器右上方的扩展栏中单击"截图"按钮，如图6-5所示。

Step 02 此时即可进入屏幕截图状态，鼠标指针变为十字形状，拖动鼠标选择要截取的内容，如图6-6所示。

图6-5 单击"截图"按钮

图6-6 截取图像

Step 03 松开鼠标即可确定截取范围，此时将弹出截图工具栏。选择相应的工具，以对截图进行修改，如使用画笔工具书写文字。单击"保存"按钮，可将截图保存到电脑中，按【Enter】键确认或在截图中双击即可复制图像，如图6-7所示。

Step 04 单击"截图"下拉按钮，在弹出的下拉列表中选择"将网页保存成图片"选项，可将整个网页以图像的格式保存到电脑中，如图6-8所示。

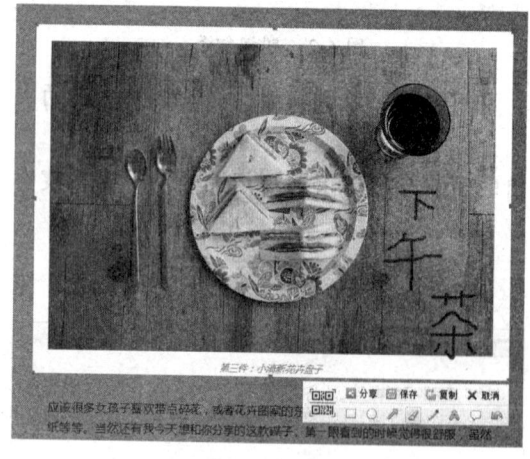
图6-7 设置截图

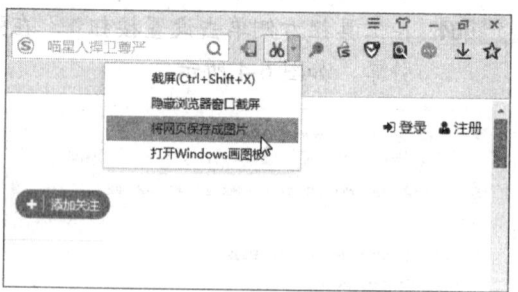
图6-8 将网页保存成图片

3. 鼠标手势

搜狗高速浏览器的鼠标手势功能即通过拖动鼠标右键绘制手势，以执行相应的操作，如滚屏、关闭页面与新建页面等。使用鼠标手势可以更加便捷地管理网页，方法如下：

Step 01 单击右上方的"显示菜单"按钮，在弹出的列表中选择"展开菜单栏"选项，如图6-9所示。

Step 02 此时即可在浏览器的标题栏中显示菜单栏，单击"工具"|"选项"命令，如图6-10所示。

图6-9 选择"展开菜单栏"选项

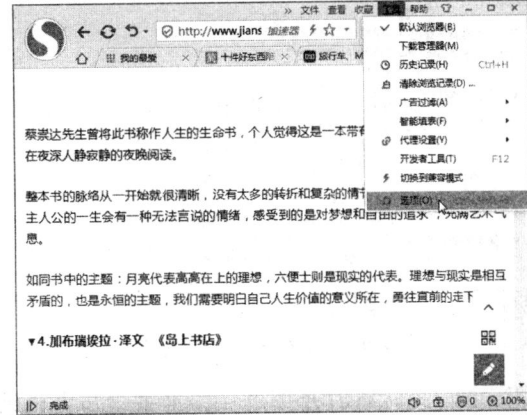
图6-10 单击"选项"命令

Step 03 打开"选项"页面，在左侧单击"鼠标手势"超链接，在右侧可以查看手势样式及其所对应的动作，如图6-11所示。

Step 04 在网页上使用鼠标右键绘制手势，效果如图6-12所示。

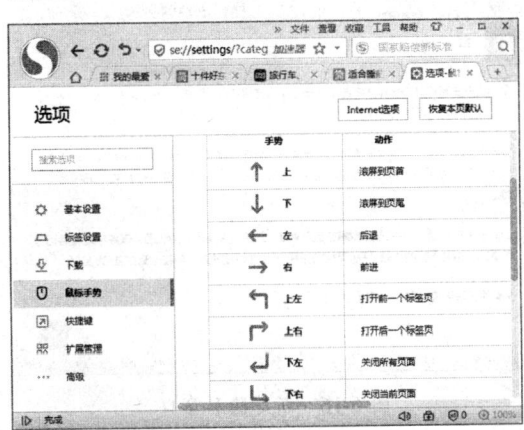
图6-11 查看鼠标手势

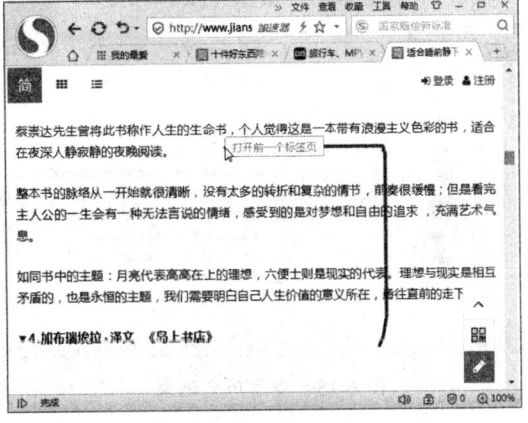
图6-12 绘制手势

4. 设置历史记录

在浏览网页时，浏览器会自动保存曾经访问过网站的历史记录，用户可以通过历史记录快速打开访问过的网页，还可以根据需要使用隐私窗口浏览网页，以删除浏览痕迹，方法如下：

Step 01 在浏览器左上方单击返回按钮右侧的下拉按钮 ，此时将弹出最近访问的30个网页记录，如图6-13所示。

Step 02 在浏览器的标题栏上右击，在弹出的快捷菜单中选择"侧边栏"命令，如图6-14所示。

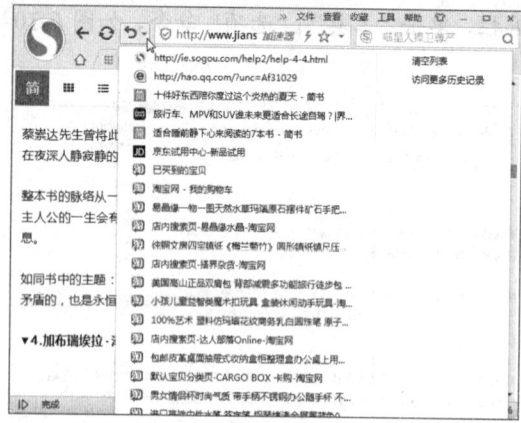

图 6-13 查看最近访问记录

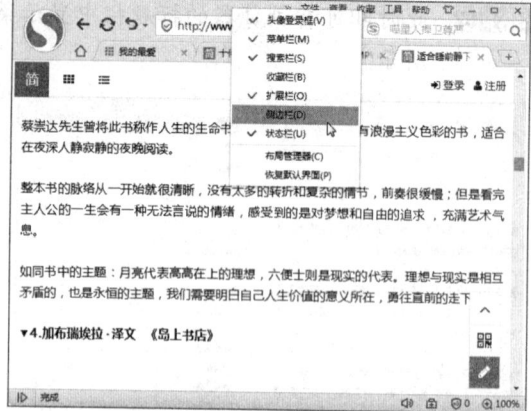

图 6-14 选择"侧边栏"命令

Step 03 此时将打开侧边栏，单击"历史记录"按钮，打开"历史记录"页面，从中可按时间查看浏览的历史记录，还可以搜索与清空历史记录，如图 6-15 所示。

Step 04 在菜单栏中单击"文件"|"新建隐私窗口"命令，可打开隐私窗口，从中浏览网页将不会记录任何浏览痕迹，包括历史记录和 cookies 等，如图 6-16 所示。

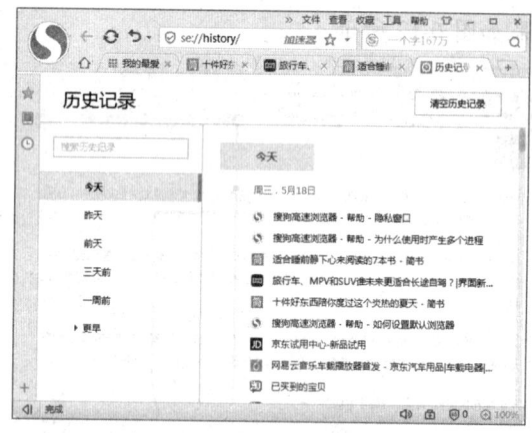

图 6-15 查看历史记录

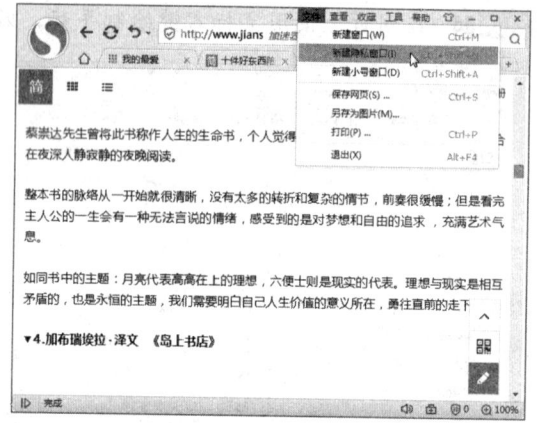

图 6-16 新建隐私窗口

二、收藏网页

在浏览网页时，对于感兴趣的网页或经常要访问的网页，可以将其添加到浏览器收藏夹中，当下次访问该网页时只需单击收藏夹中相应的名称即可。下面将介绍如何使用搜狗高速浏览器收藏网页、整理收藏夹、导入收藏以及同步收藏夹，方法如下：

Step 01 打开要收藏的网页，在地址栏中单击"添加到收藏夹"按钮☆或按【Ctrl+D】组合键，如图 6-17 所示。

Step 02 弹出"添加收藏"对话框，输入名称，然后单击"添加"按钮即可，如图 6-18 所示。

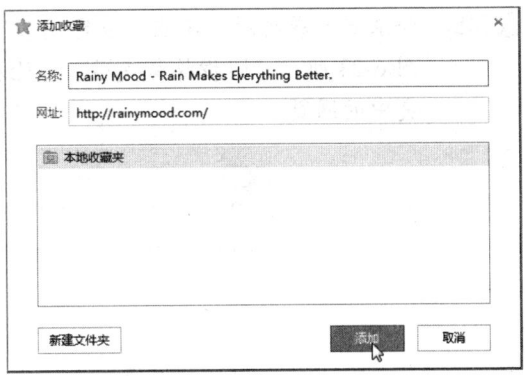

图 6-17　单击"添加到收藏夹"按钮　　　　图 6-18　"添加收藏"对话框

Step 03 在浏览器侧边栏中单击"本地收藏夹"按钮，打开收藏夹窗格，从中可以查看收藏的网页。要管理收藏夹，可单击"整理"按钮，如图 6-19 所示。

Step 04 打开"本地收藏夹"页面，拖动收藏的网页可以调整其排列次序，单击网页左侧的"删除"按钮可以删除收藏的网页，如图 6-20 所示。

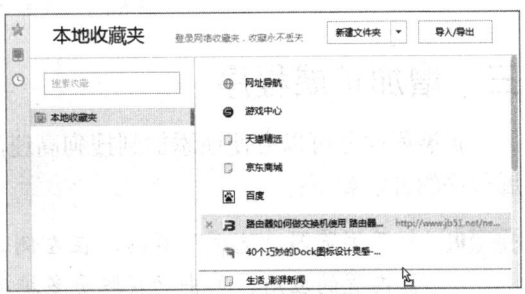

图 6-19　单击"整理"按钮　　　　　　图 6-20　"本地收藏夹"页面

Step 05 在"本地收藏夹"页面单击"导入/导出"按钮，可打开"导入/或导出收藏"对话框，从中可设置将其他浏览器收藏的网页导入本浏览器，或将收藏的网页导出为文件，如图 6-21 所示。

Step 06 单击窗口左上方的浏览器图标，弹出"网络账号登录"对话框，输入账号和密码（需先注册账号），然后单击"登录"按钮，如图 6-22 所示。

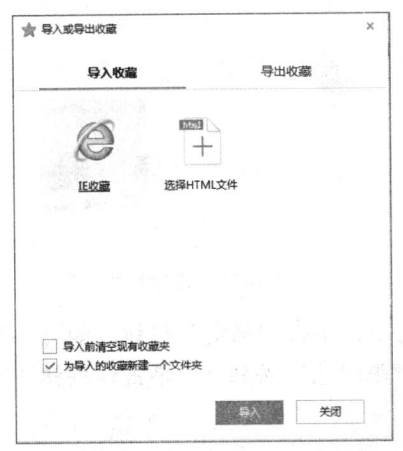

图 6-21　"导入/或导出收藏"对话框　　　图 6-22　"网络账号登录"对话框

Step 07 登录账号成功后，单击"立即同步"按钮，即可将收藏的网页保存到网页上，如图 6-23 所示。同步收藏夹后，无论在哪里上网，只需登录账号即可访问网络收藏夹中的网页。

图 6-23 单击"立即同步"按钮

三、增加扩展程序

扩展程序是可以方便地添加到搜狗高速浏览器中的附加特性和功能。为浏览器添加扩展程序的方法如下：

Step 01 打开浏览器"选项"页面，在左侧选择"扩展管理"选项，在右侧可以查看浏览器内置的应用，单击"获取更多扩展"超链接，如图 6-24 所示。

Step 02 在打开的网页中可以看到众多的浏览器扩展程序，选择所需的扩展程序，如选择"护眼配色"程序，单击其下方的"安装"按钮，如图 6-25 所示。

图 6-24 "选项"页面

图 6-25 选择扩展程序

Step 03 弹出"安装搜狗浏览器扩展"提示信息框，单击"确定"按钮，如图 6-26 所示。

Step 04 此时即可在浏览器的扩展栏中添加"护眼配色"按钮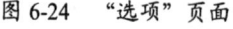，单击该按钮即可启动程序，如图 6-27 所示。

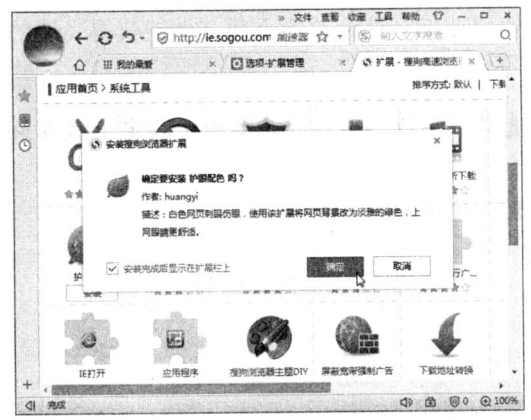
图 6-26 "安装搜狗浏览器扩展"提示信息框

图 6-27 单击扩展按钮

Step 05 此时即可查看护眼配色程序的应用效果，如图 6-28 所示。

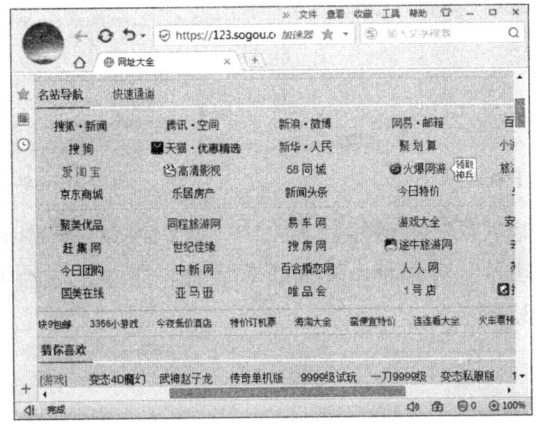
图 6-28 查看应用效果

任务二 使用下载工具

任务概述

网络中存在多种多样的资源，可供用户下载到本地电脑中，如电影、歌曲、文档和安装程序等。要下载网络上的资源，需找到相应的下载地址，并使用下载器进行下载。在本任务中，将详细介绍如何使用下载工具下载文件。

任务重点与实施

一、使用浏览器下载文件

网页浏览器一般都具有文件下载功能，下面以搜狗高速浏览器为例进行介绍。搜狗高速浏览器内置强大的多线程镜像下载模块，使用搜狗高速浏览器下载文件能获得飞速的体验，方法如下：

Step 01 打开浏览器"选项"页面，在左侧选择"下载"选项，在右侧可指定下载目录，如图 6-29 所示。

Step 02 打开迅雷软件下载页面，单击"下载"按钮，如图 6-30 所示。

图 6-29　设置下载选项　　　　　　　　　　图 6-30　单击"下载"按钮

Step 03 弹出"搜狗高速下载"对话框，单击"下载"按钮，如图 6-31 所示。

Step 04 弹出"下载管理器"对话框，开始下载文件，下载完成后单击"打开文件夹"超链接，如图 6-32 所示。

图 6-31　单击"下载"按钮　　　　　　　　图 6-32　"下载管理器"对话框

Step 05 在打开的窗口中可以看到下载的文件，如图 6-33 所示。

Step 06 要使用浏览器下载网页图片，可按住【Alt】键的同时单击图片，在弹出的对话框中单击"快速保存"按钮即可，如图 6-34 所示。

专家指导 Expert guidance

在"下载管理器"窗口中右击下载的任务，在弹出的快捷菜单中选择"打开下载页面"命令，可打开相应的网页；选择"复制下载地址"命令，还可将复制下载地址发送给他人或保存起来。

网络常用工具　项目六

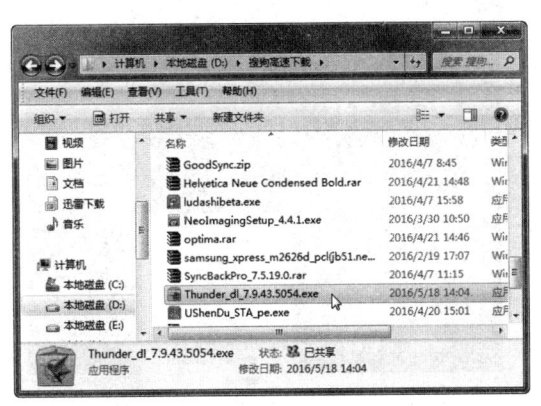
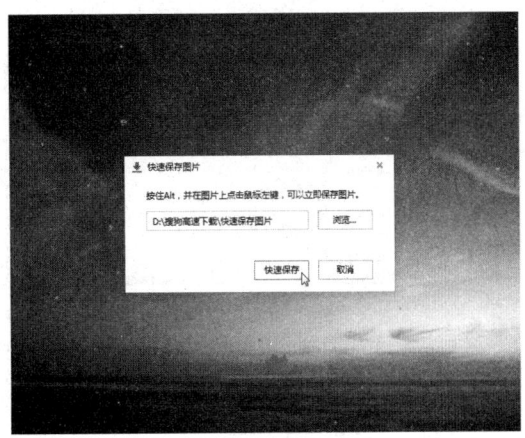

图 6-33　查看下载的文件　　　　　　　图 6-34　快速保存图片

二、使用下载软件下载文件

目前最常用的下载工具是迅雷，它是一款基于多资源超线程技术的下载软件。迅雷利用多资源超线程技术基于网格原理，能将网络上存在的服务器和计算机资源进行整合，构成迅雷网络，通过迅雷网络能够传递各种数据文件。对于网页上的迅雷专用下载链接，则只能使用迅雷进行下载，而无法使用浏览器下载。

下面将详细介绍如何使用迅雷下载文件，在下载文件前还可根据需要进行一些程序设置，如设置下载模式、下载目录等，方法如下：

Step 01　在电脑上安装迅雷程序，并启动程序，在工具栏中单击"系统设置"按钮，如图 6-35 所示。

Step 02　弹出"系统设置"对话框，在左侧选择"任务管理"选项，在右侧设置默认下载模式、最大下载任务及下载目录等参数，如图 6-36 所示。

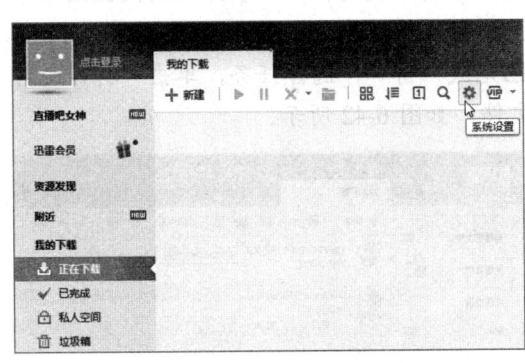
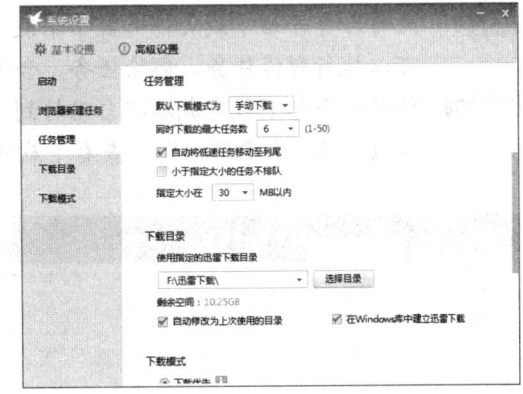

图 6-35　单击"系统设置"按钮　　　　　图 6-36　"系统设置"对话框

Step 03　在左侧选择"更多设置"选项，在右侧设置磁盘缓存、监视对象与监视下载类型等参数，然后关闭对话框，如图 6-37 所示。

Step 04　打开 U 深度程序下载页面，右击"下载装机版"超链接，在弹出的快捷菜单中选择"使用迅雷下载"命令，如图 6-38 所示。

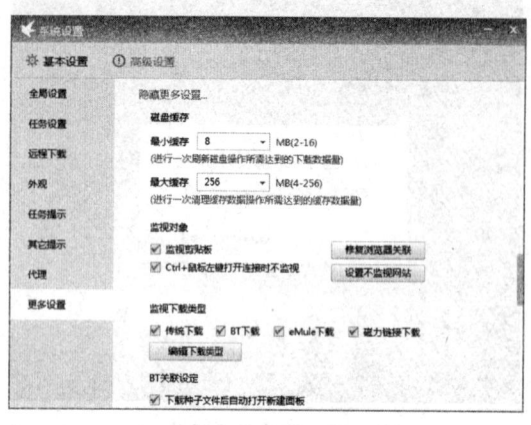

图 6-37　进行高级设置

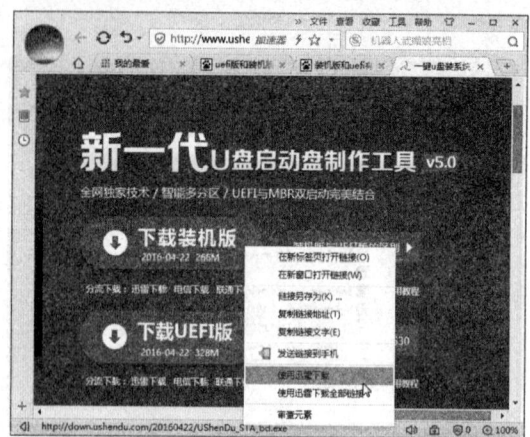

图 6-38　选择"使用迅雷下载"命令

Step 05　弹出"新建任务"对话框，单击"手动下载"按钮，如图 6-39 所示。

Step 06　采用同样的方式继续下载文件，打开迅雷程序，查看"我的下载"任务列表，全选任务，然后单击"开始下载任务"按钮▶，如图 6-40 所示。

图 6-39　"新建任务"对话框

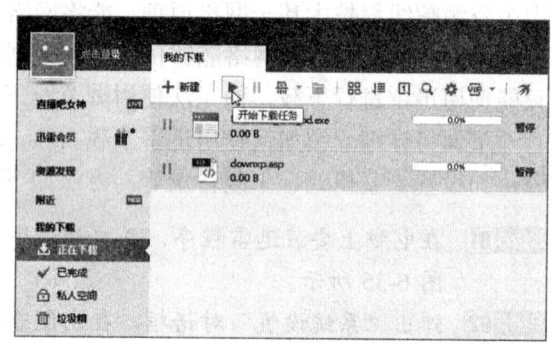

图 6-40　单击"开始下载任务"按钮

Step 07　此时即可开始下载文件并显示下载进度，右击下载的任务，在弹出的快捷菜单中可以执行暂停任务、删除任务、合并至任务组等操作，如图 6-41 所示。

Step 08　待文件全部下载完成后将自动转到"已完成"窗口，选择任务，单击"打开文件存放目录"按钮，即可查看下载的文件，如图 6-42 所示。

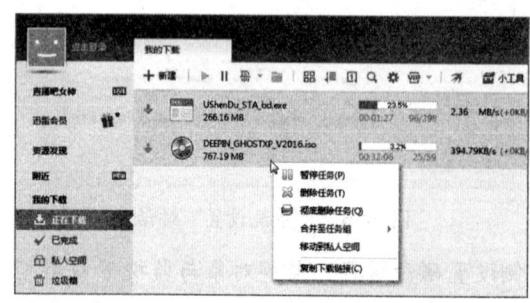

图 6-41　执行任务操作

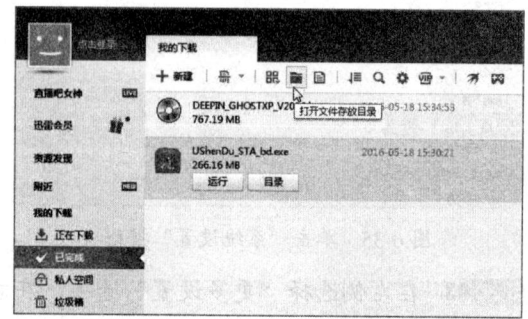

图 6-42　单击"打开文件存放目录"按钮

任务三 使用即时通讯工具

任务概述

QQ 是由腾讯公司开发的一款网上即时通信软件，使用它可以与好友在线进行文字聊天、语音和视频聊天以及传送文件等。在本任务中，将详细介绍 QQ 的使用方法。

任务重点与实施

一、注册 QQ 号码

对于首次使用 QQ 的用户来说，需要申请一个自己专用的 QQ 号码，QQ 号码的申请是免费的，方法如下：

Step 01 在电脑中安装并启动 QQ 程序，在登录框中单击"注册账号"超链接，如图 6-43 所示。

Step 02 打开注册页面，填写昵称、密码等注册信息以及验证手机号码，然后单击"提交注册"按钮，如图 6-44 所示。

图 6-43 QQ 登录框

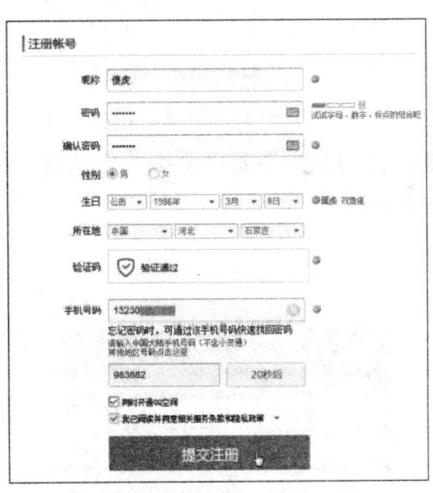

图 6-44 QQ 账号注册页面

Step 03 申请成功，在打开的页面中查看申请到的 QQ 号码，如图 6-45 所示。

图 6-45 QQ 号码申请成功

二、登录与设置账号

在 QQ 账号申请成功后，就可以使用该账号进行登录了。登录 QQ 后，可以根据需要设置个人资料，如头像、昵称、个性签名与个人说明等，还可对 QQ 外观及 QQ 程序进行自定义设置，方法如下：

Step 01 启动 QQ 程序，在登录框中输入 QQ 号码和密码，然后单击"登录"按钮，即可开始登录 QQ，如图 6-46 所示。

Step 02 成功登录 QQ 后，在个性签名位置单击鼠标左键，如图 6-47 所示。

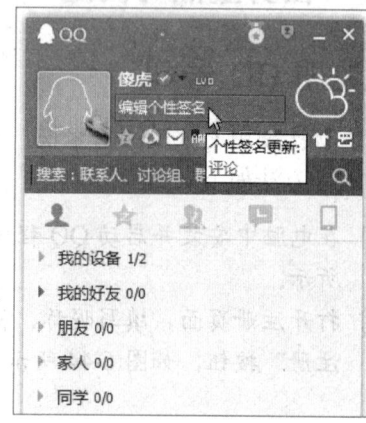

图 6-46　QQ 登录框　　　　　　　　图 6-47　QQ 主界面

Step 03 输入签名内容，并按【Enter】键确认，如图 6-48 所示。

Step 04 在 QQ 主界面中单击 QQ 头像，将打开个人资料面板，从中再次单击头像，如图 6-49 所示。

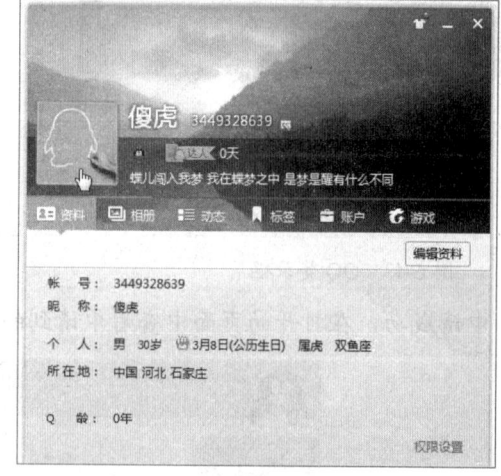

图 6-48　输入签名　　　　　　　　图 6-49　单击 QQ 头像

Step 05 打开"更换头像"窗口，在"自定义头像"选项卡下单击"本地照片"按钮，如图 6-50 所示。

Step 06 弹出"打开"对话框，选择图片，然后单击"打开"按钮，如图 6-51 所示。

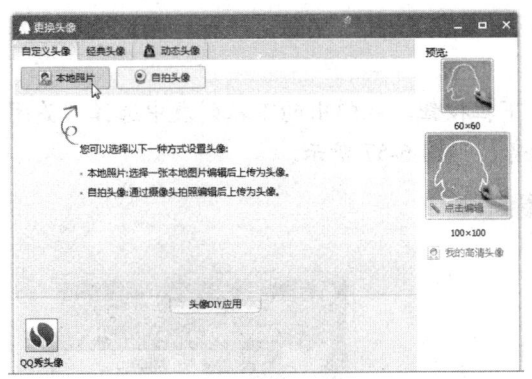
图 6-50 "更换头像"窗口

图 6-51 "打开"对话框

Step 07 返回"更换头像"对话框,调整选框的大小与位置以设置头像,然后单击"确定"按钮,如图 6-52 所示。

Step 08 返回个人资料面板,单击"编辑资料"按钮,如图 6-53 所示。

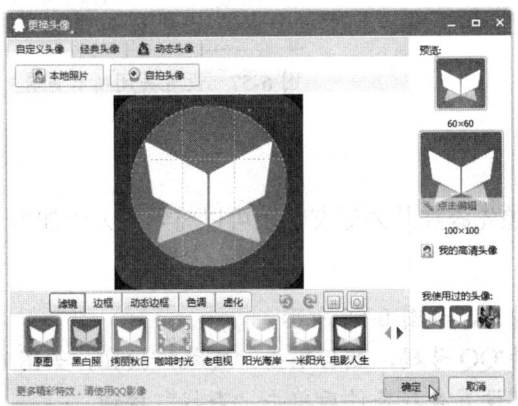
图 6-52 调整头像

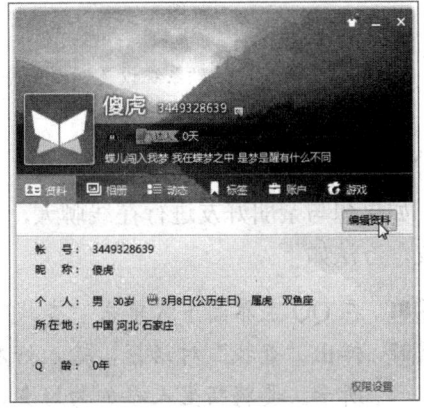
图 6-53 单击"编辑资料"按钮

Step 09 根据需要修改昵称、姓名和生日等,然后单击"保存"按钮,如图 6-54 所示。

Step 10 在 QQ 主面板下方单击"打开系统设置"按钮,如图 6-55 所示。

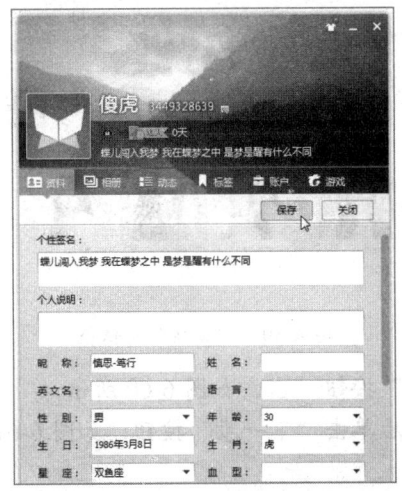
图 6-54 修改个人资料

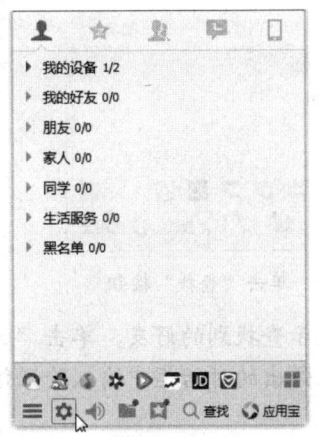
图 6-55 单击"打开系统设置"按钮

Step 11 弹出"系统设置"对话框，在上方单击"权限设置"按钮，进行防骚扰设置，然后关闭对话框，如图 6-56 所示。

Step 12 在 QQ 主界面上方单击"在线状态"下拉按钮，在弹出的下拉列表中选择"关闭所有声音"选项，可以关闭 QQ 提示音，如图 6-57 所示。

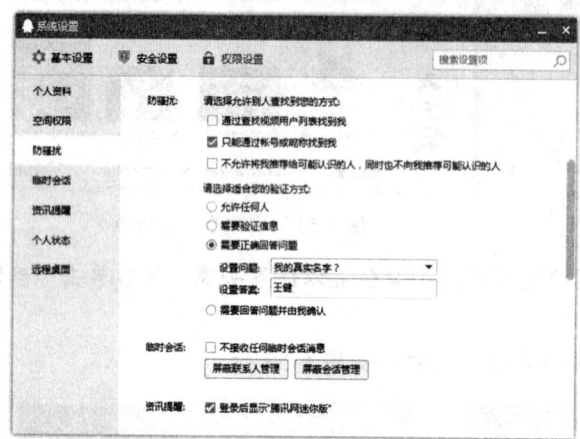

图 6-56 "系统设置"对话框

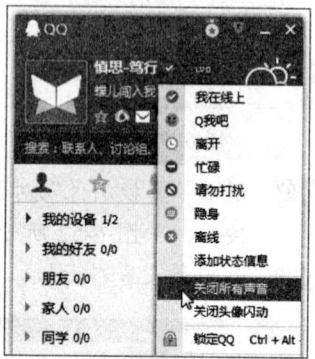

图 6-57 设置关闭所有声音

三、添加好友

如果想与亲朋好友进行在线聊天，必须先添加其为好友，还可以将陌生人添加为 QQ 好友，方法如下：

Step 01 在 QQ 主界面下方单击"查找"按钮，如图 6-58 所示。

Step 02 弹出"查找"对话框，输入好友的 QQ 号码，然后单击"查找"按钮，如图 6-59 所示。要将陌生人添加为好友，可设置查找条件后单击"查找"按钮。

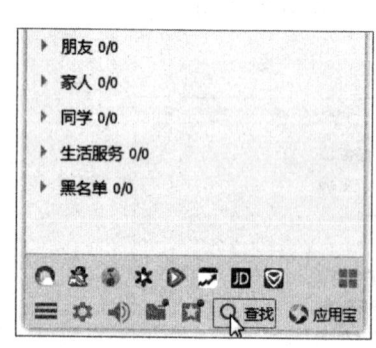

图 6-58 单击"查找"按钮

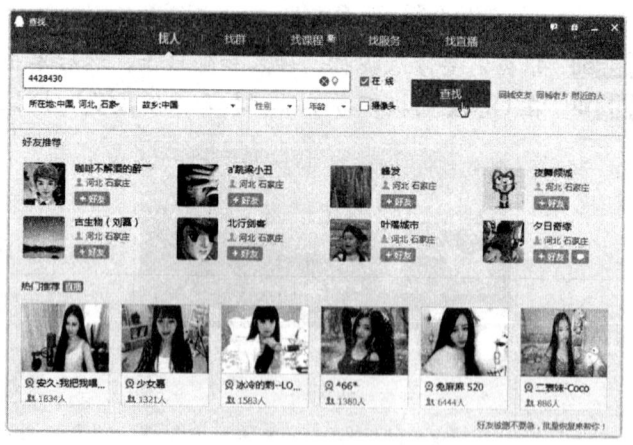

图 6-59 "查找"对话框

Step 03 显示查找到的好友，单击"加为好友"按钮 +好友 ，如图 6-60 所示。

Step 04 在弹出的对话框中输入验证信息，然后单击"下一步"按钮，如图 6-61 所示。

网络常用工具　　项目六

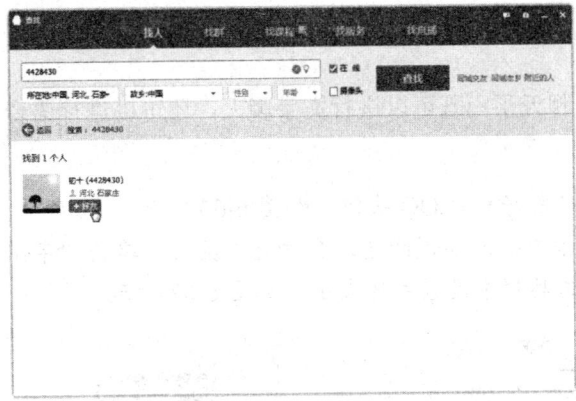

图 6-60　单击 "加为好友" 按钮

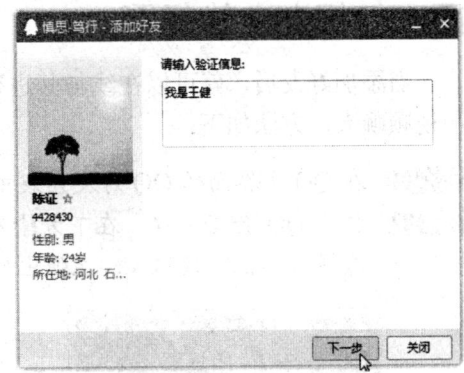

图 6-61　输入验证信息

Step 05　输入备注姓名，选择分组，然后单击 "下一步" 按钮，如图 6-62 所示。

Step 06　提示好友添加请求已发送成功，单击 "完成" 按钮，如图 6-63 所示。

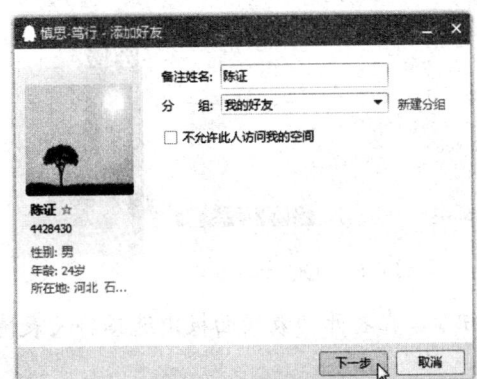

图 6-62　输入备注姓名

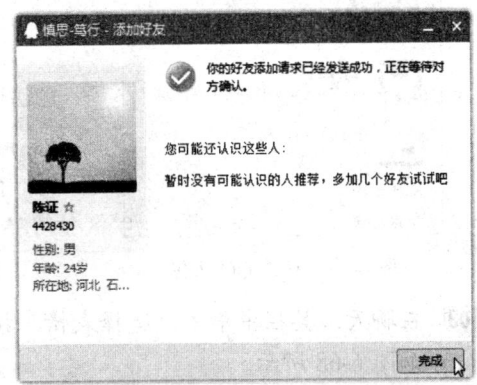

图 6-63　成功发送好友添加请求

Step 07　当好友接受请求后，在任务栏的通知区域将显示的闪烁的好友头像，单击它可以打开聊天窗口，如图 6-64 所示。

Step 08　在 QQ 主界面中可以查看添加的好友，右击好友头像，在弹出的快捷菜单中可对好友进行管理，如修改备注姓名，设置权限等，如图 6-65 所示。

图 6-64　添加好友完成

图 6-65　管理好友

四、与好友在线畅聊

当添加好友后,就可以在线与其进行聊天了。既可以进行文字聊天,还可以进行语音和视频聊天,方法如下:

Step 01 在QQ主界面的QQ好友列表中双击好友的QQ头像,如图6-66所示。

Step 02 打开QQ会话窗口,在下方输入框中输入要说的话,在聊天工具栏中单击"字体选择工具栏"按钮A,在弹出的工具栏中设置字体大小,如图6-67所示。

图 6-66　双击 QQ 头像

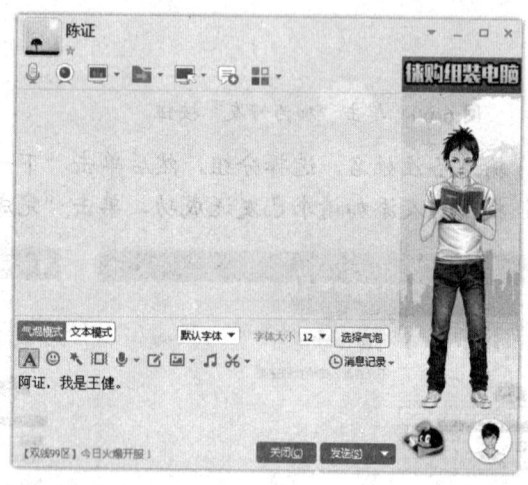

图 6-67　QQ 会话窗口

Step 03 在聊天工具栏中单击"选择表情"按钮,在打开的表情面板中选择聊天表情,如图6-68所示。

Step 04 单击下方"发送"按钮右侧的下拉按钮,在弹出的下拉列表中选择"按 Enter 键发送消息"选项,如图6-69所示。

图 6-68　选择聊天表情

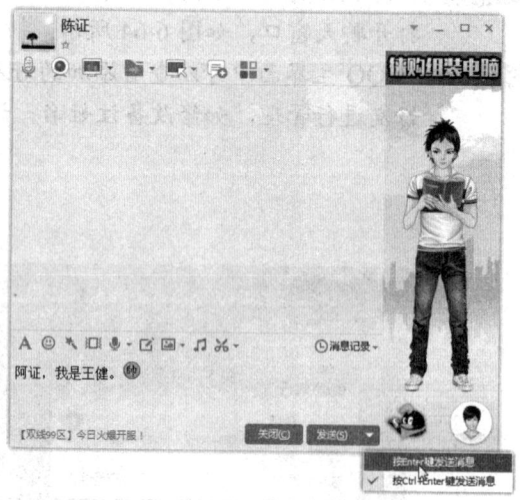

图 6-69　选择发送方式

Step 05 此时按【Enter】键即可发送聊天消息,与好友进行在线聊天,如图6-70所示。

Step 06 在聊天窗口上方的工具栏中单击"发起视频通话"按钮，如图6-71所示。进行视频和语言通话的前提条件是电脑上需配备摄像头和麦克风设备。

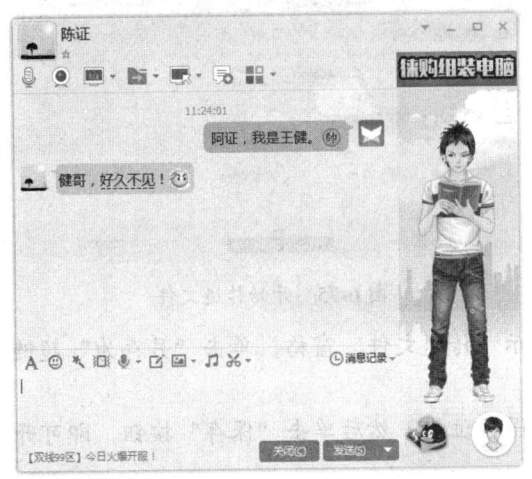

图6-70 发送聊天消息

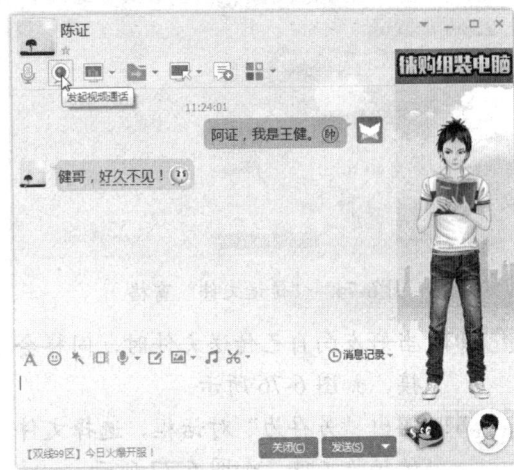

图6-71 单击"发起视频通话"按钮

Step 07 此时即可发起视频通话邀请，等待对方接听，如图6-72所示。

Step 08 对方接听后即可开始视频会话，单击"挂断"按钮可结束视频会话，如图6-73所示。

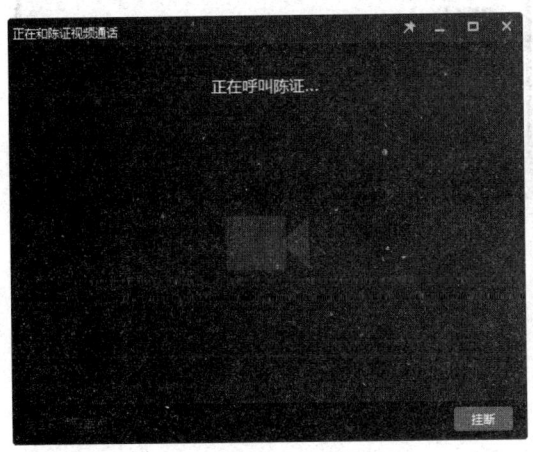

图6-72 发起视频通话邀请

图6-73 开始视频通话

五、传送文件

除了聊天功能之外，QQ还有一个重要功能便是传送文件。用户可以给在线或离线的联系人传送文件，如文档、压缩包等。使用QQ传送文件的方法如下：

Step 01 复制要传送的文件，然后在聊天窗口中按【Ctrl+V】组合键粘贴文件，也可将文件直接拖至聊天窗口，此时将打开"传送文件"窗格，等待对方接收文件，如图6-74所示。单击"转离线发送"超链接，可发送离线文件。

Step 02 当对方接收文件后，即可在线传送文件，如图6-75所示。

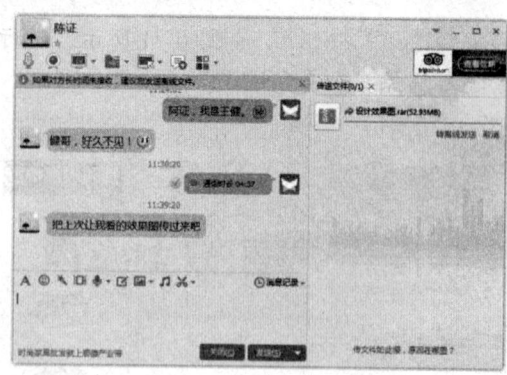
图 6-74 "传送文件"窗格

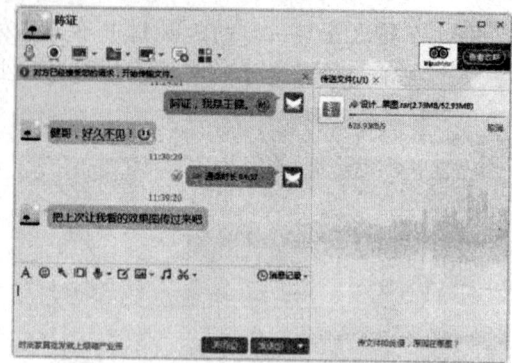
图 6-75 开始传送文件

Step 03 当好友向自己传送文件时，同样会显示"传送文件"窗格，单击"另存为"超链接，如图 6-76 所示。

Step 04 弹出"另存为"对话框，选择文件的保存位置，然后单击"保存"按钮，即可开始接收文件，如图 6-77 所示。

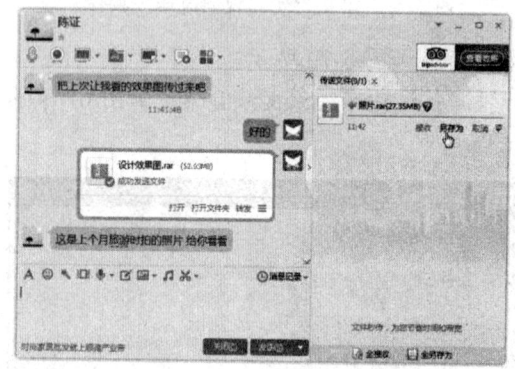
图 6-76 单击"另存为"超链接

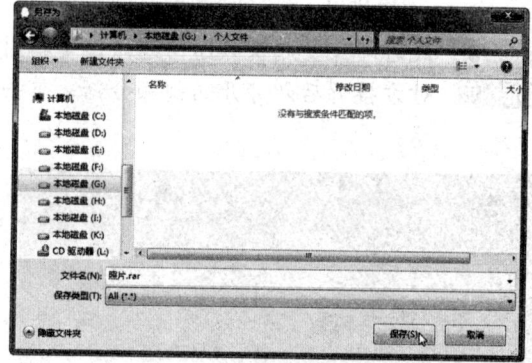
图 6-77 "另存为"对话框

六、设置自动回复

在使用 QQ 聊天时，如果工作较忙或者有事离开，不方便回消息，可以设置为忙碌或离开状态，让 QQ 自动回复消息，方法如下：

Step 01 打开"系统设置"对话框，在"基本设置"中单击"自动回复设置"按钮，如图 6-78 所示。

Step 02 在弹出的对话框中单击"添加"按钮，如图 6-79 所示。

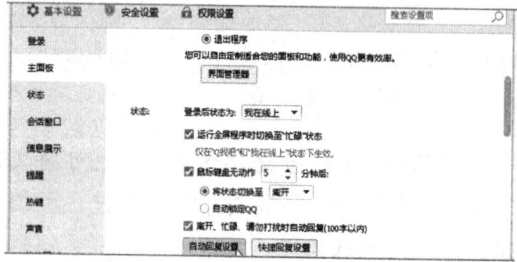
图 6-78 "系统设置"对话框

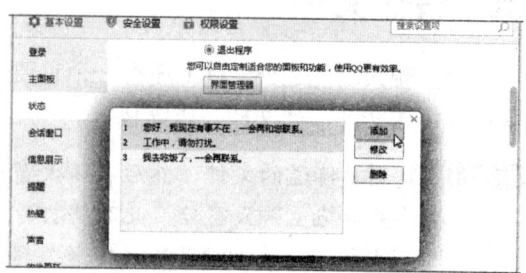
图 6-79 单击"添加"按钮

Step 03 输入自动回复内容,然后单击"确定"按钮,如图 6-80 所示。

Step 04 选择新添加的自动回复选项,然后单击"关闭"按钮,如图 6-81 所示。

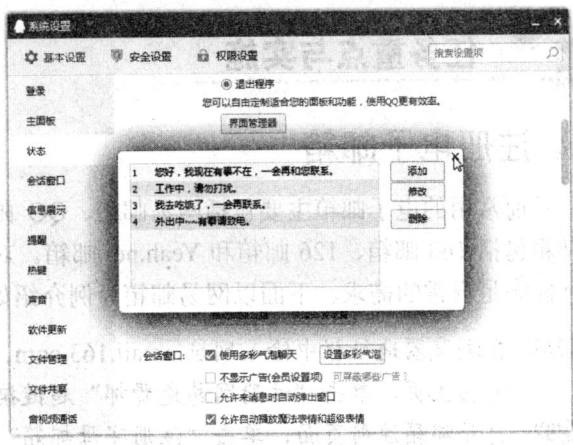

图 6-80 输入自动回复内容　　　　图 6-81 选择自动回复

Step 05 在 QQ 主面板中单击"在线状态"按钮，在弹出的列表中选择"离开"选项,如图 6-82 所示。

Step 06 此时,当好友与自己聊天时,对方的 QQ 上将显示自动回复内容,如图 6-83 所示。

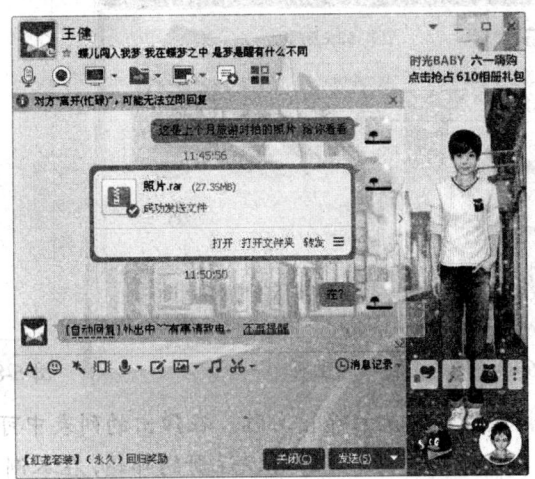

图 6-82 设置在线状态　　　　图 6-83 查看自动回复

任务四　使用电子邮箱

 **任务概述**

电子邮件是利用互联网和亲朋好友进行信息传递的一种现代化的通信方式,其英文名称是 E-Mail。通过网络中的电子邮件系统,可以与世界上任何一个角落的朋友互相发送电

子邮件。电子邮件是网络时代的一种重要通信方式，在本任务中将介绍电子邮箱的使用方法。

一、注册电子邮箱

目前常用的电子邮箱主要包括网易邮箱、QQ 邮箱、新浪邮箱和搜狐邮箱等，其中网易邮箱包括 163 邮箱、126 邮箱和 Yeah.net 邮箱。对于普通用户而言，免费的电子邮箱服务就能满足日常的需求。下面以网易邮箱为例介绍如何注册电子邮箱，方法如下：

Step 01 在浏览器地址栏中输入网址 email.163.com，并按【Enter】键确认，打开网易免费邮箱主页，单击"注册网易免费邮"超链接，如图 6-84 所示。

Step 02 打开邮箱注册页面，单击"注册字母邮箱"按钮，查看要填写的表单，如图 6-85 所示。

图 6-84 网易免费邮箱主页

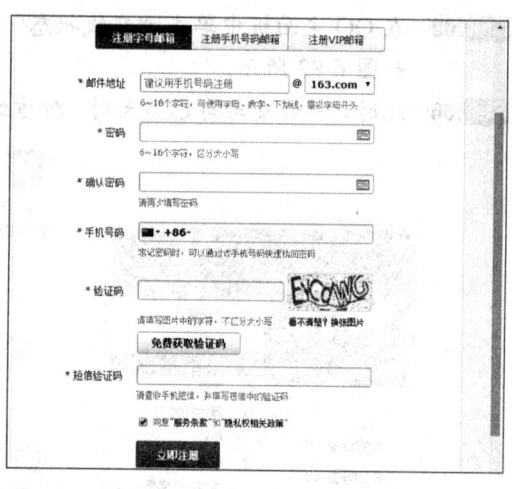
图 6-85 单击"注册字母邮箱"按钮

Step 03 输入要注册的邮箱名称，在弹出的列表中可以看到提示信息"该邮件地址已被注册"，在列表中推荐可以注册的邮箱，在本例中可以看到 yeah.net 邮箱还可以注册，如图 6-86 所示。

Step 04 单击邮箱名称@符号后的下拉按钮，在弹出的列表中选择 yeah.net 选项，如图 6-87 所示。

图 6-86 设置邮箱名称

图 6-87 选择邮箱地址

Step 05 输入密码、手机号码和验证码等信息，然后单击"立即注册"按钮，如图 6-88 所示。

Step 06 在打开的页面中可以看到邮箱注册成功，如图 6-89 所示。

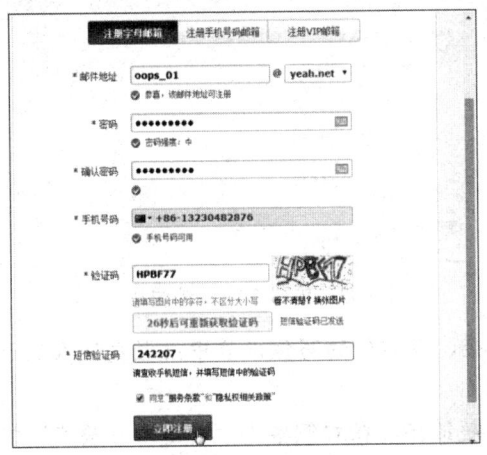

图 6-88　输入注册信息

图 6-89　邮箱注册成功

二、常用邮箱设置

在使用邮箱发送电子邮件前，可先对邮箱进行自定义设置，如编辑个人资料、进行写信设置、增加个性签名等，方法如下：

Step 01 在浏览器地址栏中输入 email.163.com，并按【Enter】键确认，打开网易免费邮箱首页。在左侧选择邮箱类型，在右侧输入邮箱地址与密码，然后单击"登录"按钮，如图 6-90 所示。

Step 02 成功登录邮箱，单击"设置"下拉按钮，在弹出的列表中选择"账号与邮箱中心"选项，如图 6-91 所示。

图 6-90　登录网易邮箱

图 6-91　选择"账号与邮箱中心"选项

Step 03 打开设置页面，在右上方单击"修改个人资料"按钮，如图 6-92 所示。

Step 04 在打开的页面中编辑个人资料信息，然后单击"保存"按钮，如图 6-93 所示。

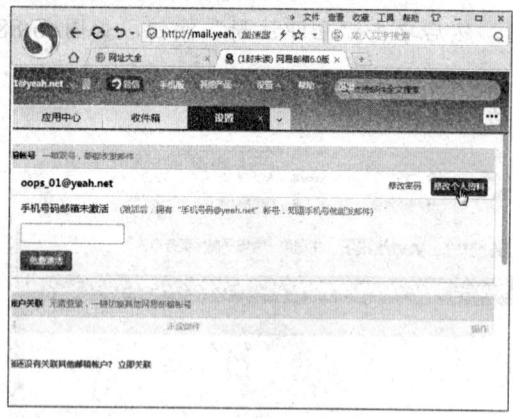
图 6-92 单击"修改个人资料"按钮

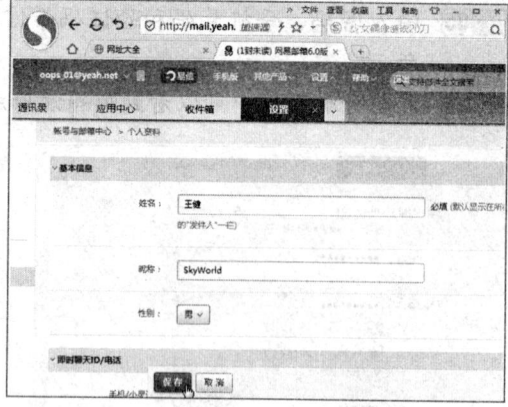
图 6-93 编辑个人资料信息

Step 05 在设置页面左侧单击"常规设置"超链接,在右侧的写信设置中设置发件人显示为"昵称",如图 6-94 所示。

Step 06 在设置页面左侧单击"签名/电子名片"超链接,在右侧单击"新建名片签名"按钮,如图 6-95 所示。

图 6-94 写信设置

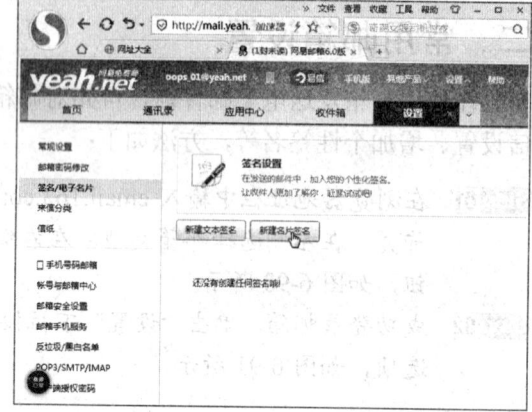
图 6-95 单击"新建名片签名"按钮

Step 07 打开"新建电子名片"页面,从中进行名片设置,如在名片中编辑各种资料、设置名称、排版、底图等,然后单击下方的"保存"按钮,如图 6-96 所示。

Step 08 此时即可查看创建的电子名片,如图 6-97 所示。

图 6-96 设置电子名片

图 6-97 查看电子名片

Step 09 在设置页面左侧单击"换肤"超链接,在打开的页面中可以选择所需的主题皮肤,如图 6-98 所示。

图 6-98 更换邮箱皮肤

三、撰写电子邮件

若要发送电子邮件,首先要知道对方的电子邮箱地址,然后通过电子邮箱进行"写信",编辑收件人、主题和内容以及添加附件,方法如下:

Step 01 登录网易邮箱,在左上方单击"写信"按钮,如图 6-99 所示。

Step 02 打开"写信"页面,在"收件人"栏中输入收件人的电子邮箱地址。要给多人发邮件,则输入多个邮箱地址,地址之间使用分号或空格隔开,如图 6-100 所示。

图 6-99 单击"写信"按钮

图 6-100 输入收件人邮箱

Step 03 在邮件内容编辑区的工具栏中单击"添加信纸"按钮,在打开的信纸列表中选择要应用的信纸样式,如图 6-101 所示。

Step 04 输入邮件主题和内容,如需要发送附件,可单击"添加附件"按钮,如图 6-102 所示。

图 6-101 选择信纸

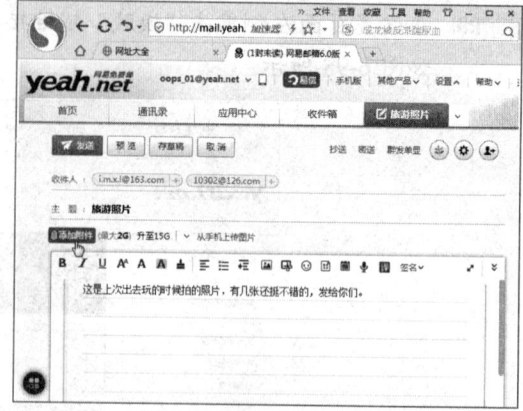
图 6-102 单击"添加附件"按钮

Step 05 弹出"打开"对话框,选择要添加的文件,然后单击"打开"按钮,如图 6-103 所示。

Step 06 此时即可开始上传文件,等待文件上传完成,如图 6-104 所示。

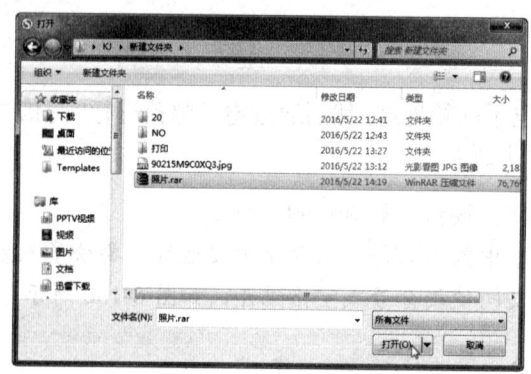
图 6-103 "打开"对话框

图 6-104 开始上传文件

Step 07 要发送文件,也可在邮箱主页左侧单击"文件中心"超链接,打开"文件中心"页面,单击"上传文件"按钮,可将电脑中的文件上传到网盘中,如图 6-105 所示。

Step 08 要发送网盘中的文件,可在写信页面单击"添加附件"右侧的下拉按钮∨,在弹出的列表中选择"从'网盘/云附件'添加"选项,如图 6-106 所示。

图 6-105 "文件中心"页面

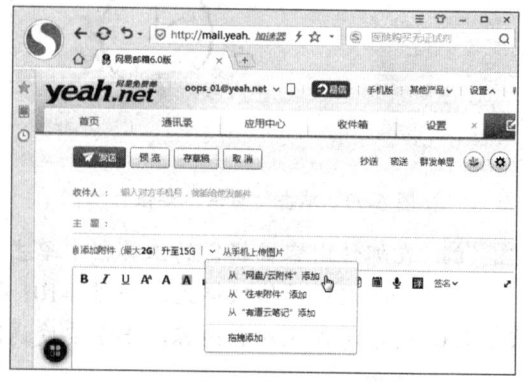
图 6-106 选择附件位置

四、发送电子邮件

电子邮件撰写完成后,单击"发送"按钮,即可立即发送电子邮件,还可以根据需要设置发送选项,如定时发送、邮件加密、邮件存证等,方法如下:

Step 01 在写信页面下方单击"更多发送选项"按钮,如图6-107所示。

Step 02 展开发送选项工具栏,选中"定时发送"复选框,即可设置发送时间,如图6-108所示。

图6-107 单击"更多发送选项"按钮　　　图6-108 设置定时发送

Step 03 选中"邮件加密"复选框,设置邮件查看密码,然后单击"发送"按钮,如图6-109所示。

Step 04 邮件发送成功,如图6-110所示。

图6-109 设置邮件加密　　　图6-110 成功发送邮件

Step 05 在左侧选择"已发送"选项,打开"已发送"页面,从中可以查看发送的电子邮件,如图6-111所示。

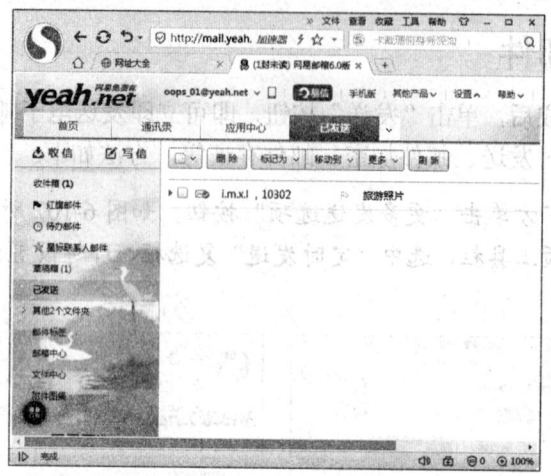

图 6-111 查看发送的电子邮件

五、接收电子邮件

在登录邮箱后,可以在"收件箱"中查看收到的电子邮件,方法如下:

Step 01 在页面左侧单击"收件箱"超链接,打开收件箱,可以看到未读的邮件,单击邮件主题,如图 6-112 所示。

Step 02 打开邮件,可以查看邮件内容,如图 6-113 所示。

图 6-112 单击邮件主题

图 6-113 查看邮件内容

Step 03 在邮件下方可以查看包含的附件,将鼠标指针置于附件上,在弹出的工具栏中单击"下载"按钮,如图 6-114 所示。

Step 04 此时即可使用浏览器下载邮件附件,如图 6-115 所示。

图 6-114 单击"下载"按钮

图 6-115 下载邮件附件

六、管理电子邮件

对于邮箱中的电子邮件，可以根据需要将其标记为不同的状态，还可以将电子邮件移到其他文件夹中，方法如下：

Step 01 在收件箱中单击邮件主题左侧的"设为红旗"按钮，如图 6-116 所示。

Step 02 此时即可将邮件标记为"红旗邮件"。选中邮件前的复选框，在上方的工具栏中单击"标记为"下拉按钮，在弹出的列表中可以设置不同的邮件标记，如将邮件标记为"代办邮件"，如图 6-117 所示。

图 6-116　设置红旗邮件　　　　　　图 6-117　标记邮件

Step 03 单击邮件主题左侧的"删除邮件"按钮，即可将邮件移到"已删除"文件夹中，如图 6-118 所示。

Step 04 在邮箱左侧选择邮件分类，如单击"红旗邮件"超链接，即可查看标记为"红旗邮件"的电子邮件，如图 6-119 所示。

图 6-118　删除邮件　　　　　　图 6-119　查看红旗邮件

> 将邮件标记为代办邮件后，到了设置的处理时间后邮件会在文件夹中置顶提醒。除了置顶提醒外，还可以在设置时选择通过短信提醒。"已删除"文件夹中的邮件将保存 30 天，之后将彻底删除，也可手动彻底删除邮件。

常用工具软件项目教程

任务五　使用网络硬盘

任务概述

网盘即网络硬盘，是由互联网公司推出的在线存储服务，向用户提供文件的存储、访问、备份与共享等文件管理功能。用户可以把网盘看成一个放在网络上的硬盘或 U 盘，不管在什么地方，只要连接到互联网，就可以管理、编辑网盘里的文件，非常方便且不怕丢失。目前常用的网盘主要有"百度云""360 云盘""腾讯微云""新浪微盘"等。在本任务中，将以"百度云"为例，详细介绍如何使用网络硬盘。

任务重点与实施

一、上传文件

"百度云"是百度公司推出的一款云服务产品。通过"百度云"可以将照片、文档、音乐、通讯录数据在各类设备中使用，在朋友圈里分享与交流。下面将介绍如何向网盘中上传文件，方法如下：

Step 01 打开百度云首页，输入百度账号和密码，然后单击"登录"按钮，如图 6-120 所示。

Step 02 在上方单击"网盘"超链接，打开网盘页面，从中可以查看上传的文件，单击"新建文件夹"按钮，如图 6-121 所示。

图 6-120　登录"百度云"　　　　　　　图 6-121　单击"新建文件夹"按钮

Step 03 新建一个文件夹，输入文件夹名，然后单击"确认"按钮，如图 6-122 所示。
Step 04 单击新建的文件夹将其打开，如图 6-123 所示。

专家指导 Expert guidance

秒传是将上传的文件与百度云端服务器中的文件进行比对，若云端存在相同文件，则"百度云"将直接把文件保存到你的百度云，大大节省了上传时间。网盘上传下载不限速，若速度较慢，可能是由于运营商限制或网络繁忙所致。

网络常用工具　　项目六

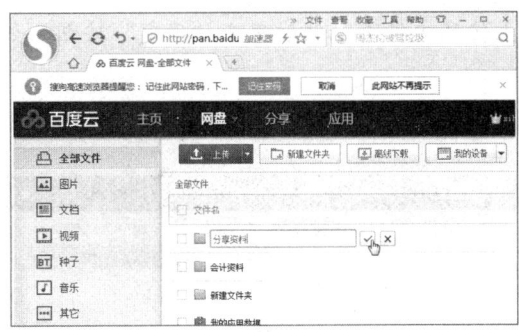
图 6-122　重命名文件夹

图 6-123　单击文件夹

Step 05 将鼠标指针置于"上传"按钮上,在弹出的下拉列表中选择"上传文件"选项,如图 6-124 所示。

Step 06 弹出"打开"对话框,选择要上传的文件,然后单击"打开"按钮,如图 6-125 所示。

图 6-124　选择"上传文件"选项

图 6-125　"打开"对话框

Step 07 开始向网盘上传文件并显示进度,如图 6-126 所示。

Step 08 文件上传完成,如图 6-127 所示。

图 6-126　开始上传文件

图 6-127　文件上传完成

Step 09 还可以向网盘上传文件夹,将鼠标指针置于"上传"按钮上,在弹出的下拉列表中选择"上传文件夹"选项,如图 6-128 所示。

Step 10 弹出"浏览文件夹"对话框，选择要上传的文件夹，然后单击"确定"按钮，如图 6-129 所示。

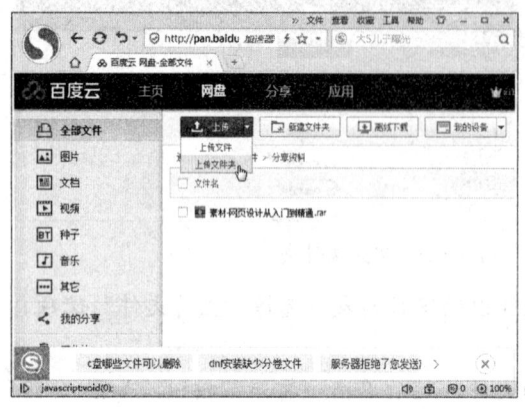

图 6-128 选择"上传文件夹"选项

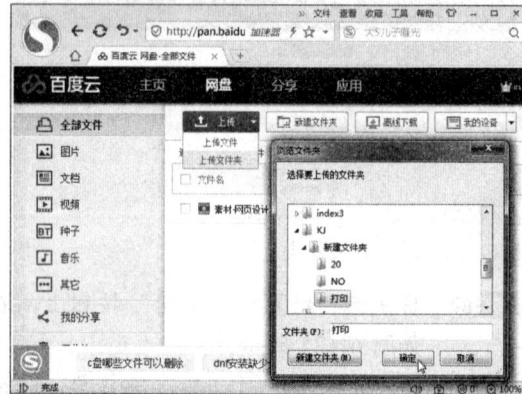

图 6-129 选择上传文件夹

Step 11 开始向网盘上传文件夹中的所有文件，如图 6-130 所示。

Step 12 文件夹上传完成，如图 6-131 所示。

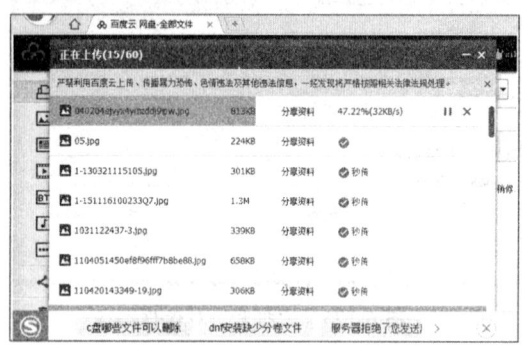

图 6-130 开始上传文件夹

图 6-131 文件夹上传完成

二、下载文件

下面将介绍如何将网盘上的文件下载到本地电脑中，方法如下：

Step 01 在网盘中选中要下载的文件，单击"下载"按钮，如图 6-132 所示。

Step 02 弹出"文件下载"对话框，单击"普通下载"按钮，如图 6-133 所示。

图 6-132 单击"下载"按钮

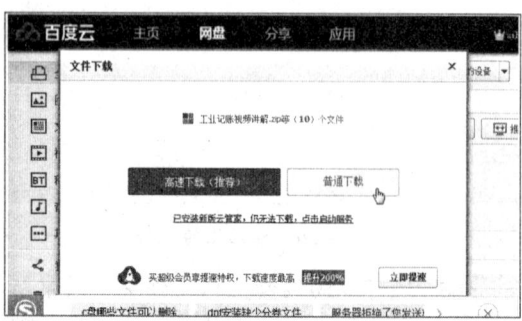

图 6-133 选择下载方式

Step 03 此时即可使用浏览器下载所选的文件，如图 6-134 所示。

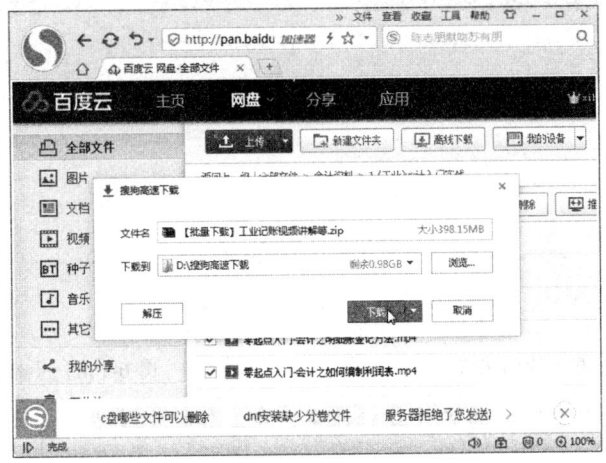

图 6-134　下载网盘文件

三、使用"百度云管家"上传和下载文件

"百度云管家"是百度云网盘的客户端程序，使用它可以便捷地查看、上传与下载百度云端各类数据，方法如下：

Step 01 在电脑中安装"百度云管家"并启动它，输入百度账号和密码，然后单击"登录"按钮，如图 6-135 所示。

Step 02 登录百度云管家，在上方单击"我的网盘"按钮，然后单击要打开的文件夹，如图 6-136 所示。

图 6-135　登录"百度云管家"

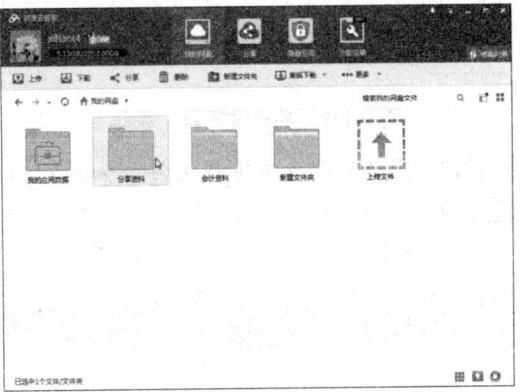
图 6-136　单击文件夹

Step 03 打开网盘中的文件夹，可以看到该文件夹中已上传的文件，如图 6-137 所示。

Step 04 将要上传的文件直接拖至该文件夹，或粘贴到该文件夹，即可开始上传文件，等待文件上传完成即可，如图 6-138 所示。

专家指导
Expert guidance

当下载的文件过大，需要长时间与服务器保持链接时，则会出现网络异常的情况，此时需要进行重试。单击右上方的"设置"按钮，选择"本次传输完自动关机"选项，可设置上传或下载完成后自动关机。

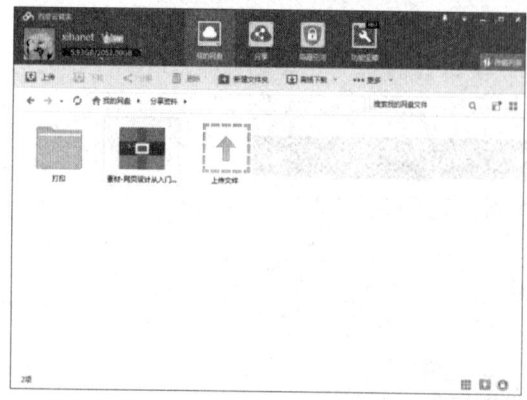

图 6-137　查看上传的文件

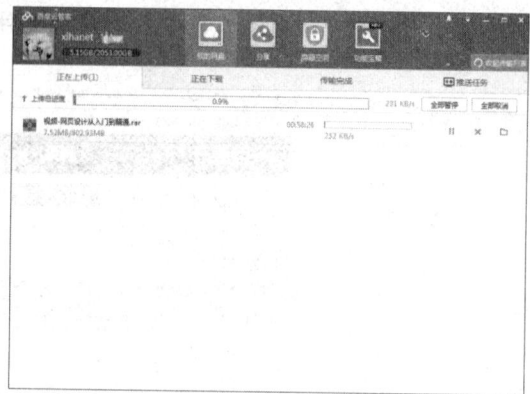

图 6-138　开始上传文件

Step 05　在网盘中选中要下载的文件或文件夹，在工具栏中单击"下载"按钮，如图 6-139 所示。

Step 06　弹出"设置下载存储路径"对话框，设置下载位置，然后单击"下载"按钮，如图 6-140 所示。

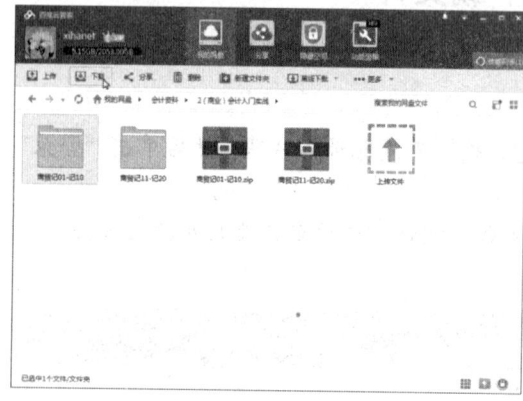

图 6-139　单击"下载"按钮

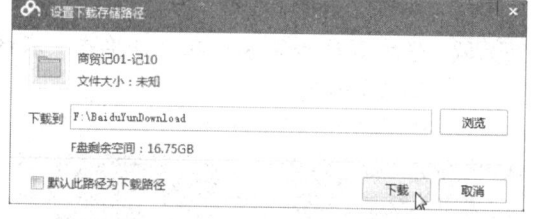

图 6-140　"设置下载存储路径"对话框

Step 07　开始从网盘中下载文件，如图 6-141 所示。

Step 08　选择"传输完成"选项卡，右击下载完成后的文件，在弹出的快捷菜单中选择"打开所在文件夹"命令，即可打开下载位置查看文件，如图 6-142 所示。

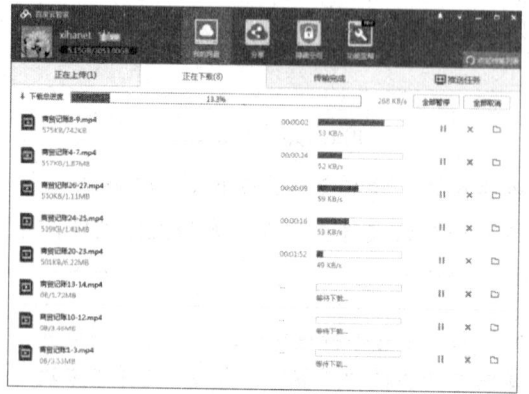

图 6-141　开始下载文件

图 6-142　选择"打开所在文件夹"命令

四、分享文件

通过分享功能可以将百度云网盘中的文件分享给好友或所有人,方法如下:

Step 01 使用浏览器打开百度网盘,单击文件右侧的"分享"按钮,如图 6-143 所示。

Step 02 在弹出的对话框中单击"创建私密链接"按钮,如图 6-144 所示。

图 6-143 单击"分享"按钮

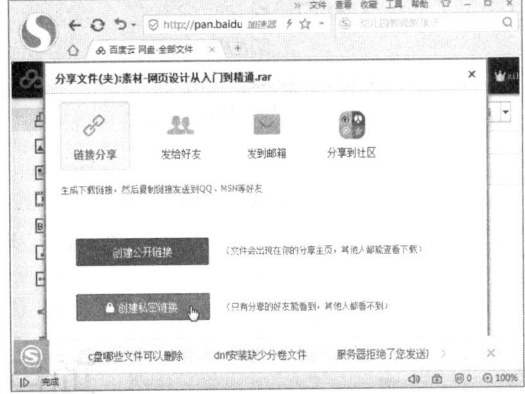

图 6-144 单击"创建私密链接"按钮

Step 03 成功创建私密链接,单击"复制链接及密码"按钮,如图 6-145 所示。

Step 04 将复制的信息粘贴到记事本并保存起来,或将其粘贴到 QQ 聊天窗口中发送给好友,如图 6-146 所示。将私密链接发送给好友后,对方可以通过打开该链接并输入密码来下载该文件。

图 6-145 单击"复制链接及密码"按钮

图 6-146 粘贴链接与密码

Step 05 在网盘页面左侧选择"我的分享"选项,从中可以查看链接分享文件,单击文件右侧的"取消分享"按钮,即可取消文件分享,如图 6-147 所示。

专家指导 可以对一个文件进行多次分享,以生成多个不同的链接和提取密码。在分享文件时,若创建了公开链接,文件将出现在用户的分享主页,其他人都可以查看下载。

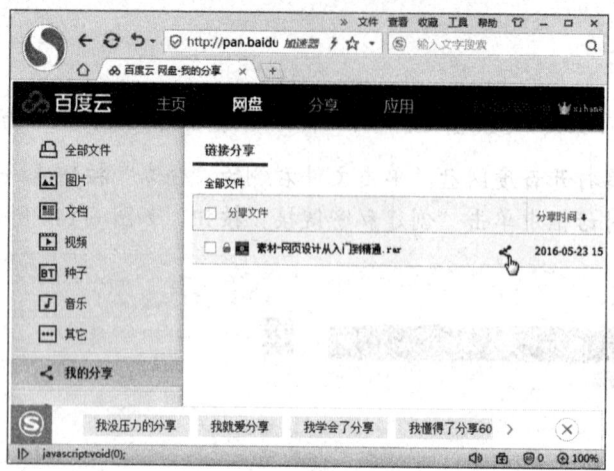

图 6-147　取消文件分享

项目小结

通过本项目的学习，读者应重点掌握以下知识：

（1）搜狗高速浏览器具有划词复制、搜索、翻译、网页截图、鼠标手势和快速浏览历史记录等功能。

（2）可以使用浏览器或专门的下载工具来下载网络资源。

（3）使用 QQ 除了可以进行文字聊天外，还可以进行视频通话或传送文件。

（4）使用电子邮箱撰写电子邮件时，可以将邮件发送给多个收件人，并使用网盘上传附件，在发送邮件时可以采用不同的发送方式。用户还可以标记或移动邮件。

（5）使用"百度云管家"可以便捷地查看、上传与下载百度云端各类数据。

（6）网络硬盘除了存储文件外，还可以将文件分享给好友。

项目习题

（1）使用浏览器收藏感兴趣的网页，并同步收藏夹。

（2）使用迅雷下载工具从网络上下载光影魔术手安装程序。

（3）使用 QQ 在线传送文件。

（4）注册电子邮箱，并给自己写一封邮件。

（5）注册百度云网盘，并将电脑中需要备份的文件上传到网盘中。

项目七　光盘制作工具

项目概述

刻录机、刻录光盘及刻录软件是刻录光盘必不可少的三个条件，另外，为了提高刻录效率，可以创建光盘镜像文件。在本项目中，将详细介绍如何使用工具软件刻录光盘。

项目重点

- 光盘镜像工具。
- 光盘刻录工具。

项目目标

- 掌握创建与编辑镜像文件的方法。
- 掌握虚拟光驱的使用方法。
- 掌握刻录数据光盘的方法。
- 掌握刻录光盘映像的方法。

任务一　光盘镜像工具

任务概述

镜像文件也叫映像文件，是一种光盘文件信息的完整拷贝文件，包括光盘所有信息。所以需要专门的虚拟光驱软件，载入这种镜像文件进行读取，完全模拟了读取光盘文件的过程。在本任务中，将详细介绍镜像文件的制作方法及虚拟光驱的使用方法。

任务重点与实施

一、创建镜像文件

UltraISO（软碟通）是一款功能强大而又方便、实用的光盘映像文件制作/编辑/转换工具，它可以直接编辑 ISO 文件和从 ISO 中提取文件和目录，也可以从 CD-ROM 制作光盘映像或将硬盘上的文件制作成 ISO 文件。创建光盘映像文件可以提高刻录成功率及刻录效率。下面将介绍如何创建镜像文件，方法如下：

Step 01 启动 UltraISO 软件，将文件拖至窗口中以添加文件，在工具栏中单击"保存"按钮，如图 7-1 所示。

Step 02 弹出"ISO 文件另存"对话框，选择保存位置，输入文件名，然后单击"保存"按钮，如图 7-2 所示。

图 7-1　添加文件并保存　　　　　　　　图 7-2　"ISO 文件另存"对话框

Step 03 开始创建 ISO 文件，并显示创建进度，如图 7-3 所示。

Step 04 打开保存位置，查看制作的 ISO 文件，如图 7-4 所示。

 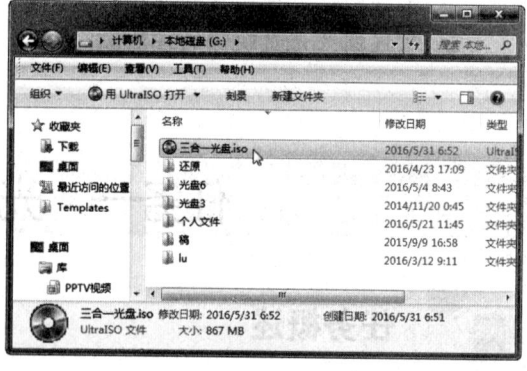

图 7-3　开始创建镜像文件　　　　　　　　图 7-4　查看镜像文件

二、编辑镜像文件

UltraISO 可以打开几乎所有已知的光盘映像文件格式（如 ISO、BIN、CUE、IMG、CCD、CIF、NRG、BWT、BWI 与 CDI 等格式），并将它们保存为标准的 ISO 格式文件。使用 UltraISO 打开镜像文件后，可以根据需要在镜像文件中添加、删除或重命名文件，将镜像文件加载到虚拟光驱，或刻录到光盘上，方法如下：

Step 01 右击 ISO 文件，在弹出的快捷菜单中选择"用 UltraISO 打开"命令，如图 7-5 所示。

Step 02 此时即可使用 UltraISO 打开 ISO 文件，可将文件添加到 ISO 文件或从中删除原有文件。右击文件，在弹出的快捷菜单中查看可执行的操作，如图 7-6 所示。

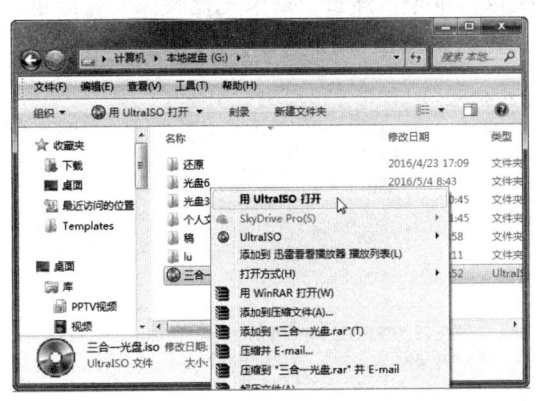

图 7-5　选择"用 UltraISO 打开"命令　　　　　图 7-6　查看可执行操作

Step 03 在左窗格右击镜像文件名称，在弹出的快捷菜单中选择"重命名"命令，如图 7-7 所示。

Step 04 输入新名称，然后单击"保存"按钮保存镜像文件，如图 7-8 所示。

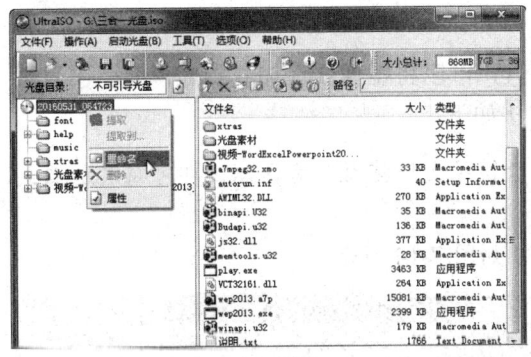

图 7-7　选择"重命名"命令　　　　　图 7-8　重命名并保存镜像文件

Step 05 在菜单栏中单击"工具"|"加载到虚拟光驱"命令，如图 7-9 所示。

Step 06 弹出"虚拟光驱"对话框，单击"加载"按钮，如图 7-10 所示。

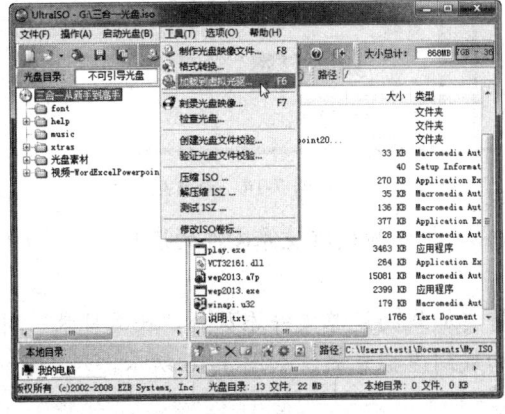

图 7-9　单击"加载到虚拟光驱"命令　　　　　图 7-10　"虚拟光驱"对话框

Step 07 打开"计算机"窗口，从中可以查看加载的虚拟光驱。右击虚拟光驱，在弹出的快捷菜单中选择 UltraISO | "弹出"命令，可以卸载虚拟光驱，如图 7-11 所示。

Step 08 在菜单栏中单击"工具" | "刻录光盘映像"命令，弹出"刻录光盘映像"对话框，单击"刻录"按钮，可将映像文刻录到光盘，如图 7-12 所示。

图 7-11　卸载虚拟光驱

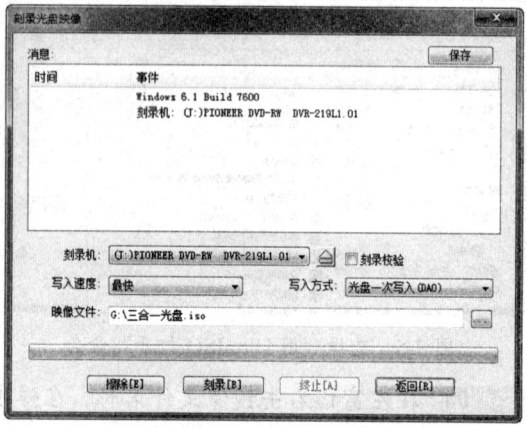
图 7-12　"刻录光盘映像"对话框

三、使用虚拟光驱

DAEMON Tools Lite 是一款的虚拟光驱工具，可以将镜像文件加载到虚拟光驱中直接使用，使用它可以创建多达 4 个虚拟光驱，方法如下：

Step 01 启动 DAEMON Tools Lite 程序，将光盘镜像文件拖至下方区域，即可将其加载到虚拟光驱，如图 7-13 所示。

Step 02 打开"计算机"窗口，查看虚拟光驱，如图 7-14 所示。

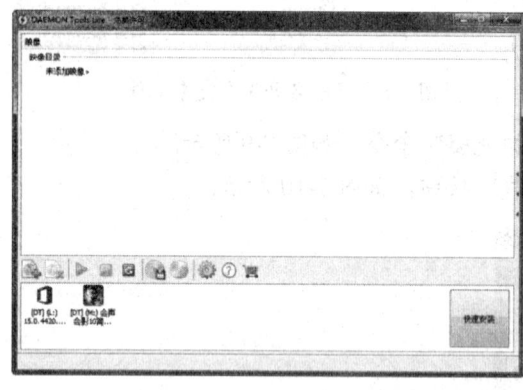
图 7-13　"DAEMON Tools Lite"程序窗口

图 7-14　查看虚拟光驱

Step 03 选中镜像文件，单击"卸载"按钮，即可卸载该镜像文件的虚拟光驱，如图 7-15 所示。

Step 04 也可单击"添加映像"按钮，将要加载的镜像文件添加到"映像目录"列表中，然后单击"载入"按钮，将其加载到虚拟光驱，如图 7-16 所示。

光盘制作工具　项目七

图 7-15　卸载虚拟光驱

图 7-16　载入虚拟光驱

任务二　光盘刻录工具

任务概述

要将电脑中的数据刻录到光盘中，除了需要使用刻录机和刻录光盘外，还需在电脑中安装光盘刻录软件。在本任务中，将详细介绍光盘刻录工具的使用方法。

任务重点与实施

一、刻录数据光盘

ONES 刻录软件是一款绿色、小巧、简洁的刻录软件，包含了非常多的光盘刻录功能，如光盘擦除、光盘复制、抓去音频、管理 ISO 映像、比较光盘文件等，支持创建音乐光盘、数据光盘和启动光盘。刻录数据光盘就是将电脑上的文件数据刻录到光盘上，方法如下：

 将刻录光盘放入刻录机中，启动 ONES，在"刻录动作"列表中双击"数据光盘"图标，如图 7-17 所示。

 打开"数据光盘"窗口，单击"选项"和"详细资料"按钮分别展开相关选项，如图 7-18 所示。

图 7-17　双击"数据光盘"图标

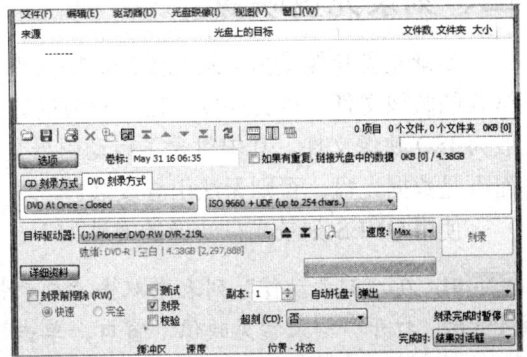
图 7-18　"数据光盘"窗口

149

Step 03 将要刻录的文件拖至上方的列表中，自定义刻录选项，如刻录方式、卷标、速度和自动托盘等参数，然后单击"刻录"按钮，如图7-19所示。

Step 04 开始刻录数据光盘，并显示刻录进度，如图7-20所示。

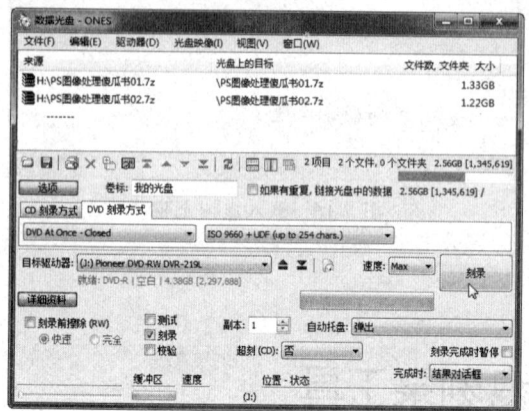

图7-19　刻录设置

图7-20　开始刻录数据光盘

Step 05 等待刻录完成，光盘将自动弹出光驱，此时弹出提示信息框，单击"确定"按钮，即可完成刻录操作，如图7-21所示。

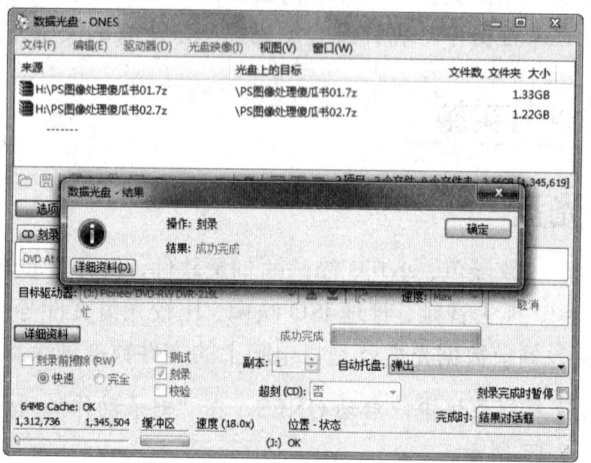

图7-21　数据光盘刻录完成

二、刻录光盘映像

刻录光盘映像是指刻录光盘的原始文件，即ISO、IMG、BIN、VCD、NRG、CDI等格式的映像文件，将文件以一比一对应的方式刻入光盘中。例如，操作系统的安装程序一般为ISO映像文件，其中包含了启动引导文件。若要刻录系统盘，则需要刻录光盘映像，而不是数据光盘，否则无法引导安装。

使用ONES刻录光盘映像的方法如下：

Step 01 在"刻录动作"列表中双击"刻录常见映像"图标，如图7-22所示。

Step 02 打开"刻录常见映像"窗口，单击"浏览"按钮，如图7-23所示。

光盘制作工具　　项目七

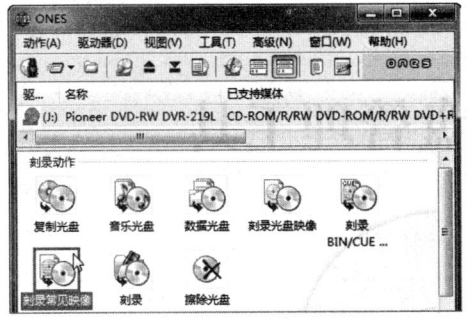
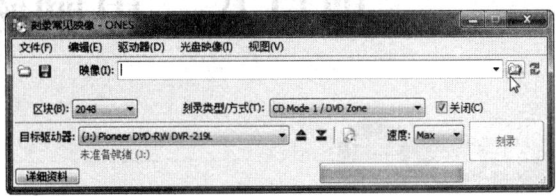

图 7-22　双击"刻录常见映像"图标　　　　图 7-23　"刻录常见映像"窗口

Step 03 弹出"要刻录的光盘映像"对话框，选择光盘映像文件，然后单击"打开"按钮，如图 7-24 所示。

Step 04 返回"刻录常见映像"窗口，单击"刻录"按钮，开始刻录光盘，如图 7-25 所示。

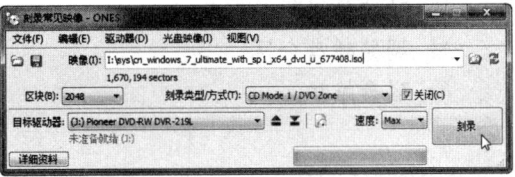

图 7-24　选择光盘映像文件　　　　　　　图 7-25　单击"刻录"按钮

项目小结

通过本项目的学习，读者应重点掌握以下知识：
（1）镜像文件也叫映像文件，是一种光盘文件信息的完整拷贝文件，包括光盘所有信息。
（2）使用 UltraISO 可以创建与编辑镜像文件。
（3）使用虚拟光驱可以将镜像文件加载到虚拟光驱中直接使用。
（4）要刻录光盘，电脑中除了需要安装刻录设备外，还应安装光盘刻录软件。
（5）使用光盘刻录工具可以创建不同类型的光盘。

项目习题

（1）使用 UltraISO 创建镜像文件。
（2）使用 DAEMON Tools Lite 将镜像文件加载到虚拟光驱。
（3）下载操作系统镜像文件，并使用 ONES 刻录。

项目八　电脑磁盘管理工具

项目概述

新的电脑硬盘必须将其进行分区和格式化后才可以使用。分区即将硬盘的存储空间划分为若干个区域，如 C、D、E、F 等分区。也可以根据需要对硬盘现有的分区进行重新划分或调整，以更有效地存储数据。在硬盘的使用过程中还应对磁盘进行维护，以提高电脑性能。在本项目中，将详细介绍如何对硬盘进行分区与调整，以及进行磁盘维护。

项目重点

- 对硬盘进行分区。
- 调整硬盘分区。
- 磁盘维护。

项目目标

- 了解硬盘分区的类型。
- 掌握使用 DiskGenius 进行硬盘分区的方法。
- 掌握调整硬盘分区的方法。
- 掌握磁盘维护的方法。

任务一　对硬盘进行分区

任务概述

硬盘分区是指把硬盘的物理存储空间划分为多个逻辑区域，各个区域之间相互独立。硬盘分区是安装系统前的必需操作，把硬盘根据不同的用途划分成几个分区，并且根据分区用途的不同格式化成不同的文件系统，可以使用户在使用的过程中更方便、更安全。在本任务中，将详细介绍硬盘分区的基础知识及操作方法。

一、认识硬盘分区

硬盘有 4 种分区形式，分别是主分区、扩展分区、逻辑分区和活动分区，下面将分别对其进行介绍。

1. 主分区

主分区是用于安装操作系统的分区，其中包含操作系统启动时所必需的文件和数据，系统启动时必须通过它才能启动。要在硬盘上安装操作系统，该硬盘上至少要有一个主分区，并且设置为活动分区来引导启动系统。由于分区表的限制，一个硬盘最多只能划分 4 个主分区。

2. 扩展分区

由于最多只能创建 4 个主分区，用户在创建 4 个以上的分区时就需要使用扩展分区。扩展分区是不能直接用于存储数据的，而只是用于划分逻辑分区。扩展分区下可以包含多个逻辑分区，可以对其逻辑分区进行高级格式化，并为其分配驱动器号。

例如，当想为硬盘创建 5 个分区时，如果都将其创建为主分区，系统只能认出 4 个，这不能满足我们的需求，此时就可以创建 3 个主分区，再创建一个扩展分区，然后在扩展分区下创建 2 个逻辑分区。

3. 逻辑分区

逻辑分区是从扩展分区划分出来的，主要用于存储数据。在扩展分区中最多可以创建 23 个逻辑分区，各逻辑分区可以获得唯一的由 D 到 Z 的盘符。

4. 活动分区

活动分区是用于加载系统启动信息的分区。主分区需要激活为活动分区后，才能正常地启动操作系统。如果硬盘中没有一个主分区被设置为活动分区，则该硬盘将无法正常启动。

另外，硬盘的分区格式一般选用 NTFS 格式。NTFS 是一种特别为磁盘配额、文件加密和网络应用等管理安全特性而设计的硬盘分区格式，其优点是安全性和稳定性非常高，在使用过程中不易产生文件碎片，并能对用户的操作进行记录，对用户权限进行非常严格的限制，每个用户只能按照系统赋予的权限进行操作，充分保护了系统和数据的安全。

二、认识硬盘格式化

格式化操作分为低级格式化和高级格式化，一块新硬盘一般要经过低级格式化、分区、高级格式化操作后才能使用。另外，硬盘使用前的高级格式化还能识别硬盘磁道和扇区有无损坏，如果格式化过程畅通无阻，硬盘一般无大碍。

1. 低级格式化

低级格式化针对硬盘的磁道来工作，这个格式化操作是在硬盘分区和高级格式化之前做的，通常一般的使用者并不会去做这个操作。低级格式化会将空白的磁盘划分出柱面和磁道，再将磁道划分为若干个扇区，每个扇区又划分出标识部分 ID、间隔区 GAP 和数据区 DATA 等。

低级格式化是高级格式化之前的一件工作，它只能在 DOS 环境下完成。而且低级格式化只能针对一块硬盘而不能支持单独的某一个分区。每块硬盘在出厂时已由硬盘生产商进行低级格式化，因此通常使用者无须再进行低级格式化操作。

2．高级格式化

高级格式化是硬盘分区后必须进行的一步重要操作，其功能就是清除硬盘上的数据、生成引导区信息、初始化 FAT 表、标注逻辑坏道等，一般重装系统时都是高级格式化。根据作用的不同，高级格式化又可分为完全格式化和快速格式化两种。

（1）完全格式化

执行这种格式化操作后，格式化程序会在当前分区的文件分配表中将分区的每个扇区标记为可用，并对硬盘进行扫描，以检测是否有坏扇区。由于需要对坏道进行检查，所以需要花费较长时间。

（2）快速格式化

与完全格式化相比，快速格式化并没有真正地抹去硬盘中的数据，只是文件分配表中做删除标记，不会对磁盘的坏道进行检查，其格式化速度非常快。只有在硬盘以前曾被格式化过并且在确保硬盘没有损坏的情况下，才可以使用快速格式化。

三、硬盘分区的原则

随着科技的发展，硬盘的容量越来越大，市场上 1TG 或 2TG 的大容量硬盘已经很常见。大容量硬盘给用户提供更多存储空间的同时，也使得在创建硬盘分区之前，好好地规划硬盘分区的方案成为必要。下面给出硬盘分区应该遵循的一些基本原则，以方便用户更好地管理自己的硬盘。

1．为 C 盘选择合适分区格式

C 盘一般都是系统盘，安装主要的操作系统，通常有 FAT32 和 NTFS 两种选择。如果是安装 Windows XP，则使用 FAT32 要更加方便一些。因为在 C 盘的操作系统损坏或清除开机加载的病毒木马时，往往需要用启动工具盘来修复。而很多启动工具盘大多数情况下不能辨识 NTFS 分区，从而无法操作 C 盘。如果是安装 Windows 7，则只能选择 NTFS 格式。

2．C 盘不宜太大

C 盘是系统盘，硬盘的读/写比较多，发生错误和磁盘碎片的几率也较大，扫描磁盘和整理碎片是日常工作，而这两项工作的所需时间与磁盘的容量密切相关。C 盘的容量过大，往往会使这两项工作速度很慢，从而影响工作效率。

一般来说，如果安装 Windows XP，建议 C 盘容量为 20GB~40GB 即如果安装 Windows 7，则建议 C 盘容量为 40GB~60GB。在系统盘安装应用程序后，还应保证系统分区至少要有 1GB 的预留空间。

3．逻辑分区使用 NTFS 分区

NTFS 文件系统是一种基于安全性及可靠性的文件系统，除兼容性之外，它远远优于

FAT32。它不但可以支持 2TB 大小的分区，而且支持对分区、文件夹和文件的压缩，可以更有效地管理磁盘空间。因此，除了在主系统分区为了兼容性而采用 FAT32 以外，其他分区采用 NTFS 比较适宜。

4．双系统乃至多系统好处多

如今木马、病毒泛滥，系统缓慢、无法启动都是常见的事情。一旦出现这种情况，重装、杀毒要消耗很多时间。

有些顽固的开机加载的木马和病毒甚至无法在原系统中删除，而此时如果有一个备份的系统就显得很有必要，启动到另一个系统，可以从容地杀毒、删除木马、修复另一个系统。即使不做处理，也可以用另一个系统展开工作，不会因为电脑问题耽误事情。因此，双系统乃至多系统好处很多。

分区中除了 C 盘外，再保留一个或两个备用的系统分区很有必要，该备份系统分区还可同时安装一些软件程序，容量大概 20GB 左右即可。

5．系统、程序、资料分离

Windows 默认把"我的文档"等一些个人数据资料都放到系统分区中。这样一来，一旦要格式化系统盘来彻底杀灭病毒和木马，而又没有备份资料的话，数据安全就很成问题。正确的做法是：
- 将需要在系统文件夹和注册表中复制文件和写入数据的程序都安装到系统分区中；
- 对那些可绿色安装，仅仅靠安装文件夹中的文件就可以运行的程序放置到程序分区中；
- 各种文本、表格、文档等本身不含有可执行文件，需要其他程序才能打开的资料，都放置到资料分区中。

这样一来，即使系统瘫痪，不得不重装时，所用的程序和资料都不少，很快就可以恢复工作，而不必为了重新找程序恢复数据而头疼。

6．保留至少一个大容量的分区

随着硬盘容量的增加，文件和程序的体积也是越来越大。如果将硬盘平均分区的话，当存储大型文件或安装大型的应用程序时，就会遇到麻烦。因此，对于大硬盘来说，分出一个容量在 100GB 以上的分区用于大型文件的存储是十分必要的。

7．为备份创建一个分区

若需要为重要的文件或系统备份数据，除了使用外设（移动硬盘、U 盘）外，还可以在硬盘上专门分一个区作为备份盘，用于存储重要文档备份、系统资料备份和系统镜像文件等。

下面以安装 Windows 7 系统、硬盘容量为 500GB、主要用于工作学习和家庭娱乐为主的电脑硬盘分区方案为例，介绍如何进行硬盘分区。安装 Windows 7 系统，系统占用一个盘，Windows 7 系统最小占用 16GB 的空间，推荐分配 50GB 的空间；软件安装占用一个盘，使用 150GB 的空间；娱乐用一个盘，分配 200GB 的空间；工作学习盘，由于工作与学习使用的文件不是很大，多为文本文件，所以分配 50GB；最后剩下的 50GB 的空间主要是用于保存系统备份，以及重要的数据备份使用。

四、快速硬盘分区

DiskGenius 是一款多功能的数据恢复与磁盘分区软件，它具有强大的分区格式化功能，还具有已删除文件恢复、分区复制、分区备份、硬盘复制与数据恢复等功能。DiskGenius 分为 DOS 版和 Windows 版，下面以 DOS 版的 DiskGenius 程序为例，详细介绍其强大的硬盘分区功能。

由于磁盘管理操作的特殊性，很多操作仍然需要在 DOS 环境下进行，或者说很多磁盘操作在 DOS 下进行更为方便快捷。使用 DiskGenius 的快速分区功能可以对新硬盘进行一步到位的分区操作，而对于已存在分区的硬盘快速分区功能同样适用。

下面将介绍如何对硬盘进行快速分区，方法如下：

Step 01 使用 U 盘启动盘制作工具制作 U 盘启动盘，在此使用 "U 深度" 工具制作 U 盘启动盘，如图 8-1 所示。在项目十中将详细介绍其具体制作过程，在此不再赘述。

Step 02 使用 U 盘启动盘启动电脑，进入 "U 深度" 启动界面，选择 "DiskGenius 硬盘分区工具" 选项，并按【Enter】键确认，如图 8-2 所示。

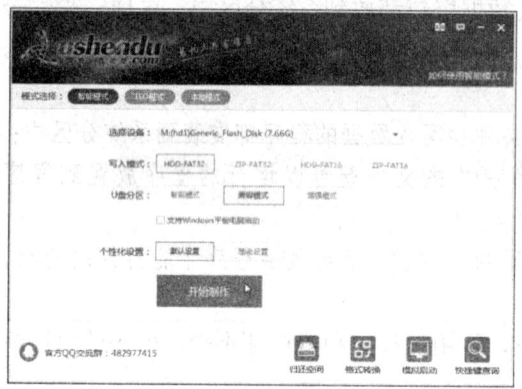
图 8-1　制作 U 盘启动盘

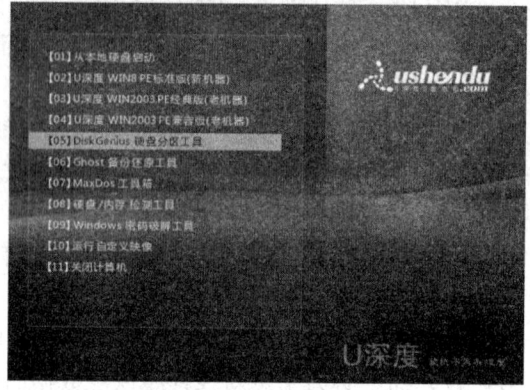
图 8-2　"U 深度" 启动界面

Step 03 启动 "DiskGenius DOS" 版程序，在菜单栏中单击 "硬盘" | "快速分区" 命令，如图 8-3 所示。

Step 04 弹出 "快速分区" 对话框，在左侧选择分区数目，在右侧 "高级设置" 选项区中设置分区大小，然后单击 "确定" 按钮，如图 8-4 所示。

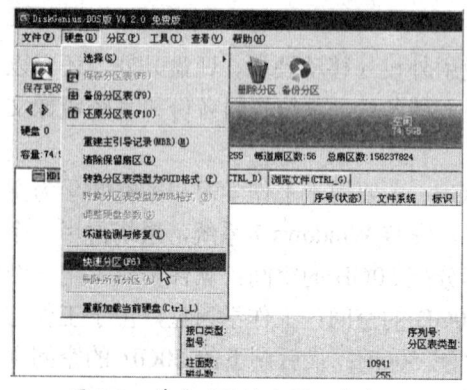
图 8-3　单击 "快速分区" 命令

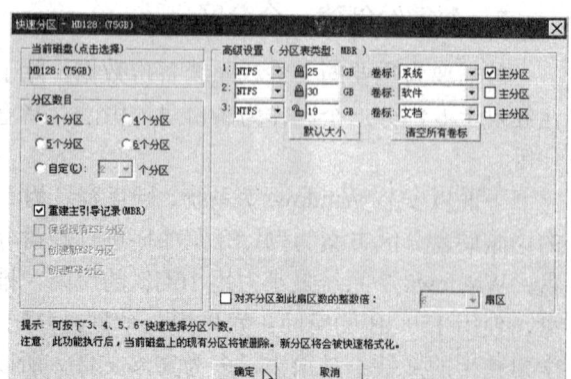
图 8-4　设置快速分区

Step 05 开始对分区进行格式化操作，如图 8-5 所示。

Step 06 格式化完成后，即可查看分区效果。若要删除磁盘分区，可单击"硬盘"|"删除所有分区"命令，如图 8-6 所示。

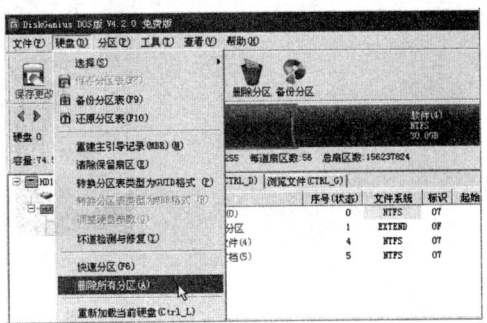

图 8-5 开始快速分区　　　　　　　图 8-6 删除所有分区

五、手动硬盘分区

手动分区就是使用创建分区命令逐步地创建主分区、扩展分区及逻辑分区，使用手动分区创建硬盘分区更具灵活性，方法如下：

Step 01 启动"DiskGenius"程序，右击磁盘空闲空间，在弹出的快捷菜单中选择"建立新分区"命令，如图 8-7 所示。

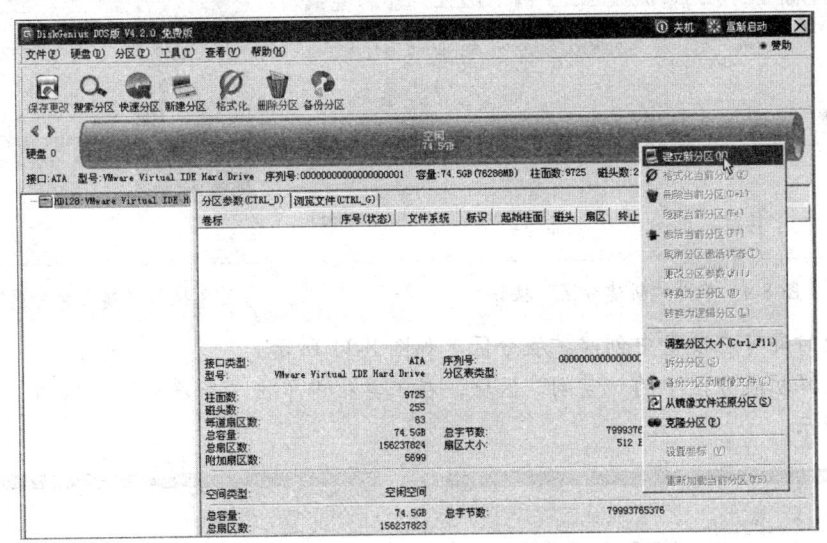

图 8-7 "DiskGenius"程序

Step 02 弹出"建立新分区"对话框，选中"主磁盘分区"单选按钮，选择文件系统类型为 NTFS，输入分区大小，然后单击"确定"按钮，即可创建主分区，如图 8-8 所示。

专家指导
Expert guidance

若电脑中不只有一块磁盘，在进行分区前应先选择目标磁盘，在分区结构图示左侧单击 ▶ 按钮即可。要建立新的分区前，应先在分区结构图上选择要建立分区的空闲区域（以灰色显示）。

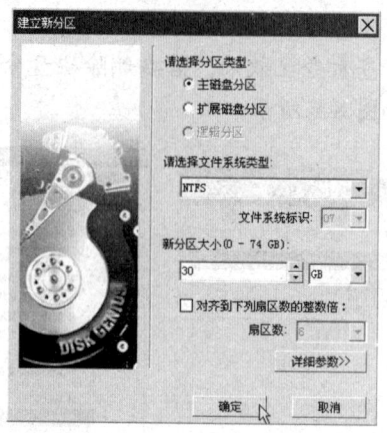

图 8-8　设置创建主分区

Step 03　选择"空闲"空间，在工具栏中单击"新建分区"按钮，如图 8-9 所示。

Step 04　弹出"建立新分区"对话框，选中"扩展磁盘分区"单选按钮，输入分区大小容量，然后单击"确定"按钮，如图 8-10 所示。

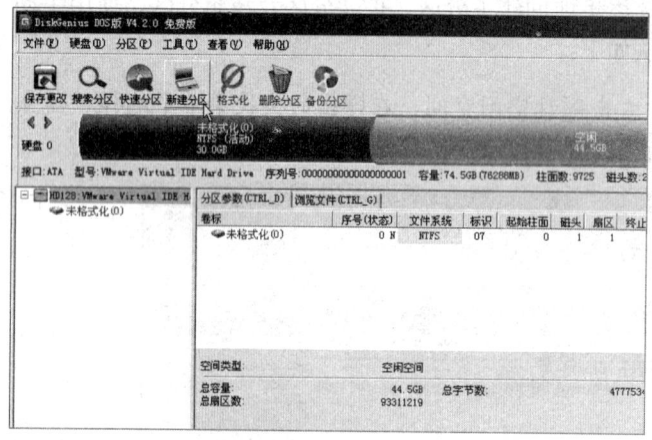

图 8-9　单击"新建分区"按钮　　　　　　　图 8-10　"建立新分区"对话框

Step 05　此时即可在硬盘中创建扩展分区，如图 8-11 所示。

Step 06　选择扩展分区中的"空闲"区域，在工具栏中单击"新建分区"按钮，如图 8-12 所示。

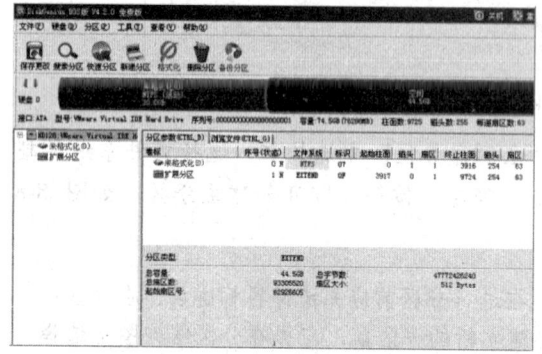 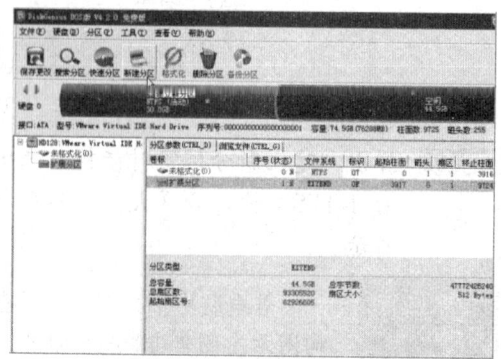

图 8-11　查看磁盘分区结构　　　　　　　图 8-12　单击"新建分区"按钮

Step 07 弹出"建立新分区"对话框,选中"逻辑分区"单选按钮,选择NTFS文件系统类型,输入分区大小,然后单击"确定"按钮,即可创建逻辑分区,如图8-13所示。

Step 08 采用同样的方法继续创建逻辑分区(在程序分区图示中逻辑分区用网格表示),创建完成后在工具栏单击"保存更改"按钮,弹出提示信息框,单击"是"按钮,如图8-14所示。在DiskGenius程序中创建分区后并不会立即保存到硬盘,仅是在内存中建立。执行"保存更改"命令后才能保存分区到硬盘,并自动格式化分区,以使其能够使用。

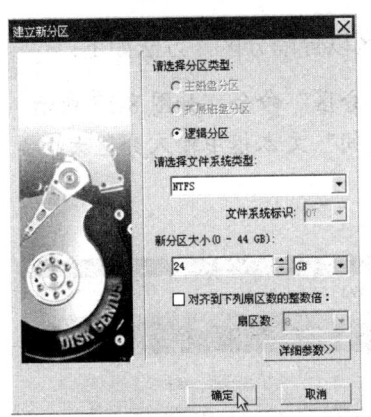
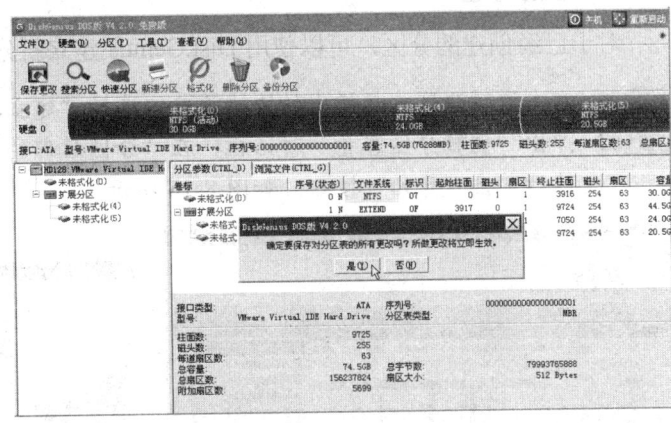

图8-13 "建立新分区"对话框　　　　　图8-14 保存分区

Step 09 弹出提示信息框,单击"是"按钮,如图8-15所示。

Step 10 开始对分区进行格式化操作,格式化完成即可完成手动分区,如图8-16所示。

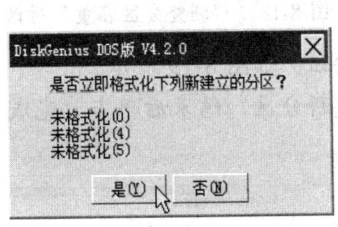

图8-15 确认格式化操作　　　　　图8-16 开始格式化分区

任务二　调整硬盘分区

 **任务概述**

对硬盘进行分区后,还可以根据需要对分区进行大小、格式等调整,如扩大或减小分区容量、切分与合并分区、转换分区类型,以及隐藏分区等。在调整分区时可在DOS环境下进行,也可在系统中操作。在本任务中,将详细介绍如何调整硬盘分区。

一、使用 DiskGenius 调整分区

使用 DiskGenius 程序可以方便、快捷地调整硬盘中各分区的大小，并且这种调整是无损的，下面将详细介绍其操作方法。

1. 分割分区

对于已经创建的分区，可以使用 DiskGenius 建立新分区以分隔分区，方法如下：

Step 01 右击逻辑分区，在弹出的快捷菜单中选择"建立新分区"命令，如图 8-17 所示。

Step 02 弹出"调整分区容量"对话框，在"分区后部的空间"文本框中输入分区大小，然后单击"开始"按钮，如图 8-18 所示。

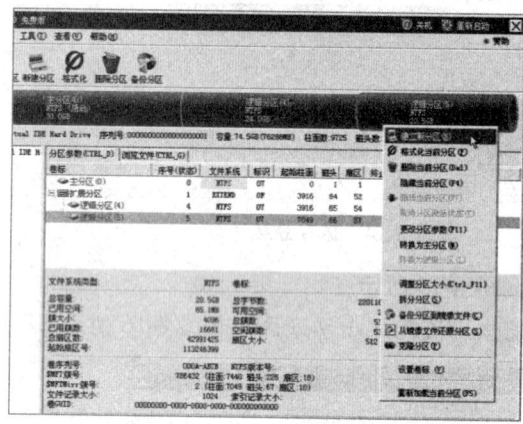

图 8-17 选择"建立新分区"命令

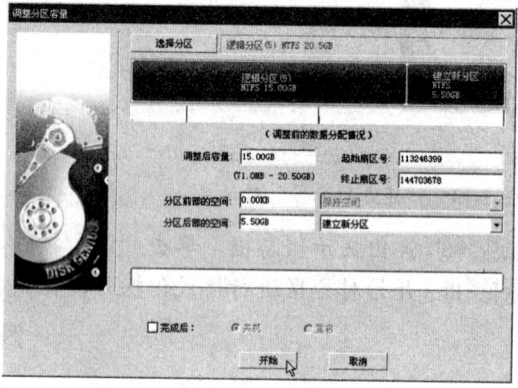

图 8-18 "调整分区容量"对话框

Step 03 弹出提示信息框，确认无误后单击"是"按钮，如图 8-19 所示。

Step 04 开始调整分区容量，并在所选分区后部创建新分区，结束后单击"完成"按钮即可，如图 8-20 所示。

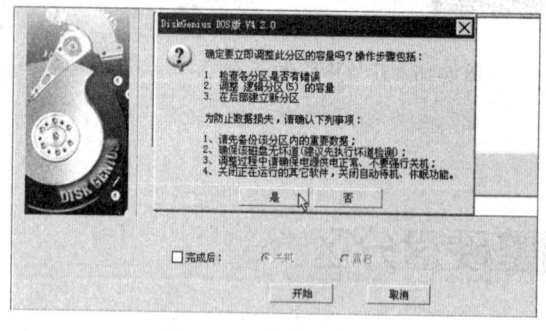

图 8-19 确认操作

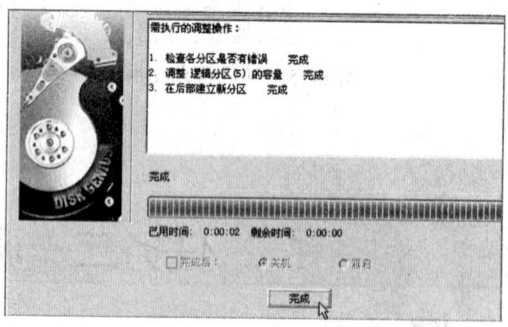

图 8-20 完成分区创建

2. 扩大分区容量

若要扩大磁盘分区容量，必须要有空闲空间，而空闲空间一般通过调小分区容量或删除分区获得。下面将介绍如何删除某个分区后将其容量扩展到其相邻的分区中，方法如下：

Step 01 右击最后一个逻辑分区，在弹出的快捷菜单中选择"删除当前分区"命令，如图 8-21 所示。

Step 02 弹出提示信息框，单击"是"按钮，如图 8-22 所示。

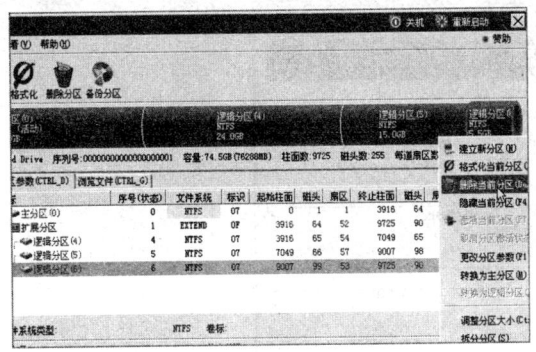

图 8-21 选择"删除当前分区"命令　　　　图 8-22 确认删除操作

Step 03 此时原逻辑分区变为"空闲"空间，单击"保存更改"按钮保存当前分区表，如图 8-23 所示。

Step 04 弹出提示信息框，单击"是"按钮，如图 8-24 所示。

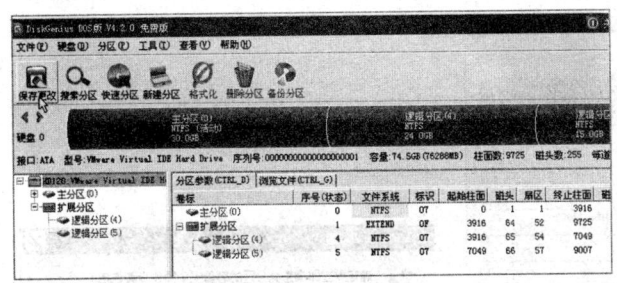
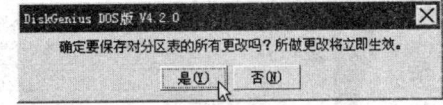

图 8-23 保存当前分区表　　　　图 8-24 确认更改操作

Step 05 右击"逻辑分区（5）"，在弹出的快捷菜单中选择"调整分区大小"命令，如图 8-25 所示。

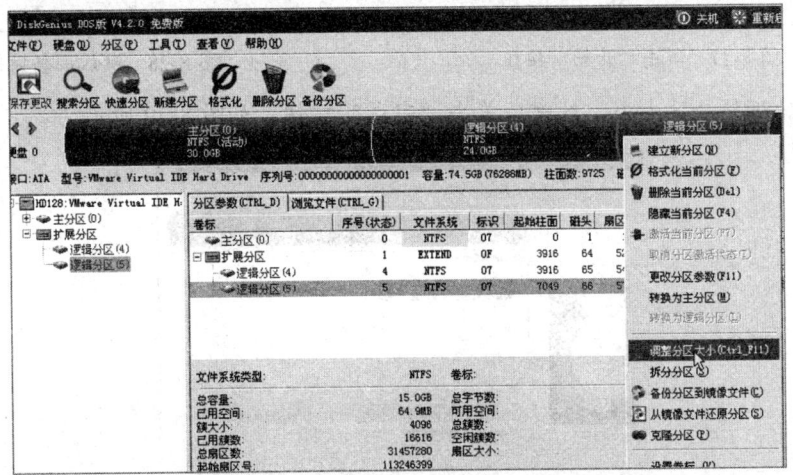

图 8-25 选择"调整分区大小"命令

Step 06 将鼠标指针置于分区图示的分界线上,当其变成双向箭头时向右拖动,增大分区容量,如图 8-26 所示。

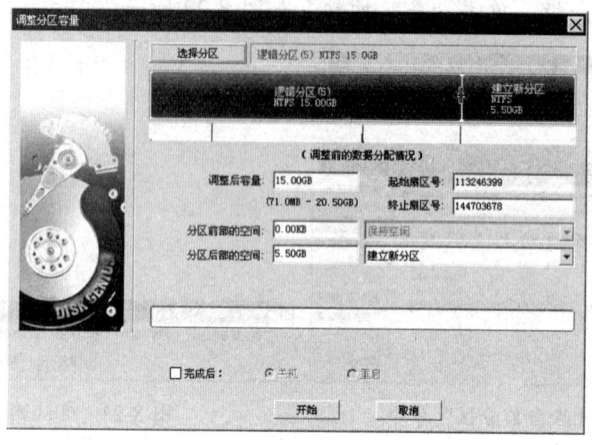

图 8-26 调整分区容量

Step 07 调整分区容量完成后,单击"开始"按钮,如图 8-27 所示。
Step 08 弹出提示信息框,单击"是"按钮,如图 8-28 所示。

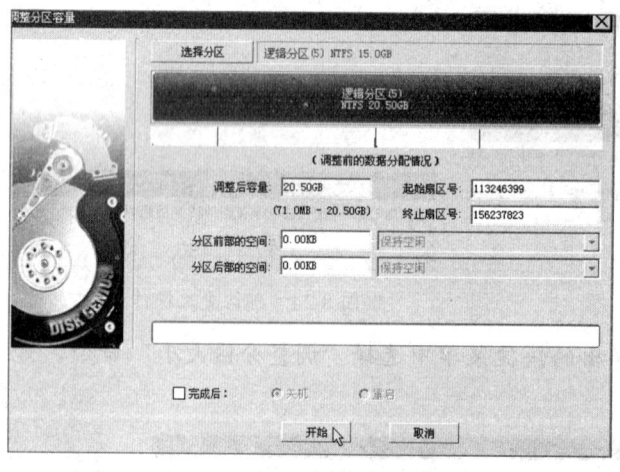
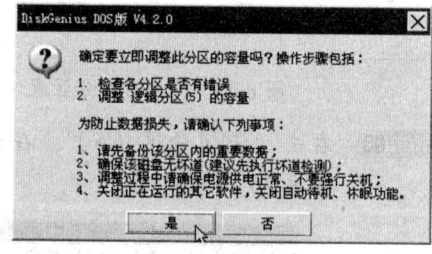

图 8-27 单击"开始"按钮　　　　　图 8-28 确认调整操作

Step 09 开始调整分区大小,结束后单击"完成"按钮,如图 8-29 所示。

图 8-29 完成分区容量调整

3. 减小分区容量

通过减小一个分区的容量，可以扩大一个或两个分区的容量，方法如下：

Step 01 查看硬盘的分区结构图，下面设置将"逻辑分区（4）"的空间分配给"主分区"和"逻辑分区（5）"，以扩大这两个分区的容量，如图8-30所示。

Step 02 右击"逻辑分区（4）"，在弹出的快捷菜单中选择"调整分区大小"命令，如图8-31所示。

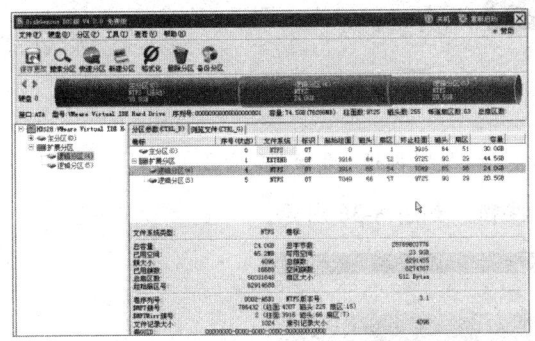 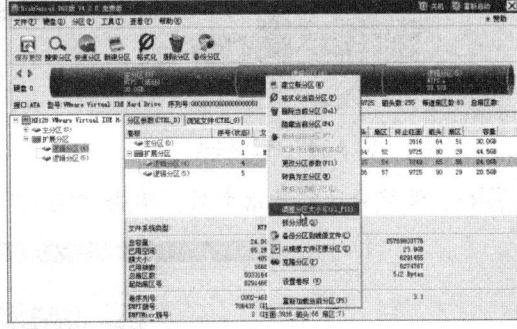

图 8-30　查看分区结构图　　　　　　　图 8-31　选择"调整分区大小"命令

Step 03 弹出"调整分区容量"对话框，输入"分区前部的空间"大小，单击右侧的下拉按钮，在弹出的下拉列表中选择"合并到主分区"选项，如图8-32所示。

Step 04 输入"分区后部的空间"大小，在右侧选择"合并到逻辑分区（5）"选项，然后单击"开始"按钮，如图8-33所示。

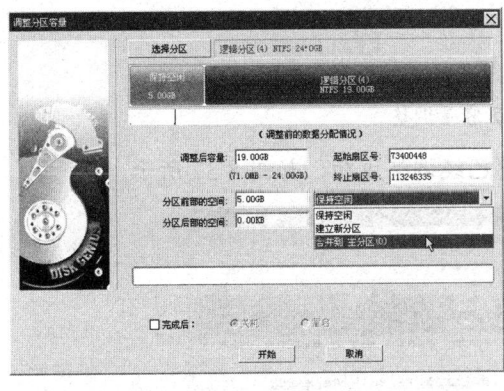 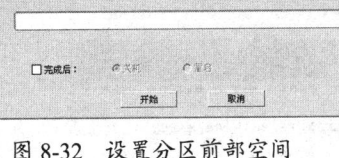

图 8-32　设置分区前部空间　　　　　　图 8-33　设置分区后部空间

Step 05 弹出提示信息框，查看本次分区调整的步骤及相关注意事项，确认无误后单击"是"按钮，如图8-34所示。

Step 06 开始调整各分区容量，并显示当前的操作步骤和进度，如图8-35所示。

专家指导
Expert guidance

　　DiskGenius 具有复制分区功能，可以快速地将一个分区的数据复制到另一个分区，并提供了三种复制方式：复制所有扇区、按文件系统结构原样复制和按文件复制，其中"按文件系统结构原样复制"速度最快。

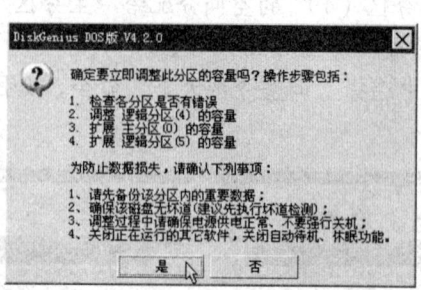
图 8-34 确认操作

图 8-35 开始调整分区容量

Step 07 调整分区容量结束后，单击"完成"按钮，如图 8-36 所示。

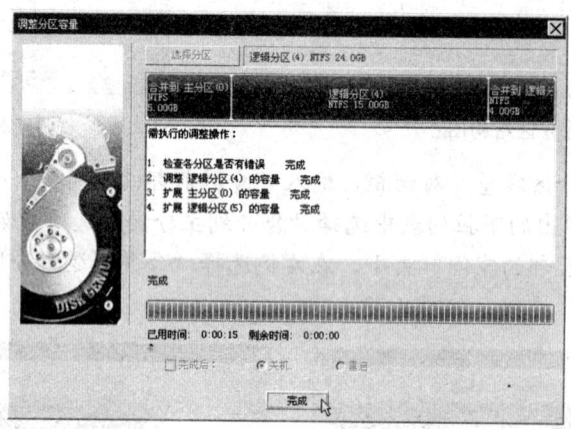
图 8-36 完成分区容量调整

Step 08 在硬盘分区结构图中可以看到分区容量已经调整成功，如图 8-37 所示。

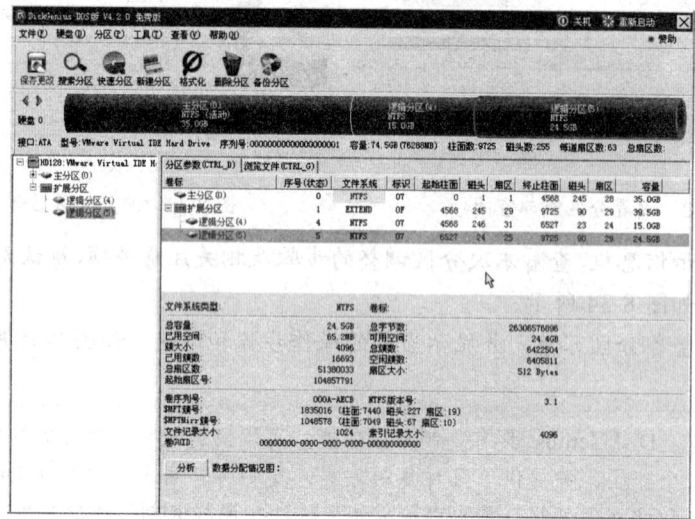
图 8-37 查看分区结构

三、使用 Acronis Disk Director 在系统中调整分区

Acronis Disk Director 是 Acronis 公司出品的一款功能强大的硬盘分区工具，通过它可以轻松分割磁盘分区并改变分区容量大小，关键是能够做到"无损操作"，不会遗失任何数据。使用 Acronis Disk Director 工具可以在系统窗口中调整分区容量。

1. 调整分区容量

下面将介绍如何使用 Acronis Disk Director 程序调整分区的大小，如通过减小 E 分区大小来增大系统分区 C 分区的大小，方法如下：

Step 01 启动 Acronis Disk Director 程序，并切换到"手动模式"视图中，查看当前硬盘分区的结构图。在右侧的磁盘分区中选择 E 分区，在左侧任务窗格中单击"重新调整"超链接，如图 8-38 所示。

Step 02 弹出"重新调整分区"对话框，将鼠标指针置于分区图示的左侧边界，当其变成双向箭头时向右拖动，减小分区容量，单击"确定"按钮，如图 8-39 所示。也可在"未分配空间之前于"文本框中直接输入要减小的容量。

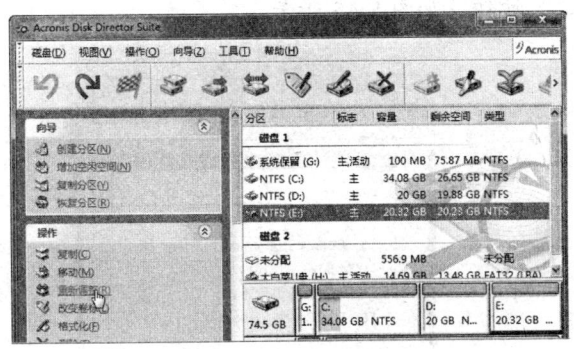 

图 8-38　单击"重新调整"超链接　　　　图 8-39　"重新调整分区"对话框

Step 03 返回 Acronis Disk 程序主界面，在分区结构图中可以看到 E 分区左侧出现了"未分配"空间。选择 D 分区，在左窗格中单击"重新调整"超链接，如图 8-40 所示。

Step 04 弹出"重新调整分区"对话框，将鼠标指针置于分区图示上，当其变为✥形状时单击并向右拖动，如图 8-41 所示。

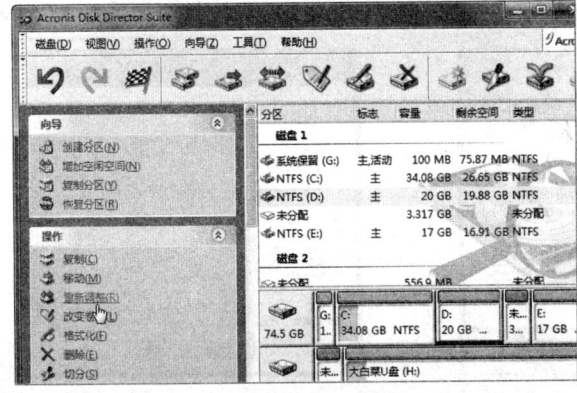 

图 8-40　单击"重新调整"超链接　　　　图 8-41　"重新调整分区"对话框

Step 05 将 D 分区拖至最右侧，单击"确定"按钮，如图 8-42 所示。通过拖动分区图示可以轻松地调整其位置，通过拖动分区图示的左、右边界可以调整其大小。

Step 06 此时，在分区结构图中可以看到"未分配"空间位置移到了系统分区 C 盘的右侧，选择 C 分区，在左窗格中单击"重新调整"超链接，如图 8-43 所示。

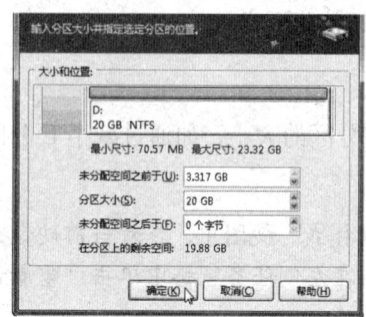

图 8-42 确定分区位置移动

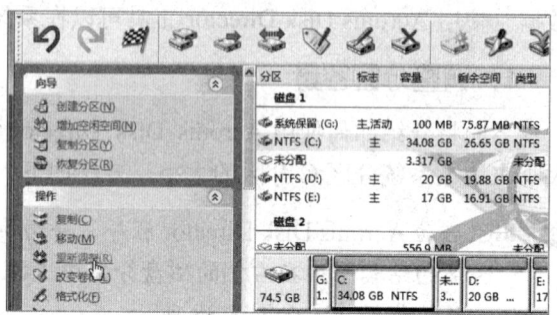

图 8-43 单击"重新调整"超链接

Step 07 弹出"重新调整分区"对话框，将鼠标指针置于分区图示右侧的边界上，当其变为双向箭头时向右拖动鼠标，调整 C 分区大小，如图 8-44 所示。

Step 08 分区大小调整完毕后单击"确定"按钮，如图 8-45 所示。

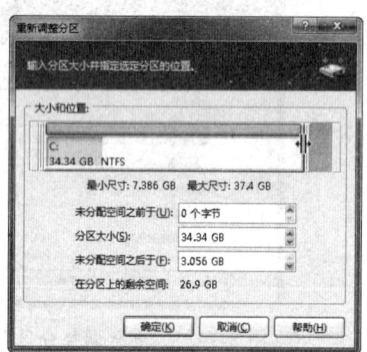

图 8-44 调整分区容量

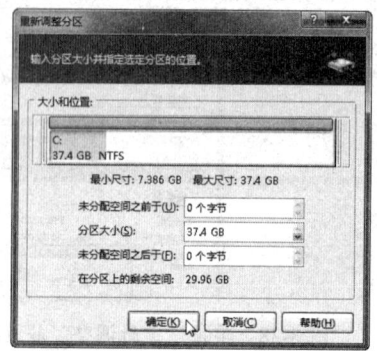

图 8-45 确认调整操作

Step 09 查看此时的硬盘分区结构图，可以看到 C 分区的容量已经扩大。需要注意的是，此时的分区表只是在内存中暂存，并未保存到硬盘，单击程序工具栏中的"提交"按钮，如图 8-46 所示。

Step 10 在弹出的提示信息框中查看将要完成的操作，单击"继续"按钮，如图 8-47 所示。

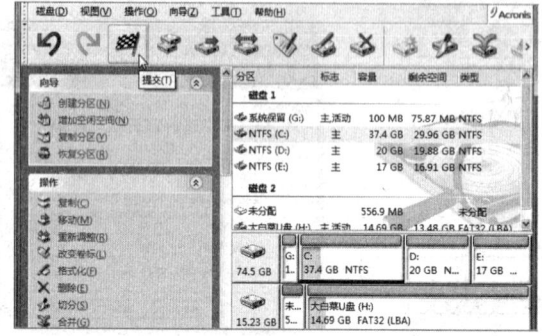

图 8-46 单击"提交"按钮

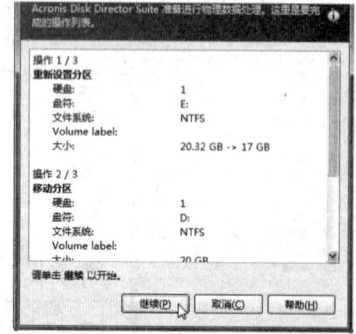

图 8-47 查看操作信息

Step 11 开始进行调整分区操作，完成后弹出警告信息框，单击"重新启动"按钮，如图 8-48 所示。一般情况下，系统分区的调整操作无法直接在 Windows 系统中完成，需要重启电脑后在 DOS 下完成。

Step 12 在重启电脑过程中自动进入 DOS 界面，等待程序完成调整分区的操作，需要耐心等待几分钟，完成后将自动进入系统，如图 8-49 所示。注意，在程序调整分区过程中不能关闭或重启电脑，否则将导致分区无法打开。

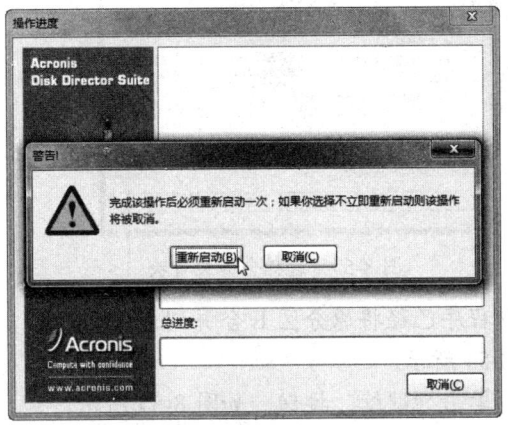
图 8-48 单击"重新启动"按钮

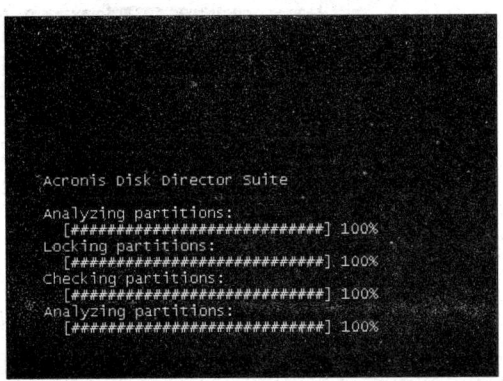
图 8-49 开始调整分区容量

2. 合并相邻分区

使用 Acronis Disk Director 程序可以将相邻的两个分区合并为一个分区，而不会损坏分区中原有的数据。例如，将 E 分区合并到 D 分区中，方法如下：

Step 01 在 D 盘上新建一个文件夹并将其重命名为 e，如图 8-50 所示。

Step 02 启动"Acronis Disk Director"程序，选择 E 分区，在左窗格中单击"合并"超链接，如图 8-51 所示。

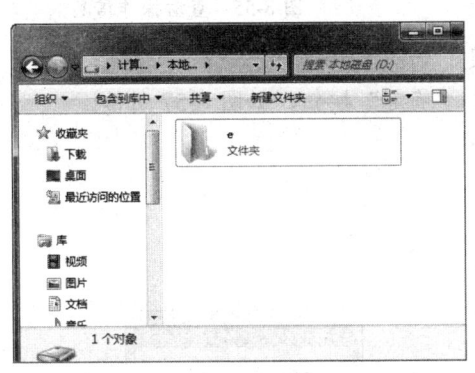
图 8-50 创建文件夹

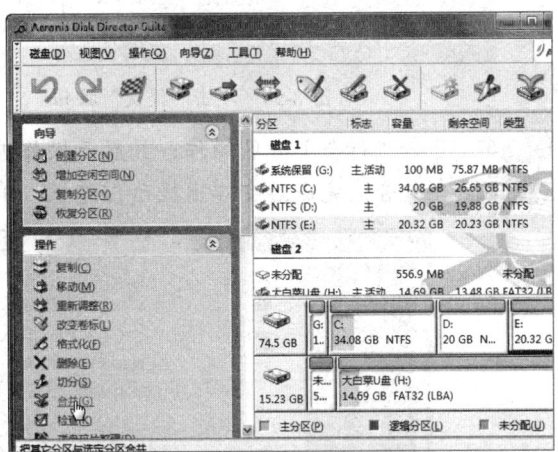
图 8-51 单击"合并"超链接

Step 03 弹出"合并分区"对话框，选择要合并到的分区，在此选择 D 分区，然后单击"下一步"按钮，如图 8-52 所示。

Step 04 选择分区 D，在其目录层次图中选择第 1 步中新建文件夹 e，单击"确定"按钮，如图 8-53 所示。需要注意的是，选择的文件夹必须为空文件夹，否则合并完成后其中的数据将被覆盖。

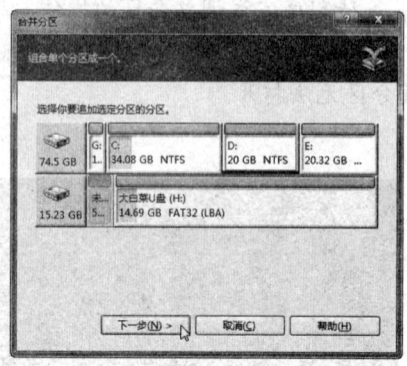
图 8-52 "合并分区"对话框

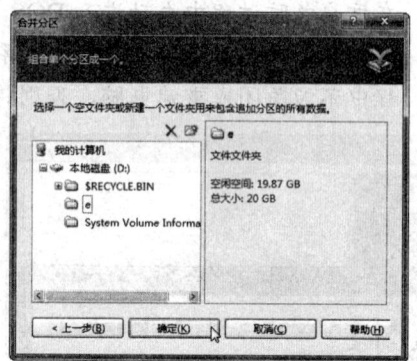
图 8-53 选择合并文件夹

Step 05 查看此时的硬盘分区结构图，可以看到程序已经将原分区 E 合并到分区 D 中了，在工具栏中单击"提交"按钮，如图 8-54 所示。

Step 06 在弹出的对话框中查看要完成的操作，单击"继续"按钮，如图 8-55 所示。

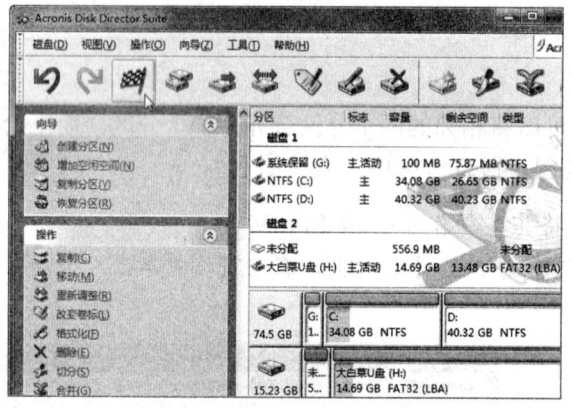
图 8-54 单击"提交"按钮

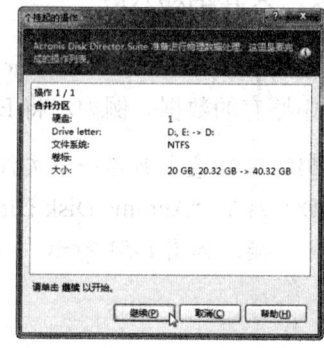
图 8-55 查看操作信息

Step 07 开始进行合并分区操作，并显示操作进度，如图 8-56 所示。

Step 08 合并分区完成后会弹出提示信息框，单击"确定"按钮，如图 8-57 所示。

图 8-56 开始合并分区

图 8-57 合并分区操作完成

Step 09 查看此时的硬盘分区结构图，如图 8-58 所示。

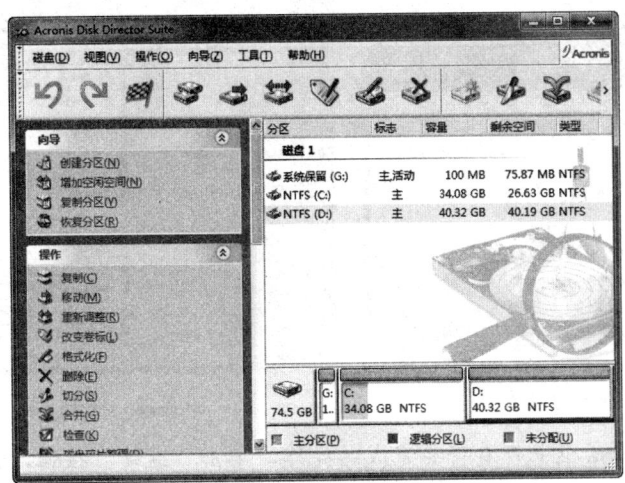

图 8-58 查看分区结构图

3. 切分分区

使用 Acronis Disk Director 程序可以将一个分区切分为两个或多个，在操作前应备份好重要数据，电脑最好重启一次。切分分区的方法如下：

Step 01 选择 D 分区，在左窗格中单击"切分"超链接，如图 8-59 所示。

Step 02 弹出"切分分区"对话框，选择要移动到新分区的文件，然后单击"下一步"按钮，如图 8-60 所示。也可不选择任何文件，创建一个空的新分区。

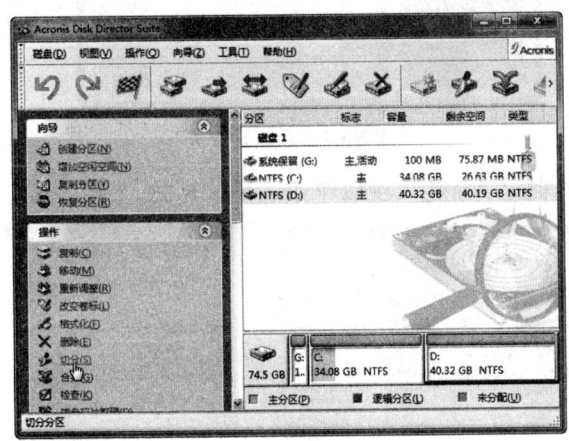

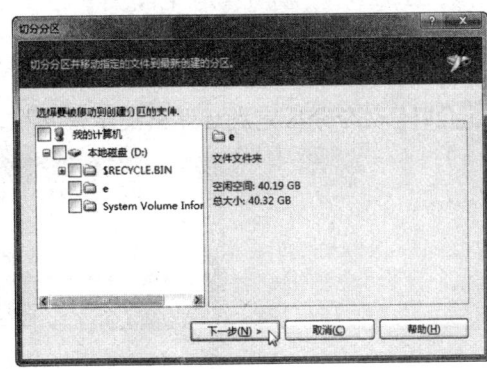

图 8-59 单击"切分"超链接　　　　　图 8-60 "切分分区"对话框

Step 03 拖动滑块调整既有分区和新建分区的大小，也可在下方文本框中输入既有分区所占的百分比，单击"确定"按钮，如图 8-61 所示。

Step 04 切分分区设置完成后查看硬盘分区结构，单击"提交"按钮，如图 8-62 所示。

要切分分区，还可以通过创建分区来实现。将现有分区的空闲空间创建为新的分区，从而达到切分分区的目的。在左窗格中单击"创建分区"超链接，然后在弹出的对话框中根据向导进行操作即可。

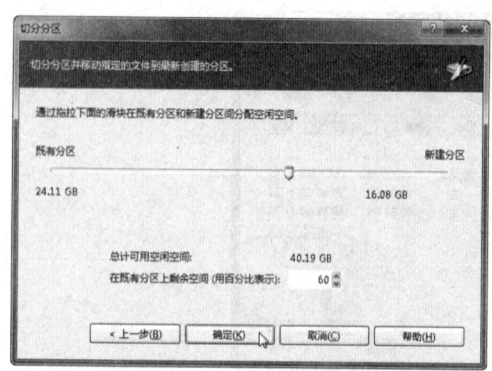

图 8-61 调整分区大小

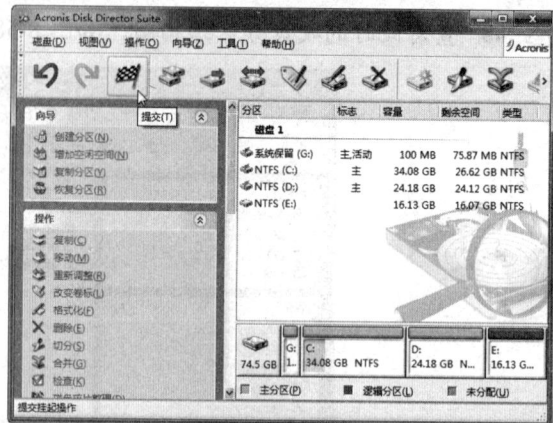

图 8-62 单击"提交"按钮

Step 05 在弹出的对话框中查看将要完成的操作,单击"继续"按钮,如图 8-63 所示。

Step 06 开始进行切分分区操作,并显示操作进度,如图 8-64 所示。

图 8-63 查看操作信息

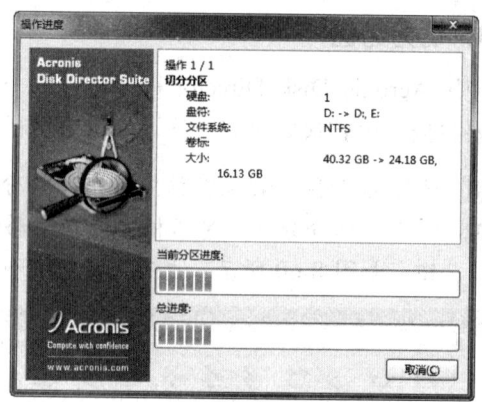

图 8-64 开始切分分区

Step 07 切分分区完成后弹出提示信息框,单击"确定"按钮即可,如图 8-65 所示。

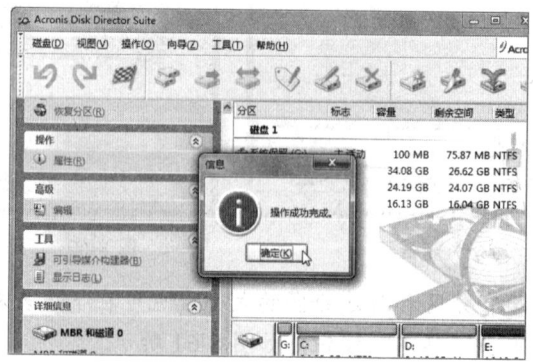

图 8-65 切分分区完成

4. 转换分区

使用 Acronis Disk Director 程序可以将主分区和逻辑分区进行相互转换。由于本例中的分区包含多个主分区,下面将以主分区转换为逻辑分区为例进行介绍,方法如下:

Step 01 在进行转换分区操作前先重启电脑，然后启动 Acronis Disk 程序。在程序窗口中可以看到 D 分区为主分区，要将其转换为逻辑分区，可选中 D 分区后在左窗格中单击"转换"超链接，如图 8-66 所示。

Step 02 弹出"转换分区"对话框，选择"逻辑分区"选项，然后单击"确定"按钮，如图 8-67 所示。

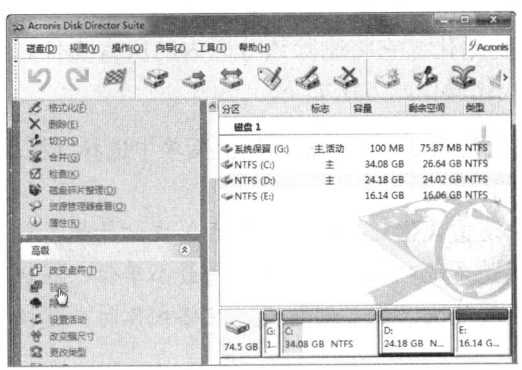

图 8-66 单击"转换"超链接　　　　　　　图 8-67 "转换分区"对话框

Step 03 在分区图示中可以看到 D 分区的图示颜色变为蓝色，单击"提交"按钮，如图 8-68 所示。

Step 04 在弹出的对话框中查看要进行的操作，单击"继续"按钮，如图 8-69 所示。

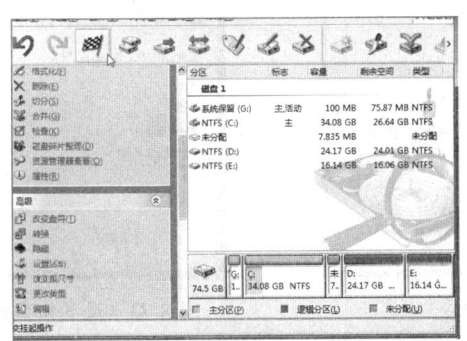

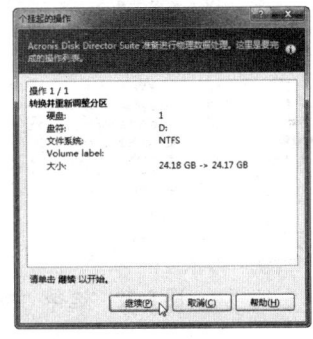

图 8-68 查看分区图示颜色　　　　　　　图 8-69 查看操作信息

Step 05 开始转换分区类型并显示进度，如图 8-70 所示。

Step 06 转换分区完成后弹出提示信息框，单击"确定"按钮，如图 8-71 所示。

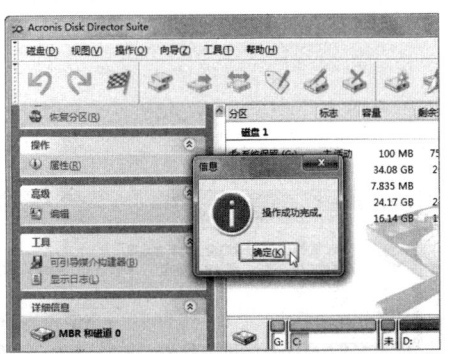

图 8-70 开始转换分区　　　　　　　　　图 8-71 转换分区完成

三、使用系统自带程序调整分区

在 Windows 7 系统中,无需借助第三方工具软件,使用系统功能即可对硬盘进行简单分区及调整操作,下面将对其进行详细介绍。

1. 格式化分区

格式化分区用于对磁盘中的分区进行初始化,它将删除该分区内的所有文件。使用 Windows 系统命令便可对磁盘分区进行格式化操作,方法如下:

Step 01 打开"计算机"窗口,右击要格式化的磁盘,在弹出的快捷菜单中选择"格式化"命令,如图 8-72 所示。

Step 02 弹出格式化磁盘对话框,选中"快速格式化"复选框,然后单击"开始"按钮,如图 8-73 所示。"分配单元大小"是系统对磁盘进行读写的最小单位。在极限速度以内分配单元大小越大,读写速度越快,反之则越慢。在格式化时,建议使用系统默认数值。

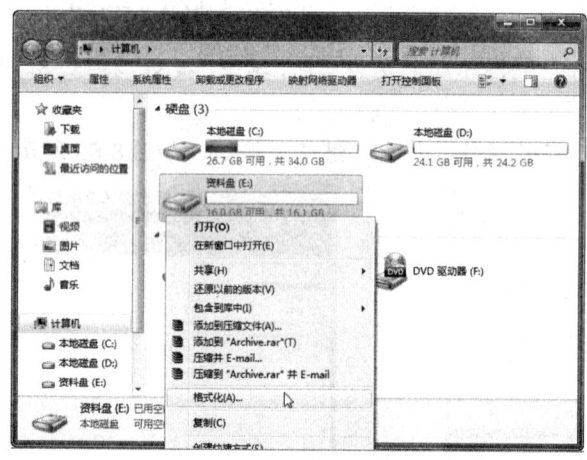
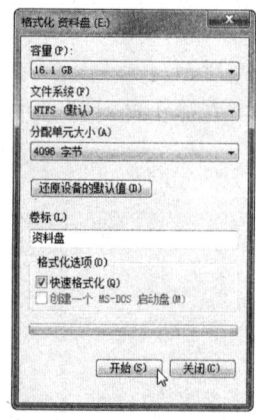

图 8-72 选择"格式化"命令　　　　图 8-73 设置格式化选项

Step 03 弹出警告信息框,提示"格式化将删除磁盘上的所有数据",单击"确定"按钮,如图 8-74 所示。

Step 04 等待格式化操作完毕,单击"确定"按钮即可,如图 8-75 所示。

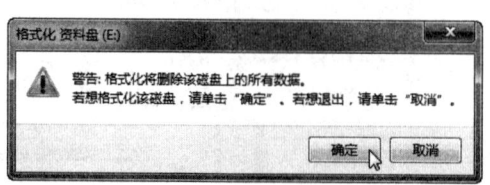
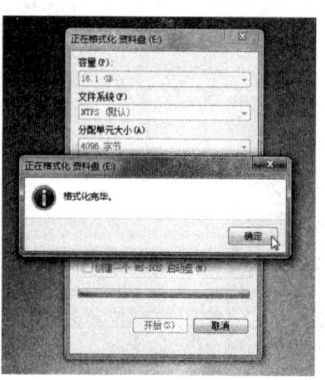

图 8-74 确认格式化操作　　　　图 8-75 完成格式化操作

2. 使用"磁盘管理"功能调整分区

使用系统的"磁盘管理"功能可以对硬盘分区进行创建、扩展、缩小与删除等操作，方法如下：

Step 01 右击"计算机"图标，在弹出的快捷菜单中选择"管理"命令，如图 8-76 所示。

Step 02 打开"计算机管理"窗口，在左窗格中选择"磁盘管理"选项，在右窗格中右击 E 盘，在弹出的快捷菜单中选择"压缩卷"命令，如图 8-77 所示。

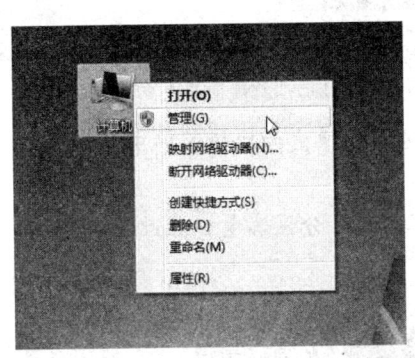

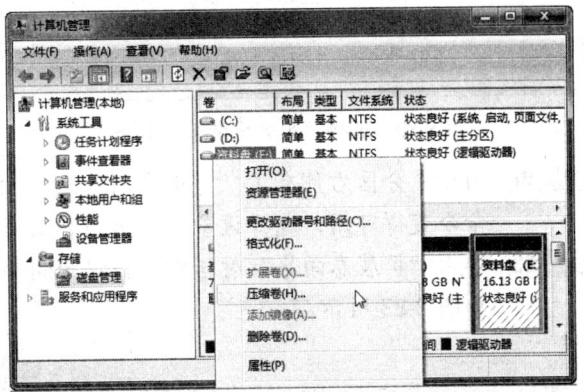

图 8-76　选择"管理"命令　　　　　图 8-77　"计算机管理"窗口

Step 03 弹出压缩磁盘对话框，输入要减小的容量，然后单击"压缩"按钮，如图 8-78 所示。

Step 04 等待压缩完成后查看硬盘结构图，E 盘容量变小，出现相应的"可用空间"，如图 8-79 所示。

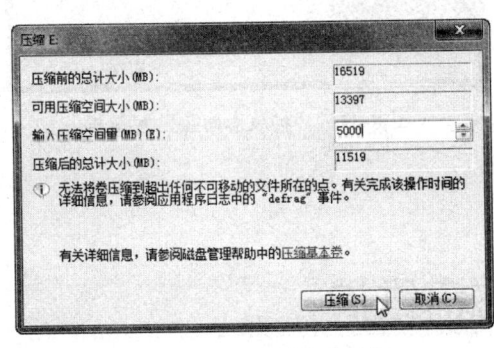

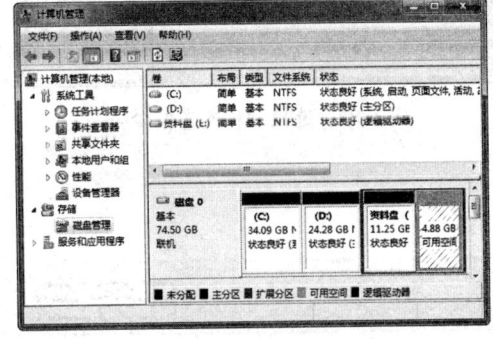

图 8-78　压缩磁盘对话框　　　　　图 8-79　磁盘压缩完成

Step 05 右击"可用空间"分区，在弹出的快捷菜单中选择"新建简单卷"命令，如图 8-80 所示。

Step 06 弹出"新建简单卷向导"对话框，根据此向导即可创建新分区，在此不再赘述，如图 8-81 所示。

专家指导
Expert guidance

　　在"磁盘管理"界面中还可以设置隐藏分区：右击分区，选择"更改驱动器号和路径"命令，在弹出的对话框中单击"删除"按钮即可。要重新显示分区，可在"更改驱动器号和路径"对话框中为其添加驱动器号。

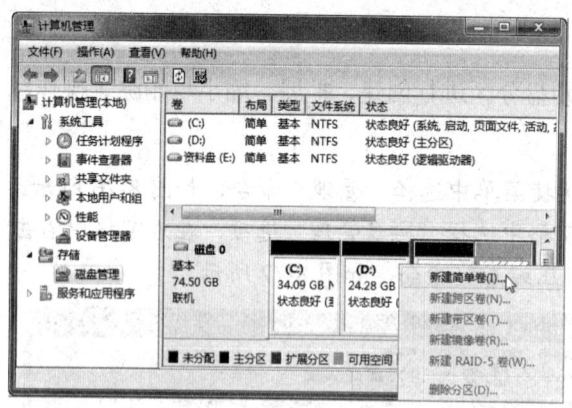
图 8-80 选择"新建简单卷"命令

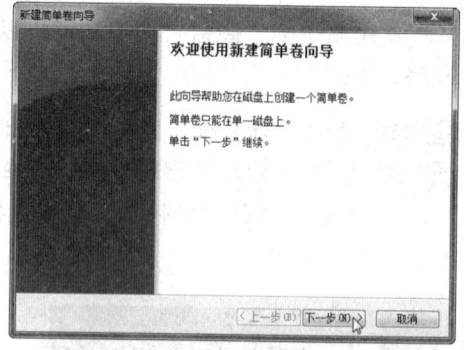
图 8-81 "新建简单卷向导"对话框

Step 07 由于 E 分区右侧有了"可用空间",右击 E 分区,在弹出的快捷菜单中"扩展卷"命令变得可用,选择该命令,如图 8-82 所示。

Step 08 弹出"扩展卷向导"对话框,根据此向导即可扩展 E 分区容量,在此不再赘述,如图 8-83 所示。

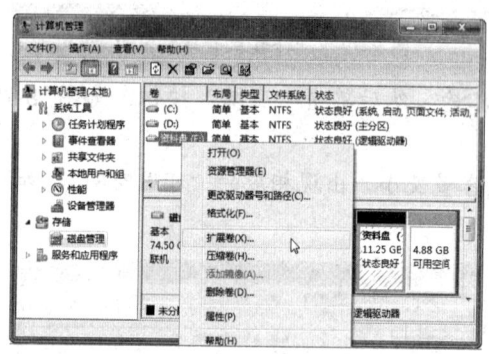
图 8-82 选择"扩展卷"命令

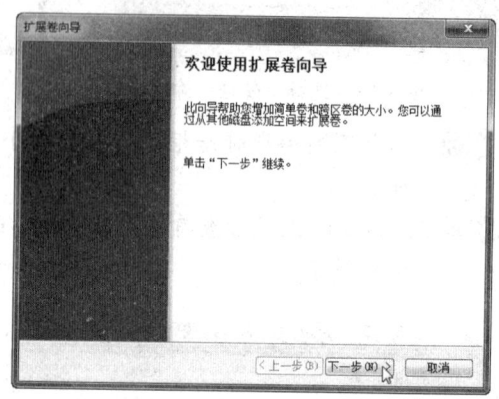
图 8-83 "扩展卷向导"对话框

任务三 磁盘维护

任务概述

磁盘维护主要包括整理磁盘碎片、修复磁盘坏道、清理磁盘垃圾文件等,通过这些操作可以解决磁盘故障、提高电脑性能。在本任务中,将详细介绍如何对磁盘进行维护。

一、整理磁盘碎片

电脑磁盘上保存了大量的文件,这些文件并非保存在一个连续的磁盘空间上,而是把一个个文件分散地放在许多地方,这些零散的文件被称作"磁盘碎片"。磁盘碎片会降低电脑的性能,通过磁盘碎片整理则可以重新排列碎片数据,使磁盘和驱动器能够更有效地工作。通过系统自带的"磁盘碎片整理程序"或使用工具软件可以整理磁盘碎片,下面将进行详细介绍。

1. 使用系统自带功能整理磁盘碎片

Windows 7 系统内置磁盘碎片整理工具,其使用方法如下:

Step 01 在"计算机"窗口中选择任一磁盘,然后按【Alt+Enter】组合键,打开磁盘属性对话框,选择"工具"选项卡,单击"立即进行碎片整理"按钮,如图 8-84 所示。

Step 02 打开"磁盘碎片整理程序"窗口,选择要整理的磁盘驱动器,然后单击"分析磁盘"按钮,如图 8-85 所示。

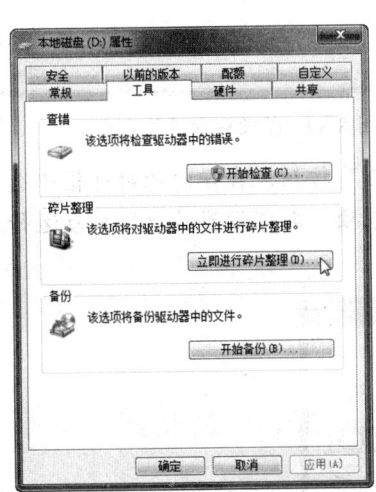

图 8-84 磁盘属性对话框

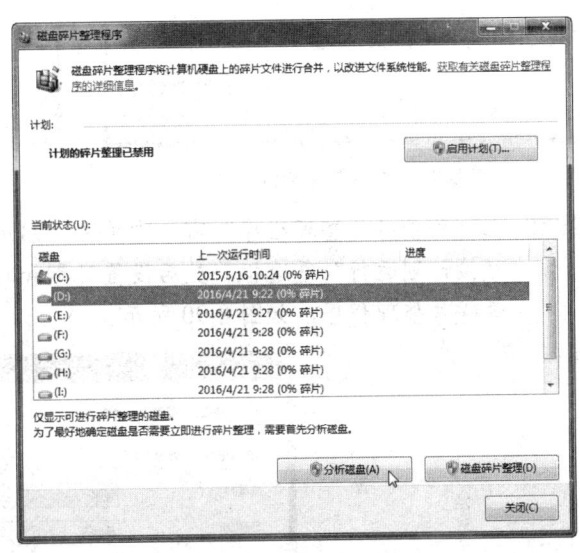

图 8-85 "磁盘碎片整理程序"窗口

Step 03 开始分析所选的磁盘,并显示分析的进度,如图 8-86 所示。

Step 04 分析磁盘完成后,将显示碎片数量,单击"磁盘碎片整理"按钮,如图 8-87 所示。

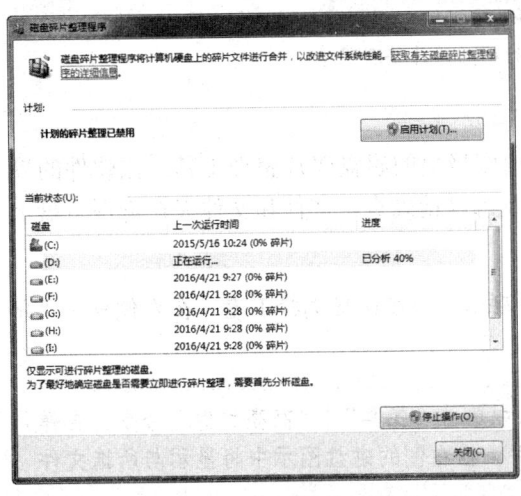

图 8-86 开始分析磁盘

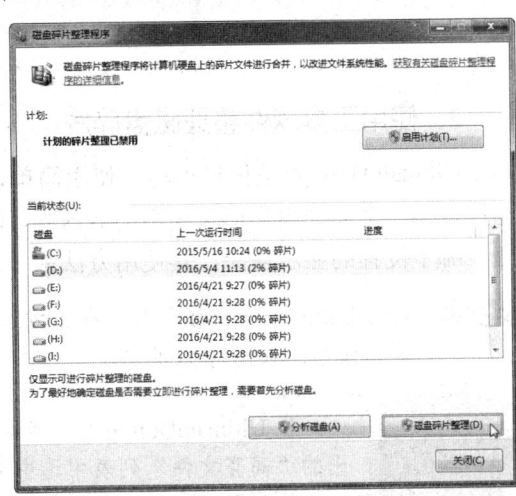

图 8-87 显示碎片数量

Step 05 开始进行磁盘碎片整理，这时需要耐心等待，如图8-88所示。

Step 06 磁盘碎片整理完成后，显示当前磁盘的碎片量为0%，如图8-89所示。

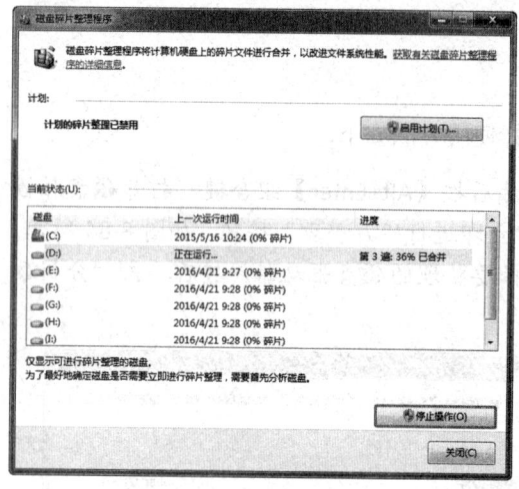 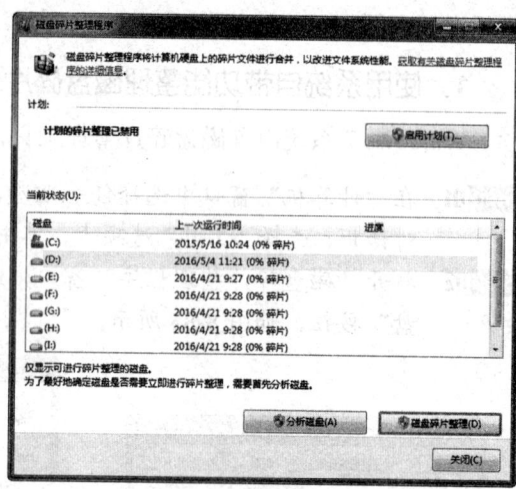

图8-88 开始整理磁盘碎片　　　　　　　图8-89 整理磁盘碎片完成

Step 07 在"磁盘碎片整理程序"窗口中单击"启用计划"按钮，在弹出的对话框中选中"按计划运行"复选框，然后设置日期和时间选项，即可设置按计划自动运行磁盘碎片整理程序，如图8-90所示。

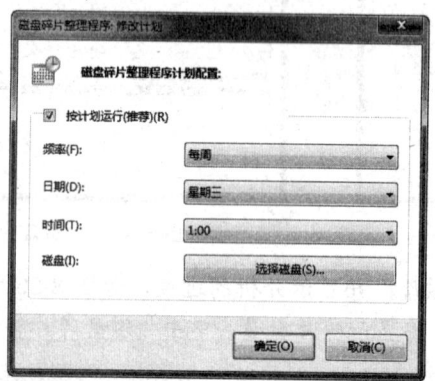

图8-90 设置按计划运行磁盘碎片整理程序

2. 使用工具软件整理磁盘碎片

UltimateDefrag是体积小巧、使用简单、速度极快的磁盘碎片整理工具。该软件的界面提供了一个允许用户形象化驱动器内容，以及可以精确查看文件和文件夹在物理磁盘上处于哪个位置的显示功能，其使用方法如下：

Step 01 启动UltimateDefrag程序，在上方选择磁盘，如在这里选择F盘，在左侧单击"分析"按钮，如图8-91所示。

专家指导 在UltimateDefrag程序菜单栏中单击"工具"|"高亮文件"命令，在弹出的"高亮文件"列表中选中文件，在右侧的磁盘图示中将显示与所选文件对应的位置。

电脑磁盘管理工具　项目八

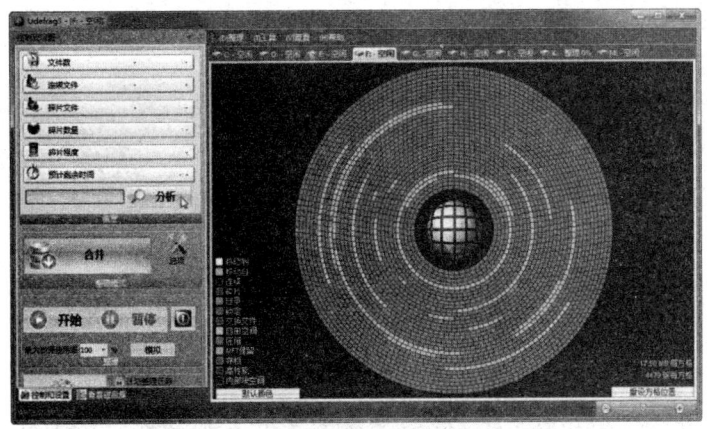

图 8-91　UltimateDefrag 程序界面

Step 02 开始分析 F 盘的磁盘碎片，稍等片刻即可查看分析结果，如图 8-92 所示。

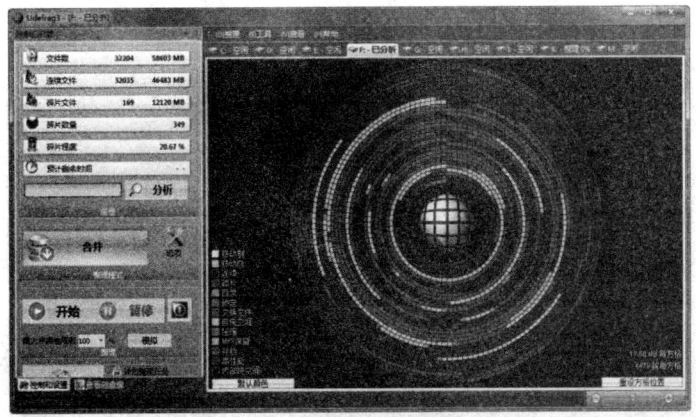

图 8-92　查看磁盘碎片分析结果

Step 03 在磁盘碎片整理模式中，选择"仅碎片文件"方式，如图 8-93 所示。"仅碎片文件"方式为最快的方式，是把同一文件的的碎片附加连续起来到同一磁道中。"合并"方式与系统中的磁盘碎片整理方式一样，对磁盘进行全面整理，该方式用时较长。

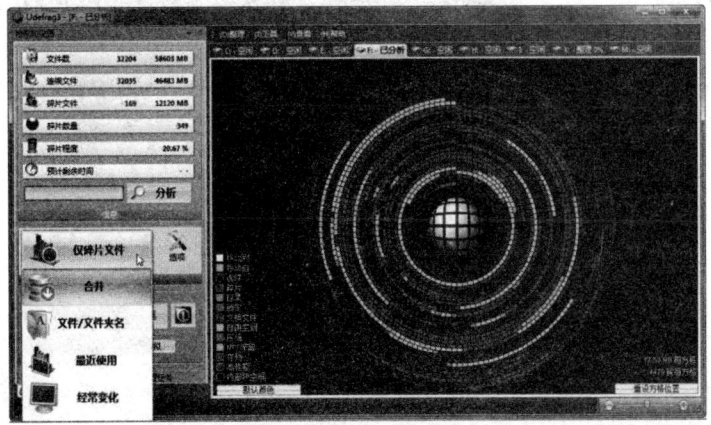

图 8-93　选择整理模式

Step 04 单击"开始"按钮，如图8-94所示。

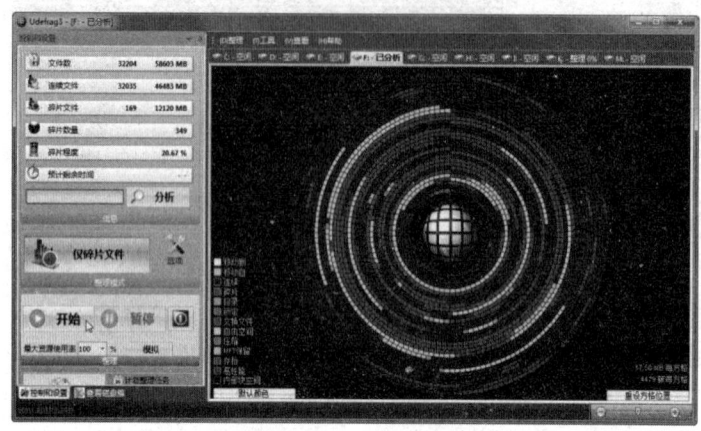

图8-94 单击"开始"按钮

Step 05 开始进行磁盘碎片整理并显示进度，如图8-95所示。

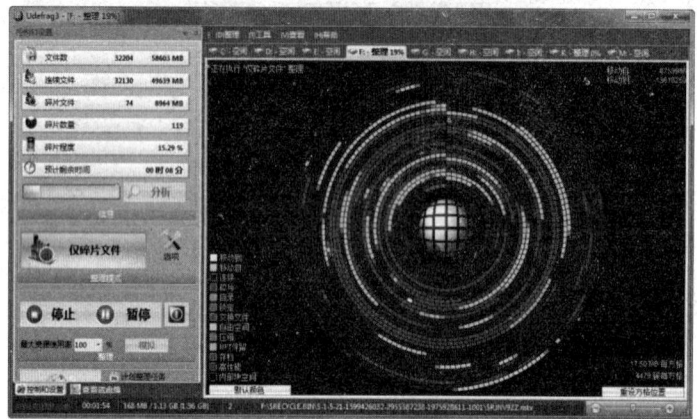

图8-95 开始整理磁盘碎片

Step 06 磁盘碎片整理完成，如图8-96所示。

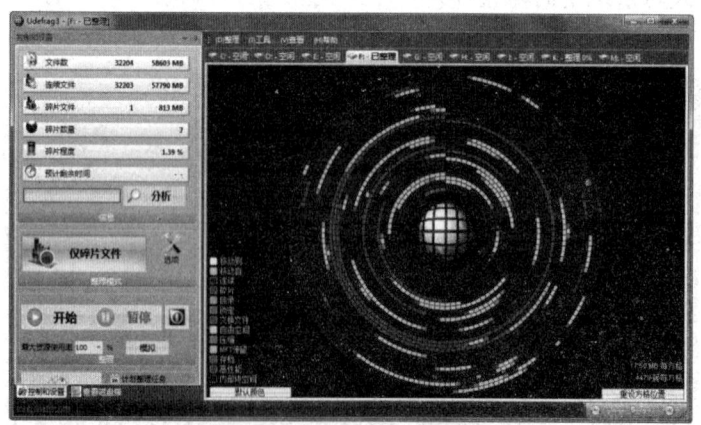

图8-96 磁盘碎片整理完成

Step 07 在右侧的图示中单击磁块，在左侧将显示与其对应的文件，如图8-97所示。

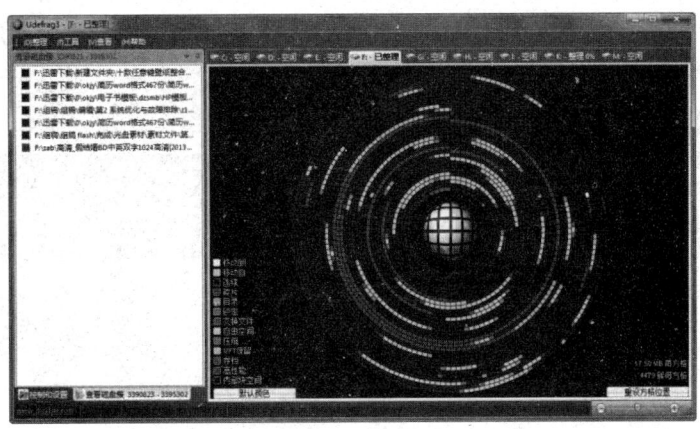

图 8-97　查看磁盘文件

Step 08　在菜单栏中单击"工具"|"选项"命令,在弹出的对话框中可以自定义磁盘整理选项,如图 8-98 所示。

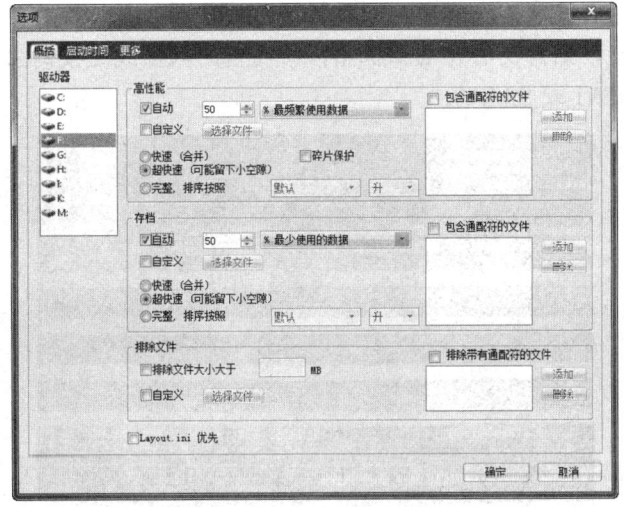

图 8-98　"选项"对话框

二、修复磁盘坏道

磁盘坏道分为物理坏道和逻辑坏道两种。物理坏道是由盘片的损伤造成的,这类坏道一般不能修复,只能通过软件将坏道屏蔽;逻辑坏道是由软件因素(如非法关机等)造成的,因此可以通过软件进行修复。磁盘有坏道的表现形式为:系统没有中毒但进入系统却奇慢无比;无故重启;磁盘灯长亮;电脑假死等。

MHDD 程序修复磁盘坏道,它是一款顶级的磁盘实体扫描维护程序。比起一般的磁盘表层扫描,MHDD 有着较快的扫描速度,让使用者不再需要花费数个小时来除错,只需几十分钟,一个 80G 大小的磁盘就可以扫瞄完成,且 MHDD 还能帮助使用者修复坏道。

使用 MHDD 检测与修复磁盘坏道的方法如下:

Step 01　使用 U 盘启动盘启动电脑,在启动界面中选择"硬盘/内存 检测工具"选项,并按【Enter】键确认,如图 8-99 所示。

Step 02 在打开的界面中选择"MHDD 4.6 硬盘检测"选项,并按【Enter】键确认,如图 8-100 所示。

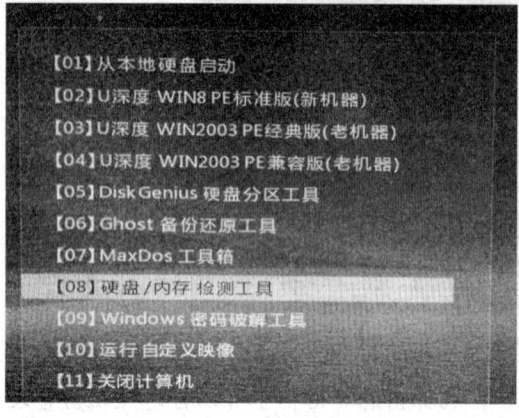

图 8-99　U 盘启动界面

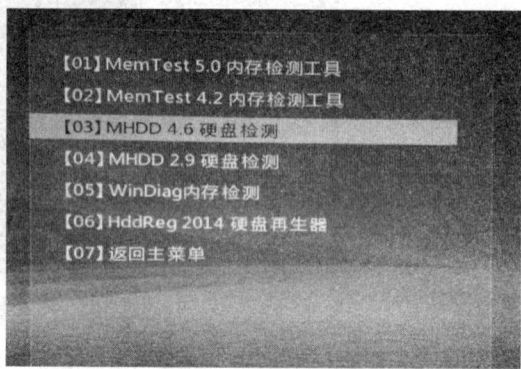

图 8-100　选择检测工具

Step 03 输入硬盘所在序号,在此输入 6 后按【Enter】键确认,如图 8-101 所示。若程序找不到硬盘,则需要打开电脑机箱,将硬盘的数据线连接到主板的主盘接口上,一般为 SATA1 或 SATA0。

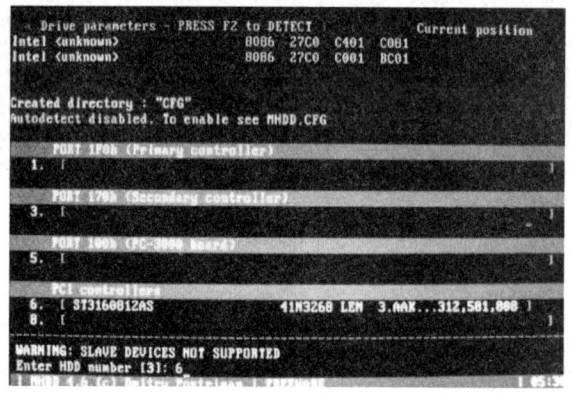

图 8-101　输入硬盘序号

Step 04 在打开的界面中按【F4】键,弹出扫描设置对话框,默认选择第一项,在此保持默认不变,如图 8-102 所示。

Step 05 再次按【F4】键,开始扫描磁盘,此时需要耐心等待扫描完成,如图 8-103 所示。

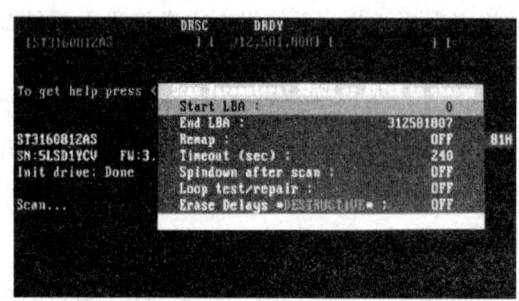

图 8-102　选择扫描方式

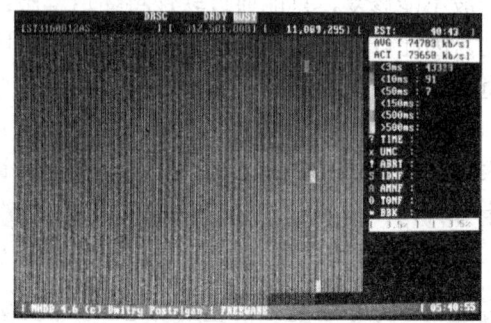

图 8-103　开始扫描硬盘

Step 06 扫描完成后，在右侧查看统计结果。输入 exit 命令，按【Enter】键可退出程序，如图 8-104 所示。如果检测出的硬盘坏道过多，则可以使用 Remap 或 Loop test/repair 模式来修复坏道。

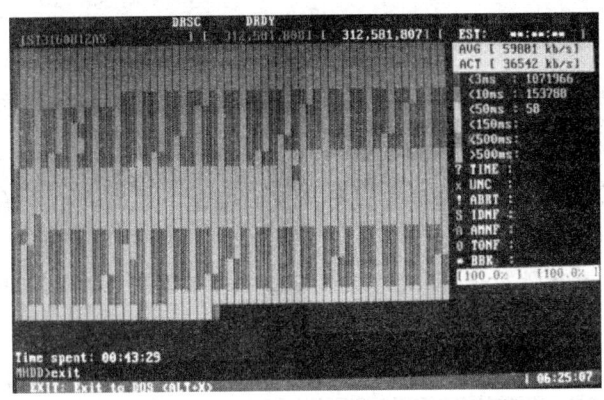

图 8-104　查看扫描结果

按 MHDD 扫描右侧从上向下数的顺序，从最上面黑色开始，就是从正常到异常，磁盘读写的速度由快变慢。一般出现黑色、浅灰色居多，偶尔出现灰色都是正常的范围之内。

- ➤ **黑色**：正常区块。
- ➤ **灰色**：正常区块。
- ➤ **浅灰色**：没什么问题，就是读取数据读取到这个区块时，稍微多用一点儿时间（毫秒）。
- ➤ **绿色**：硬盘读取数据到绿色时出现数据异常，问题不是太大，就是电脑可能会出现有些卡的情况。
- ➤ **褐色**：和绿色相同。
- ➤ **红色**：比绿色和褐色更严重，估计过不了多久，红色扇区就要产生坏道了。
- ➤ **? 符号**：读取错误，磁盘严重物理坏道，而且无法修复。
- ➤ **X 符号**：已经有硬盘坏道了，马上隔离此扇区，或直接更换硬盘。
- ➤ **! 符号**：读取错误，磁盘严重物理坏道，而且无法修复。

在扫描过程中，可以使用方向键进行操作：【↑】快进 2%；【↓】后退 2%；【←】后退 0.1%；【→】快进 0.1%。

MHDD 各扫描模式的含义如下：

- ➤ **Start LBA**：被检测硬盘起始扇区（默认为 0）。
- ➤ **End LBA**：被检测硬盘结束扇区（默认为硬盘的最大扇区数值）。
- ➤ **Remap**：坏道重映射，打开这项功能后会把被检测硬盘中的坏扇区的物理地址写入硬盘的 GLIST 表，并从硬盘的保留区拿出同等容量的扇区来替代，所以使用该功能并不会造成硬盘总容量的减少，数据也不会丢失（前提是硬盘没有太多的坏道，100 以下），默认为 OFF 关闭状态。
- ➤ **Time out（sec）**：检测超时时间，默认为 200ms，超过这个时间就是坏扇区。
- ➤ **Spindown after scan**：检测完成后关闭硬盘马达。
- ➤ **Loop test/repaire**：循环检测/修复，默认关闭状态。

> **Erase Delays *DESTRUCT IVR***：删除等待，主要用于修复坏道（不能和 Remap 同时使用，修复效果要比 Remap 更为理想，尤其对 IBM 硬盘的坏道最为奏效，但要注意被修复的地方的数据是要被破坏的，因为它以 255 个扇区为单位低格）。

三、磁盘清理

使用磁盘清理程序可以删除临时文件、清空回收站，并删除各种系统文件和其他不再需要的项目，使电脑运行得更快，方法如下：

Step 01 打开"计算机"窗口，选择要进行清理的磁盘，在工具栏中单击"属性"按钮，如图 8-105 所示。

Step 02 弹出本地磁盘属性对话框，在"常规"选项卡下单击"磁盘清理"按钮，如图 8-106 所示。

图 8-105　单击"属性"按钮

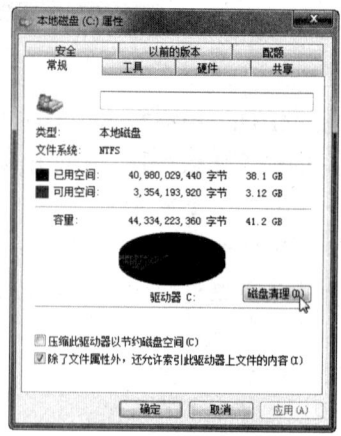
图 8-106　本地磁盘属性对话框

Step 03 选中要删除的文件，然后单击"确定"按钮，如图 8-107 所示。

Step 04 弹出"磁盘清理"提示信息框，单击"删除文件"按钮，如图 8-108 所示。

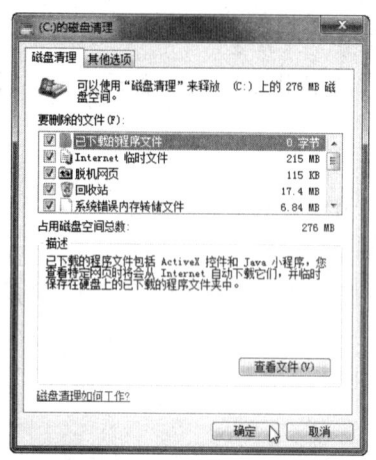
图 8-107　选择要删除的文件

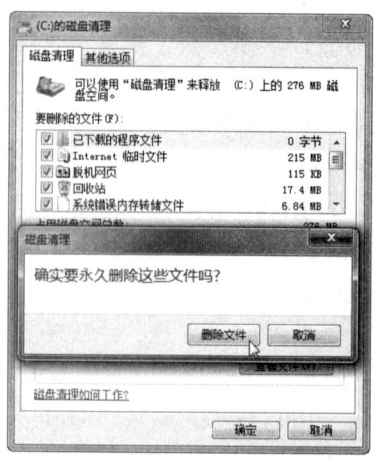
图 8-108　确认清理磁盘

项目小结

通过本项目的学习，读者应重点掌握以下知识：

（1）硬盘包含主分区、扩展分区、逻辑分区和活动分区四种分区形式。其中，主分区是用于安装操作系统的分区，一个硬盘最多只能划分 4 个主分区。逻辑分区主要用于存储数据。

（2）通过 U 盘启动盘可以启动 DiskGenius 分区软件，使用它可以对硬盘进行快速分区与调整操作。

（3）使用 Acronis Disk Director 分区软件和系统中的"磁盘管理"功能可以在系统中对硬盘分区进行调整。

（4）整理磁盘碎片、修复磁盘坏道、清理磁盘垃圾文件等操作可以提高磁盘的性能。

项目习题

（1）使用 DiskGenius 新建一个分区。
（2）使用 Acronis Disk Director 对硬盘分区进行适当的调整。
（3）使用 UltimateDefrag 程序整理磁盘碎片。
（4）使用磁盘清理功能清理系统盘中的垃圾文件。

项目九　电脑性能检测工具

项目概述

　　使用专业的检测软件可以检测系统性能，评测硬件整体搭配是否合理，还可以使用各种专业测试软件来单独对某一硬件进行测试，如对内存、硬盘和显卡等设备进行测试。在本项目中，将详细介绍测试电脑性能的方法，帮助用户了解整个电脑系统的性能。

项目重点

- 电脑性能检测的方法。
- 电脑整机测试。
- 电脑硬件单项测试。

项目目标

- 了解检测电脑性能的前提条件与方法。
- 掌握电脑整机测试的方法。
- 掌握检测CPU、显卡、内存、硬盘及显示器等设备的方法。

任务一　电脑性能检测基础

任务概述

　　要了解电脑的性能情况，可以使用电脑常用软件或专门的检测软件进行电脑性能的测试，以确认电脑硬件能否正常工作，能否满足我们的使用需求。在本任务中，将介绍检测电脑性能的前提条件与方法。

任务重点与实施

一、检测电脑性能的前提条件

　　为了确保测试的准确性，在对电脑性能进行检测前应具备以下条件：

（1）安装操作系统和驱动程序，并打好所有补丁程序，保证所安装的驱动程序是最稳定的版本。

（2）整理硬盘分区的磁盘碎片，避免磁盘碎片对测试结果产生较大影响。

（3）安装检测软件，部分检测软件为绿色软件，直接运行即可。安装完测试软件后最好重启一次电脑。

（4）关闭无用的程序，最好能断开网络（除非检测软件需要联网），关闭防火墙和杀毒软件、只运行最基本的系统组件。

（5）使用检测软件对电脑性能进行检测，程序运行结束记录检测结果，条件允许时可多次重复检测，求出平均值作为最终的检测数值。

（6）将检测结果与基准测试结果进行对比，分析产生这种结果的原因，再提升性能较差的硬件，使其与整台电脑兼容。

在检测电脑性能时要注意硬件的温度，尤其是检测硬件稳定性时，温度通常将较高，如果散热不良，则有可能导致硬件故障。

二、检测电脑性能的方法

一般来说电脑的性能可以通过两种方法来进行检测：运行常用软件和专业的检测软件。

1．使用常用软件检测电脑

检测电脑性能最简单的方法就是运行常用的软件，通过查看软件是否能够运行、运行速度和结果是否正确等，简单地判断电脑性能是否满足要求，这往往也是一台电脑在平时的应用环境下主观意义上的性能表现。

一般来说，测试可以分为几类：游戏测试、视频播放测试、图片处理测试、文件拷贝测试、压缩测试和网络性能测试等，这些测试基本上包括了电脑的整体性能测试。

（1）**游戏性能测试**

买电脑的朋友很少有不玩游戏的，而且游戏可以说是对电脑性能的综合测试，包含了对CPU、内存、显卡、主板、显示器、光驱、键盘鼠标、声卡和音箱等的测试，所以电脑首先应该进行的就是游戏测试。可以选择几款常见的游戏来测试电脑，如"极品飞车""古墓丽影"、QUAKE、CS、"虚幻竞技场""魔兽争霸"，如图9-1所示。不需要把这些游戏都试用一下，可以选择其中的几款来测试电脑性能。

图9-1　极品飞车游戏

测试主要注意游戏安装速度、游戏运行速度、游戏画质、游戏流畅程度、游戏音质等几方面。可以更改显示器设置、显卡设置、BIOS 设置、系统设置、游戏设置来感受不同设置下电脑的不同表现。例如，改变显示器的亮度、对比度，改变游戏的分辨率，改变显卡的频率，改变内存的延时，改变 CPU 频率，改变系统硬件加速比例，改变系统缓存设置等。

需要注意的是，在进行测试以前最好把所有的补丁程序安装齐全，改变设置测试完成以后要把设置改回来（或改到最佳状态）。有条件的用户可以和配置相近的电脑对比一下，以体现电脑性能。

（2）视频播放测试

当电脑播放视频尤其是高清视频时，对显卡、CPU 和显示器等有着较高的要求，一般要求显卡具有硬件解码能力。建议选择常用的播放器和比较熟悉的电影，这样可不用和其他电脑对比就能看出"优劣"。用户应该注意的是播放有没有异常、画面的鲜艳程度、调整显示器亮度后的画面变化情况、画面的清晰程度等。

（3）图片处理能力检测

推荐使用常用的图形处理软件来测试，如 Photoshop、AutoCAD、3D MAX 等。可以试着打开多个图片文件、更改图片或者编辑图片来测试电脑图片处理速度、观察画质。

（4）文件复制测试

文件复制速度能够反映系统和硬盘的传输能力。用户可以测试大体积单文件和小体积多文件的"同分区复制""跨分区复制""U 盘向硬盘复制"等情况下的应用表现，检测文件的复制性能（在复制文件时展开"详细信息"查看速度），如图 9-2 所示。

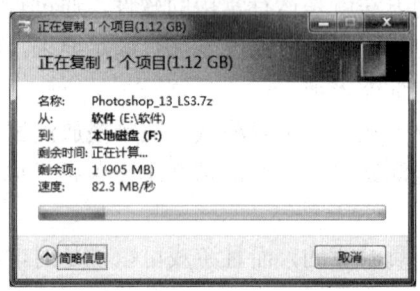

图 9-2　复制文件测试速度

（5）压缩/解压缩性能检测

可以使用日常所用的压缩软件（如 WinRAR、7-Zip 等）来压缩和解压文件，查看处理速度。例如，打开"WinRAR"主程序，在菜单栏中单击"工具"|"基准测试"命令，如图 9-3 所示。弹出"性能和硬件测试"对话框，从中查看处理速度，如图 9-4 所示。

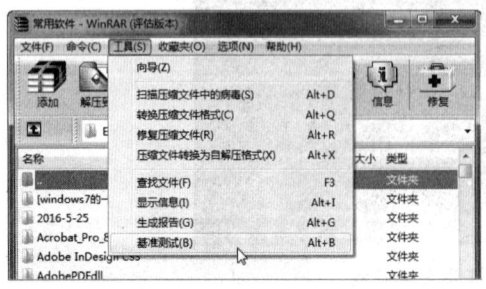

图 9-3　"WinRAR"窗口

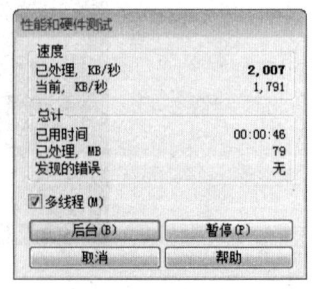

图 9-4　文件压缩速度测试

（6）网络性能测试

网络性能检测主要检查网络连接状态和速度，可以通过宽带服务商的在线测试网站来检测网络速度，如图 9-5 所示。

图 9-5　宽带测速

2．运行专业测试软件

也可以运行一些专业测试软件，例如，使用 AIDA64、HWiNFO32 和 3DMark 来测试整机性能；使用 CPU-Z 和 Super PI Mod 来检测和测试 CPU 性能；使用 Memtest 测试内存稳定性；使用 GPU-Z 检测和测试显卡性能；使用 HD Tune、HD Tach 和 CrystalDiskMark 来测试硬盘性能和健康状态；使用 DisplayX 测试显示器性能。运行以上软件后得到的分数与网上的参考分数进行比较，从而获得电脑的性能评价。

任务二　电脑整机测试

在本任务中，将介绍几款常用的专业整机测试程序来检测电脑的性能，使用这些程序可以查看电脑硬件的详细参数，以及对电脑整机性能进行综合评分。

一、使用系统体验指数评分

Windows 7 系统中的体验指数用于评估计算机硬件和软件配置的功能，对电脑设备进行评分，分数范围从 1.0 到 7.9，分别对处理器每秒计算速度、内存每秒运行速度、Windows Aero 的桌面性能、显卡 3D 游戏性能和磁盘数据传输速率进行评测。

Step 01 在桌面上右击"计算机"图标,在弹出的快捷菜单中选择"属性"命令,打开"系统"窗口,单击"要求刷新 Windows 体验指数"超链接,如图 9-6 所示。

Step 02 打开"性能信息和工具"窗口,单击"立即刷新"按钮,如图 9-7 所示。

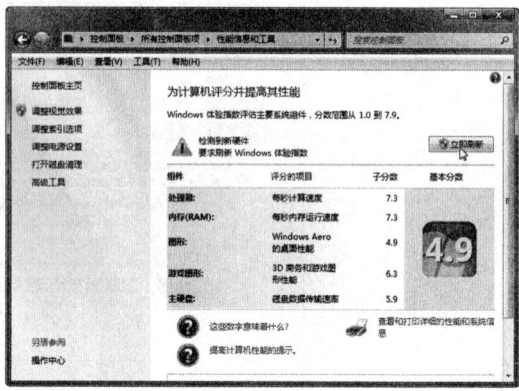

图 9-6　"系统"窗口　　　　　　　　图 9-7　"性能信息和工具"窗口

Step 03 开始运行 Windows 体验指数程序,如图 9-8 所示。

Step 04 检测完毕后查看处理器、内存、图形、游戏图形及主硬盘的得分,如图 9-9 所示。

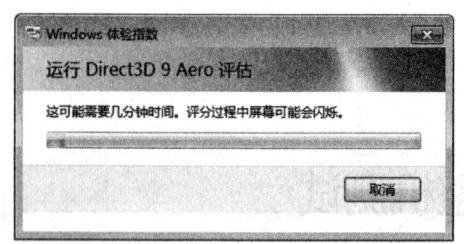
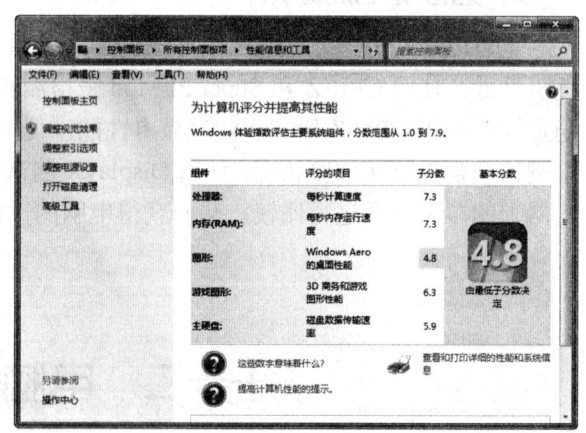

图 9-8　运行 Windows 体验指数　　　　　图 9-9　查看评分

二、使用 AIDA64 测试电脑

AIDA64 Extreme Edition 是一款专业测试软硬件系统信息的工具,它可以详细地显示出电脑每一个方面的信息。AIDA64 不仅提供了诸如协助超频、硬件侦错、压力测试和传感器监测等多种功能,还可以对处理器、系统内存和磁盘驱动器的性能进行全面评估。

1. 检测硬件的详细参数

使用 AIDA64 检测硬件信息的方法如下:

Step 01 启动 AIDA64 程序,开始自动扫描系统设备,如图 9-10 所示。

Step 02 扫描结束后打开程序窗口,在左窗格的树状目录层次中展开"计算机"选项,在其子目录中选择"系统摘要"选项,在右窗格中可以看到电脑的大部分信息,如图9-11所示。

图9-10 启动AIDA64程序

图9-11 查看系统摘要

Step 03 在左窗格中选择"传感器"选项,在右窗格中可以查看电脑CPU的温度、CPU风扇的转速、电压、功率和功耗等参数,如图9-12所示。

Step 04 在左窗格中的"主板"目录下选择"中央处理器(CPU)"选项,在右窗格中可以查看CPU的型号、物理信息、制造商及当前的使用率,如图9-13所示。

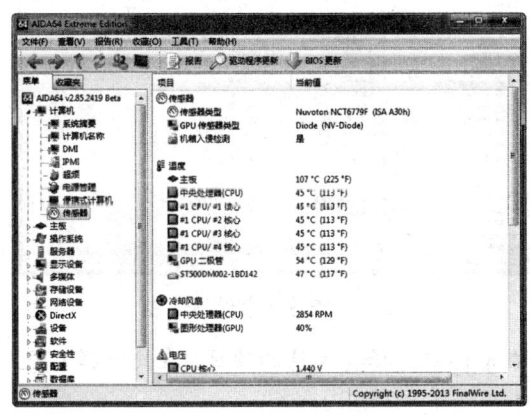

图9-12 查看传感器检测

图9-13 查看CPU详细信息

Step 05 在左窗格中选择SPD选项,在右窗格中可以查看内存的名称、序列号、制造日期、容量、类型、存取速度、位宽和电压等信息,如图9-14所示。

Step 06 在左窗格中的"显示设备"目录下选择"图形处理器(GPU)"选项,在右窗格中可以查看显卡的详细信息,如名称、工艺技术、显存和频率等。GPU是显卡的"心脏",决定了显卡的档次和大部分性能,如图9-15所示。

专家指导 在左窗格中右击硬件选项,在弹出的快捷菜单中选择"添加到收藏夹"命令,可将该项目放入"收藏夹"选项卡中。在左窗格上方选择"收藏夹"选项卡,即可查看收藏的项目。

图 9-14 查看内存详细信息

图 9-15 查看显卡详细信息

Step 07 在左窗格中的"存储设备"目录下选择"Windows 存储"选项，在右窗格中的上方选择硬盘，在下方查看硬盘的详细信息，包括硬盘制造商、容量、转速和寻道时间等，如图 9-16 所示。

Step 08 在左窗格中的"网络设备"目录下选择"Windows 网络"选项，在右窗格中的上方选择网卡设备，在下方查看其详细信息，如连接速度、IP 地址和制造商等，如图 9-17 所示。

图 9-16 查看硬盘详细信息

图 9-17 查看网卡详细信息

Step 09 在左窗格中选择"性能测试"选项，在右窗格中选择要测试的项目，在此选择 CPU PhotoWorxx 选项，如图 9-18 所示。

Step 10 在打开的窗口中按【F5】键进行测试，如图 9-19 所示。

图 9-18 "性能测试"界面

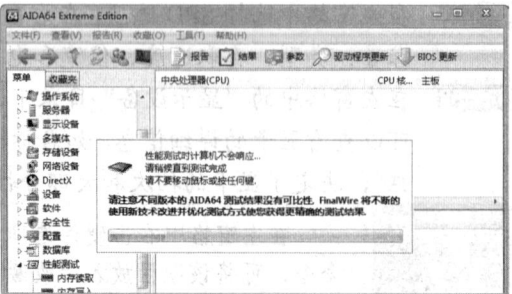
图 9-19 开始进行性能测试

Step 11 测试完成后,在右窗格的列表中可以和相关的 CPU 型号进行对比,如图 9-20 所示。

图 9-20 查看测试结果

2. 使用工具测试硬件

AIDA64 程序还提供了一些便捷的检测工具,用来测试硬盘、内存、显示器和系统稳定性等,下面将介绍这些工具的使用方法。

(1)显示器测试

使用 AIDA64 的显示器测试工具可以对显示器进行标准测试、网格测试、色彩测试、可读性测试等,方法如下:

Step 01 在 AIDA64 程序的菜单栏中单击"工具"|"显示器检测"命令,如图 9-21 所示。

Step 02 启动显示器检测程序,单击 Selection | Tests for LCD Monitors(只针对液晶显示器的测试)命令,如图 9-22 所示。

图 9-21 选择检测工具

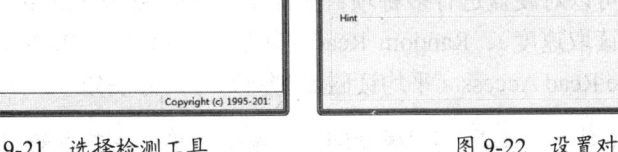

图 9-22 设置对液晶显示器检测

Step 03 单击程序下方的 Auto Run Selected Tests 按钮进行测试。如图 9-23 所示为测试首页,若要停止测试,可单击右上角的 Close 按钮。

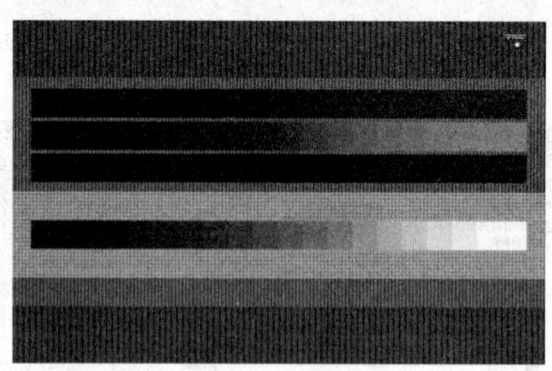

图 9-23 检测显示器

（2）内存与缓存测试

使用 AIDA64 可对内存和缓存进行读取速度、写入速度、复制速度和潜伏速度的测试，方法如下：

Step 01 在 AIDA64 菜单栏中单击"工具"|"内存与缓存测试"命令，打开内存与缓存测试界面，单击 Start Benchmark 按钮即可开始进行测试，如图 9-24 所示。

Step 02 等待测试完毕后，查看测试结果，如图 9-25 所示。

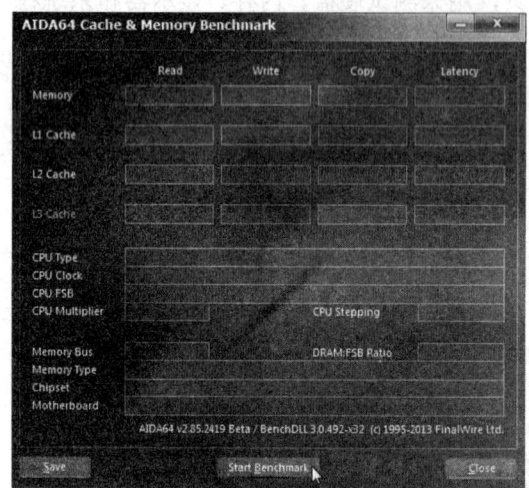
图 9-24 内存与缓存测试界面

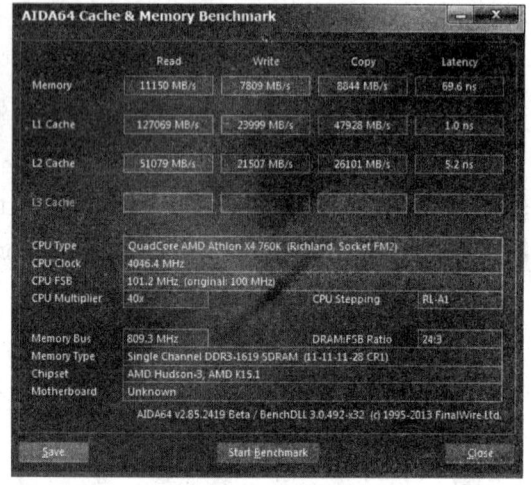
图 9-25 查看测试结果

（3）硬盘测试

使用 AIDA64 可以对硬盘进行多种项目的测试，如 Read Test Suite（读磁盘测试套餐）、Linear Read（线性读取速度）、Random Read（随机读取速度）、Buffered Read（缓冲区读取速度）和 Average Read Access（平均读磁盘时间）等，方法如下：

Step 01 在菜单栏中单击"工具"|"硬盘测试"命令，单击左下方的下拉按钮，在弹出的列表中选择测试项目，在此选择 Linear Read 选项，然后单击 Start 按钮，如图 9-26 所示。

Step 02 开始测试硬盘读取速度，如图 9-27 所示。

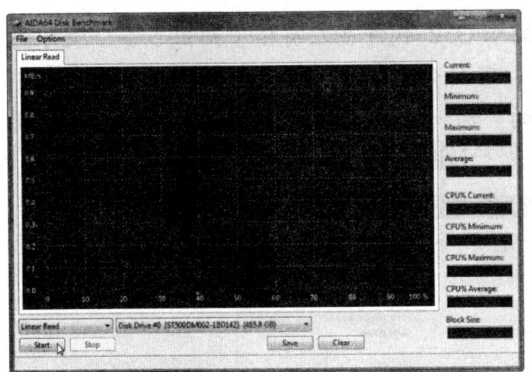
图 9-26 硬盘测试界面

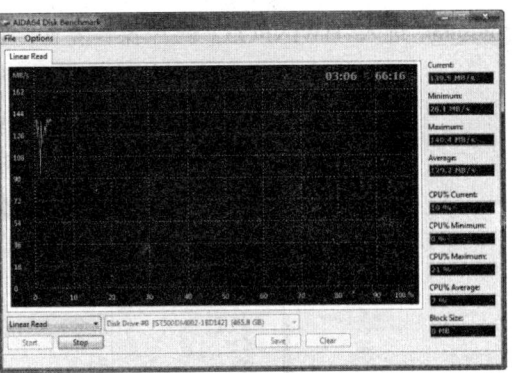
图 9-27 开始测试硬盘读取速度

三、使用 HWiNFO32 测试电脑

HWiNFO32 是一款专业的电脑检测软件，支持最新的技术和标准，允许用户检查电脑的全部硬件，它主要可以显示 CPU、主板及芯片组、PCMCIA 接口、BIOS 版本、内存等信息。另外，HWiNFO 还提供了对 CPU、内存、硬盘（Windows 9x 中不可用）以及光驱的性能测试功能。

1. 查看硬件详细参数

下面将介绍如何使用 HWiNFO32 查看硬件的详细参数，方法如下：

Step 01 双击 HWiNFO32 程序图标，在弹出的对话框中单击 Run 按钮，如图 9-28 所示。

Step 02 弹出 System Summary 对话框，显示出当前电脑的硬件信息，如 CPU 的型号、核心、缓存、封装形式和频率等相关信息；硬盘和光驱信息；显卡的型号、显存大小、CPU 的频率等信息；主板的型号、芯片组型号等信息；内存的容量和类型等信息，最后就是当前使用的操作系统版本信息，单击"关闭"按钮关闭该对话框，如图 9-29 所示。

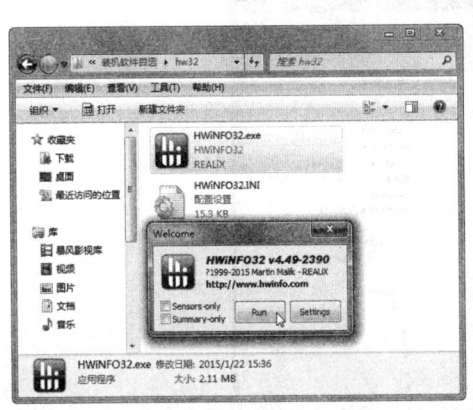
图 9-28 运行 HWiNFO32

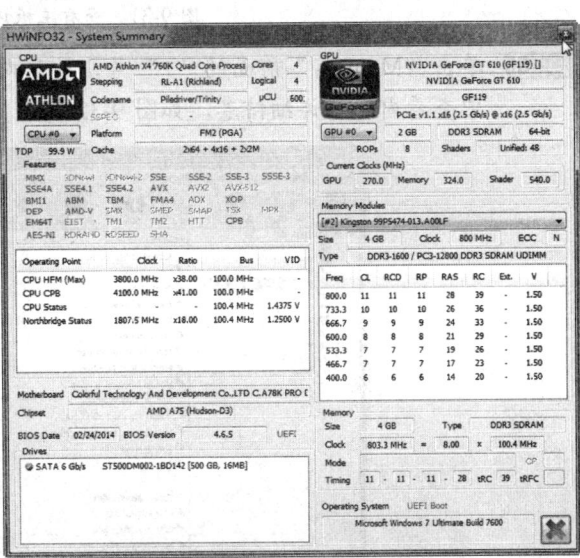
图 9-29 System Summary 对话框

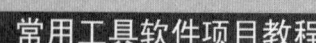

Step 03 进入 HWiNFO32 软件操作界面，HWiNFO32 软件在左窗格中列出了各个硬件选项，右窗格用来显示相关信息，例如，若要查看处理器信息，则单击左侧列表中的"Central Processor（s）"选项前面的"+"号，展开处理器列表，然后选择处理器型号，在右窗格中将显示出详细信息，如图 9-30 所示。

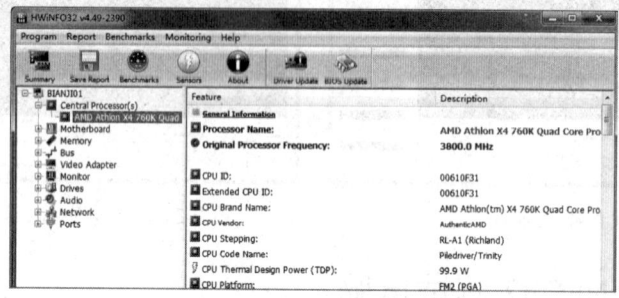

图 9-30　查看处理器详细信息

Step 04 单击"Motherboard"选项前面的"+"号，展开 Motherboard 列表，在右窗格中可以查看主板相关信息，如图 9-31 所示。

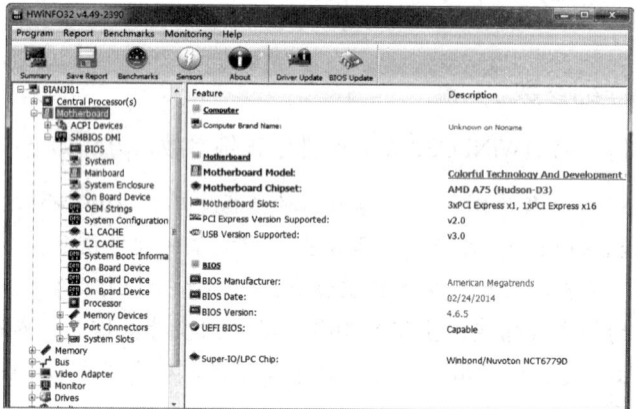

图 9-31　查看主板详细信息

Step 05 单击"Memory"前面的"+"号，展开内存选项，然后选择内存型号，在右窗格中查看内存的详细信息，如图 9-32 所示。

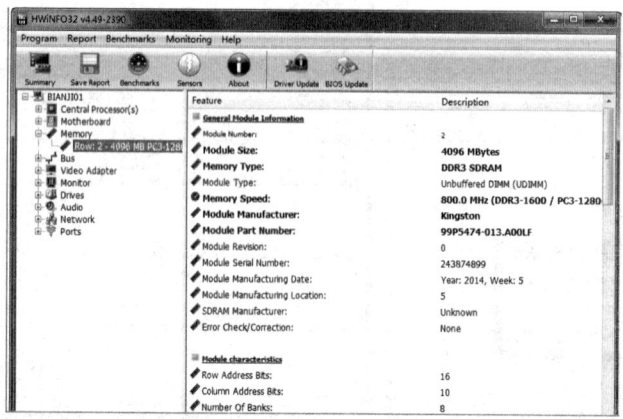

图 9-32　查看内存详细信息

Step 06 单击"Video Adapter"选项前面的"+"号，展开显卡选项列表，选择显卡型号后，在右窗格中查看显卡的详细信息，如图9-33所示。

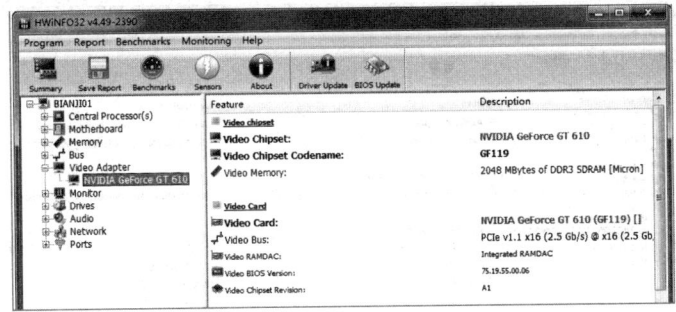

图9-33 查看显卡详细信息

Step 07 单击"Monitor"选项前面的"+"号，展开显示器选项列表，从中选择显示器设备，在右窗格中可以查看显示器的详细信息，如图9-34所示。

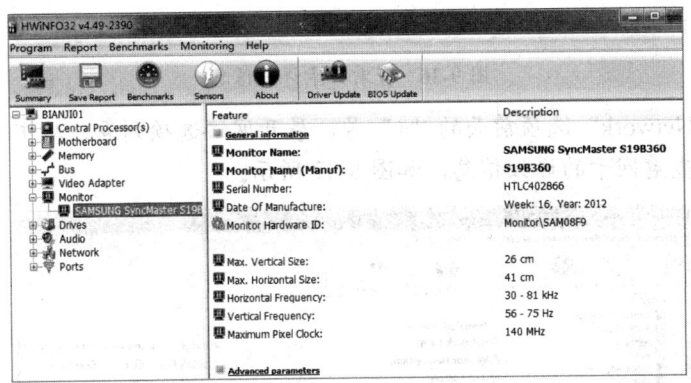

图9-34 查看显示器详细信息

Step 08 单击"Drives"选项前面的"+"号，展开驱动器选项列表，从中选择硬盘设备，在右窗格中查看硬盘的详细信息，如图9-35所示。

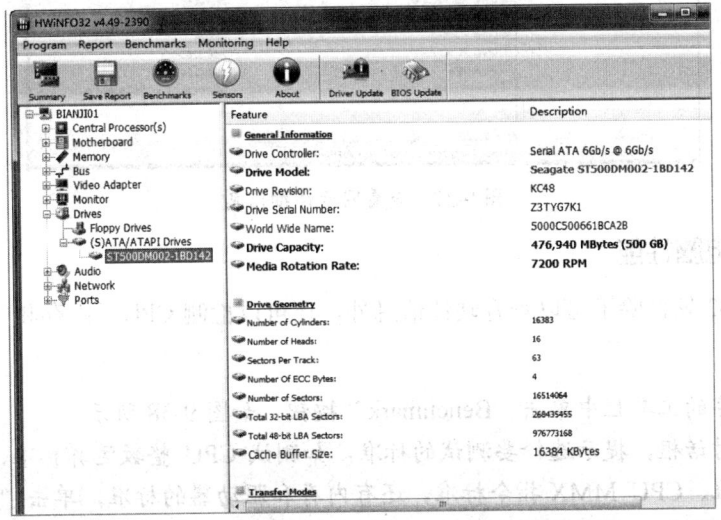

图9-35 查看硬盘详细信息

Step 09 单击"Audio"选项，展开音频设备选项列表，从中选择声卡，在右窗格中查看声卡的详细信息，如图 9-36 所示。

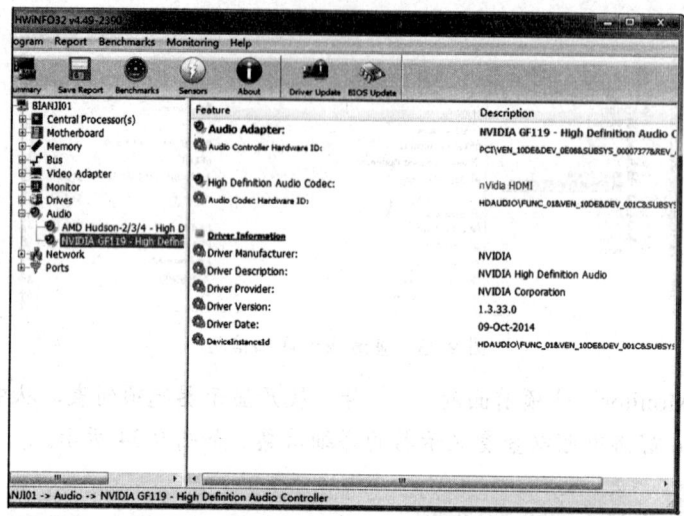

图 9-36　查看声卡详细信息

Step 10 单击"Network"选项前面的"+"号，展开网络选项列表，从中选择网卡，在右窗格中查看网卡的详细信息，如图 9-37 所示。

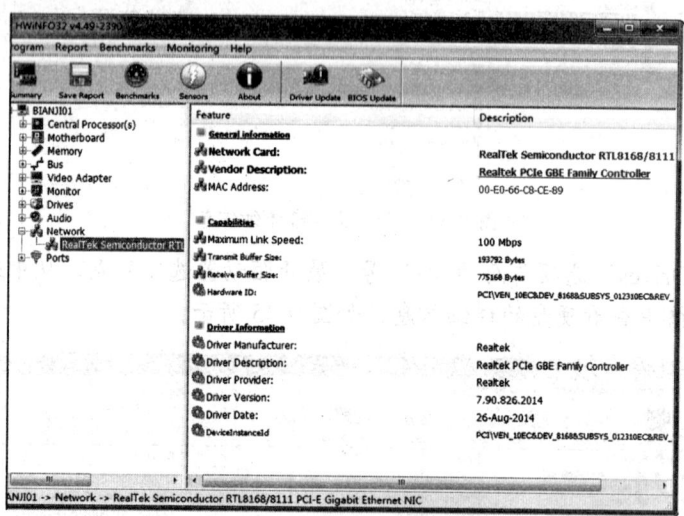

图 9-37　查看网卡详细信息

2. 检测电脑性能

HWiNFO32 软件除了可以查看硬件信息外，还可以检测 CPU、内存和驱动器的性能，方法如下：

Step 01 在程序的工具栏中单击"Benchmark"按钮，如图 9-38 所示。

Step 02 弹出对话框，提示选择要测试的标准，如测试 CPU 整数运算标准、CPU 浮动运算标准、CPU MMX 指令标准，还有内存和驱动器的标准，单击"Start"按钮可以进行检测，如图 9-39 所示。

电脑性能检测工具　项目九

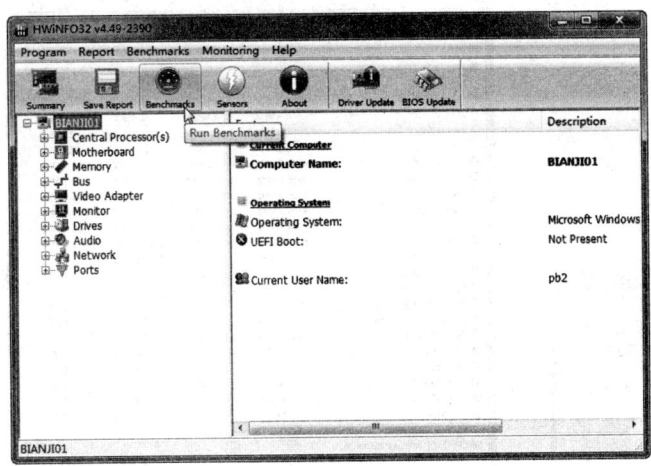

图 9-38　单击"Benchmark"按钮

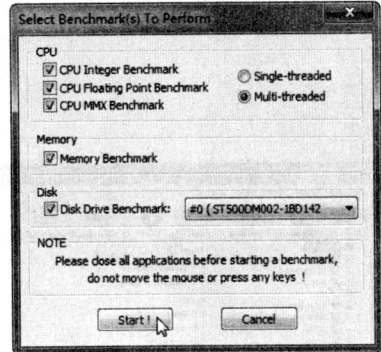

图 9-39　设置测试标准

Step 03　等待程序检测出完成后，将弹出 HWiNFO32 Benchmark Results 对话框，查看检测结果，如图 9-40 所示。

Step 04　单击每一项后面的"Compare"按钮，可以和相关的硬件型号进行对比，如 CPU 整数运行对比，如图 9-41 所示。

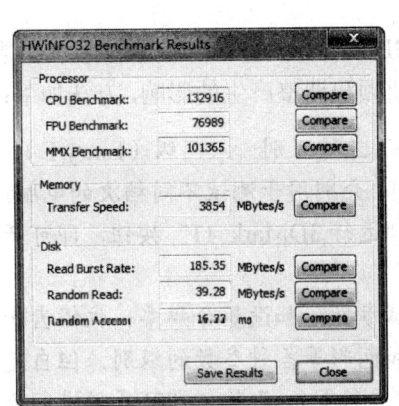

图 9-40　查看测试结果

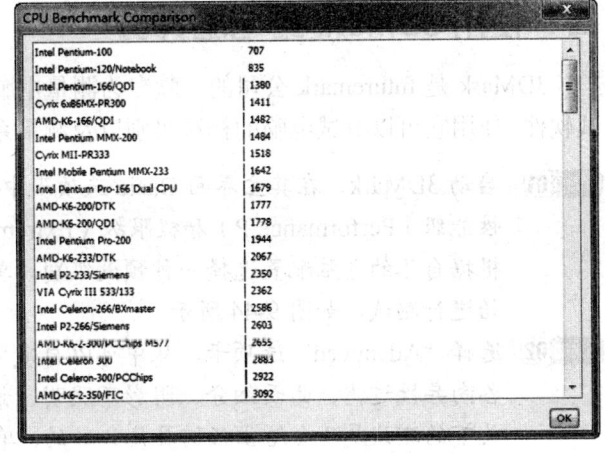

图 9-41　对比测试

3．监控硬件工作状态

使用 HWiNFO32 还可以查看电脑硬件当前的温度、电压和频率等情况，方法如下：

Step 01　在程序工具栏中单击"Sensors"按钮，如图 9-42 所示。

Step 02　打开"HWiNFO32"传感器窗口，查看当前各硬件的状况，如图 9-43 所示。

专家指导　在传感器窗口中右击硬件，在弹出的快捷菜单中选择"Add to tray"命令，可将其添加到任务栏中；选择"Show Graph"命令或双击硬件项目，可在打开的界面中实时监视硬件状况。

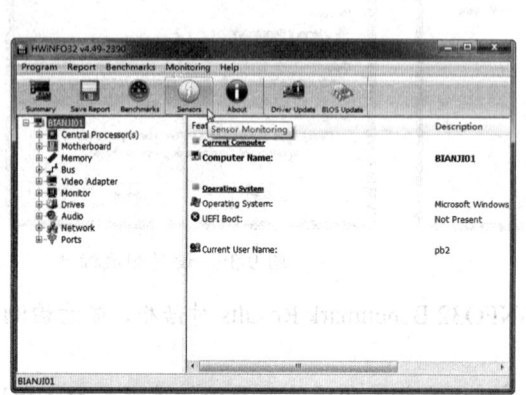

图 9-42 单击"Sensors"按钮

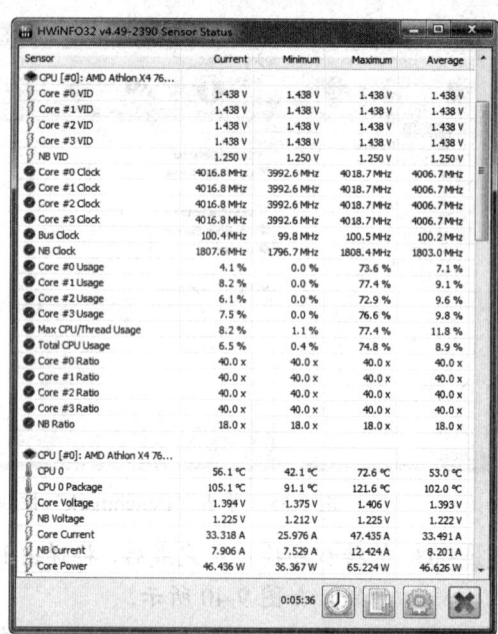

图 9-43 查看硬件当前使用情况

四、使用 3Dmark 给电脑评分

3DMark 是 futuremark 公司的一款专为测量电脑的 3D 图形渲染和 CPU 处理能力的测试软件。使用它可以测试电脑的档次级别以及测量系统超频和调整产生的影响,方法如下:

Step 01 启动 3DMark,在其主界面 Basic 选项卡中预设了三种级别:入门级(Entry/E)、性能级(Performance/P)和极限级(Extreme/X),分别用于测试不同档次的电脑。根据自己的电脑配置选择一种预设级别,单击"运行 3DMark 11"按钮,即可开始进行测试,如图 9-44 所示。

Step 02 选择"Advanced"选项卡,从中可以自定义测试参数,如设置分辨率、抗锯齿和各向异性过滤、曲面细分、阴影不照明、景深和色彩等各种参数的级别,但自定义下的测试是不会给出任何具体分数的,单击"运行 Entry"按钮即可开始进行测试,如图 9-45 所示。

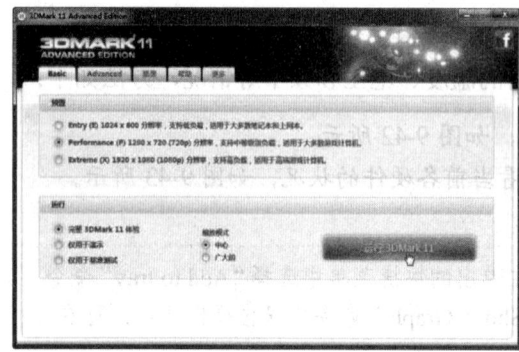

图 9-44 选择测试级别

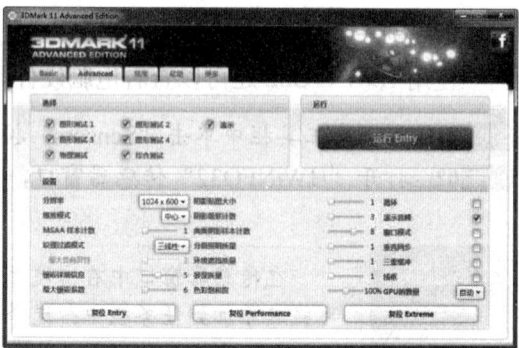

图 9-45 自定义测试参数

Step 03 开始进行测试，一共六个全新的测试场景，包括四个图形测试、一个物理测试、一个综合测试，全面衡量 GPU、CPU 性能。如图 9-46 所示即其中的一个测试场景。

Step 04 测试完成后查看最后的得分，如图 9-47 所示。

 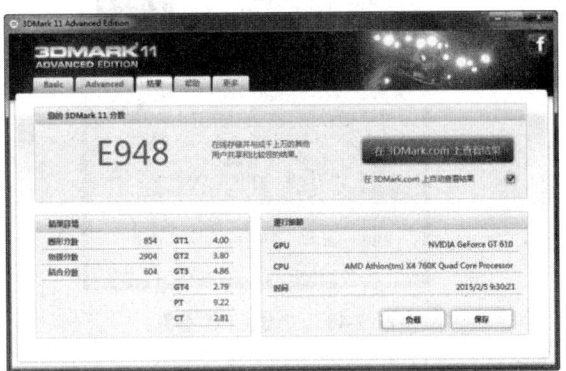

图 9-46　3DMark 测试场景　　　　　　图 9-47　查看 3DMark 得分

任务三　电脑硬件单项测试

任务概述

除了对电脑整体性能进行测试外，还可以使用专门的测试软件对某个电脑硬件进行测试，如测试 CPU、显卡、硬盘、内存与显示器等，在本任务中将进行详细介绍。

任务重点与实施

一、CPU 检测与性能测试

CPU-Z 和 Super PI Mod 是常用的 CPU 检测与测试程序，下面将介绍这两个程序的具体使用方法。

1. 使用 CPU-Z 检测 CPU

CPU-Z 是一款很著名的 CPU 检测软件，是检测 CPU 使用程度最高的一款软件，它用来查看 CPU 的详细参数，如 CPU 名称、代码、核心名称、制程、包装方式、核心电压、操作时钟频率、指令集和高速缓存信息等。另外，它还可以用来检测主板和内存的相关信息。

CPU-Z 的使用方法如下：

Step 01 启动 CPU-Z 程序，开始自动检测电脑各硬件信息，检测完毕后将打开其主界面。选择"处理器"选项卡，从中可以查看 CPU 的各项参数，如图 9-48 所示。

Step 02 选择"缓存"选项卡,从中可以查看 CPU 一级缓存、二级缓存的大小,如图 9-49 所示。

图 9-48　查看 CPU 参数

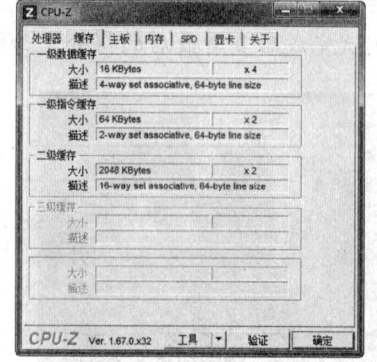
图 9-49　查看 CPU 缓存大小

Step 03 选择"主板"选项卡,从中可以查看主板、BIOS 以及图形接口的相关信息,如图 9-50 所示。

Step 04 选择"内存"选项卡,从中可以查看内存的类型、大小、通道、频率和时序等参数,如图 9-51 所示。

图 9-50　查看主板信息

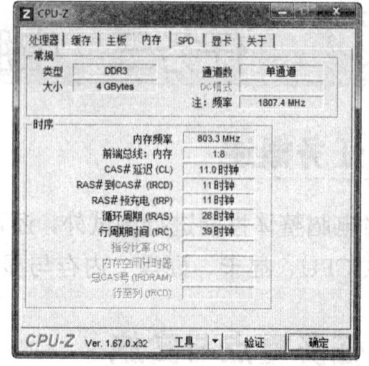
图 9-51　查看内存信息

Step 05 选择 SPD 选项卡,从中选择内存插槽,查看内存模块大小、最大带宽、制造商、型号和序列号等参数,如图 9-52 所示。

Step 06 选择"显卡"选项卡,从中查看显卡名称、显存大小等参数,如图 9-53 所示。

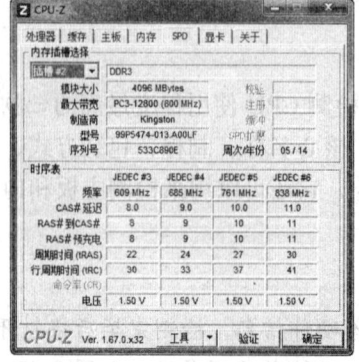
图 9-52　查看内存详细信息

图 9-53　查看显卡信息

2. 使用 Super PI Mod 测试 CPU 性能

Super PI Mod 是一款利用 CPU 浮点运算能力计算圆周率的小程序，支持计算到小数点之后 3355 万位。由于它超强的计算功能，很多人利用它的计算速度来衡量 CPU 的计算性能以及稳定性。

即使用户系统运行一天的 Word、Photoshop 都没有问题，而运行 Super PI Mod 却不一定能通过。可以说，Super PI Mod 可以作为判断 CPU 稳定性的依据。因此，目前普遍被超频玩家用作测试系统稳定性和测试 CPU 计算完特定位数圆周率所需的时间，方法如下：

Step 01 启动 Super PI Mod 软件，单击菜单栏中的"计算"命令，如图 9-54 所示。

Step 02 弹出"设置"对话框，选择 π 值计算的位数，在此选择"200 万"，然后单击"开始"按钮，如图 9-55 所示。

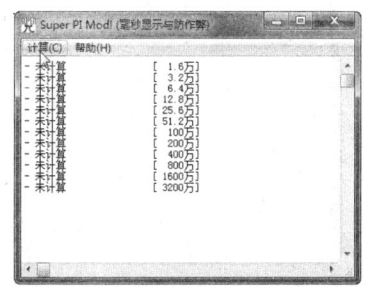
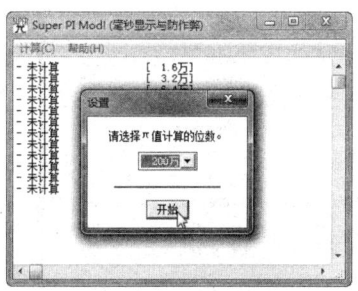

图 9-54　Super PI Mod 程序窗口　　　　图 9-55　选择位数

Step 03 在弹出的"开始"对话框中单击"确定"按钮，如图 9-56 所示。

Step 04 开始进行计算，计算将重复进行 20 次，如图 9-57 所示。

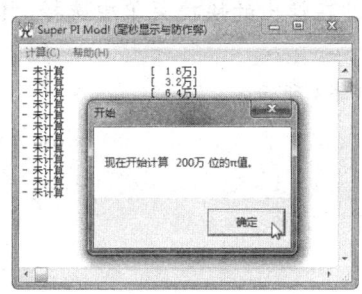
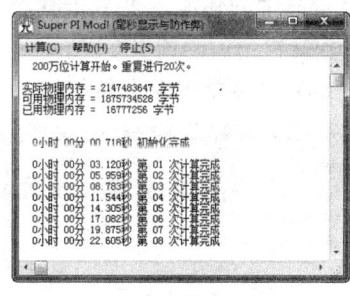

图 9-56　确定计算　　　　图 9-57　开始计算

Step 05 计算完成后弹出提示信息框，单击"确定"按钮，如图 9-58 所示。

Step 06 此时即可查看计算的最终结果，如图 9-59 所示。

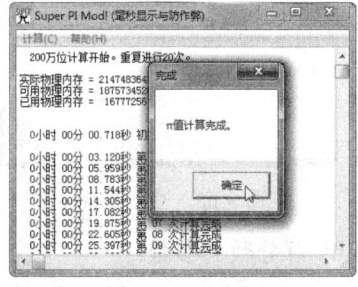
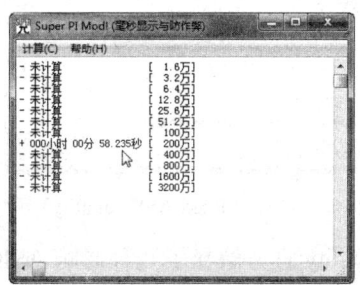

图 9-58　π 值计算完成　　　　图 9-59　查看计算结果

二、显卡检测与性能测试

GPU-Z 是一款检测显卡的软件，使用它可以查看显卡的详细参数、识别显卡真假，方法如下：

Step 01 运行 GPU-Z，在"Graphics Card"选项卡下可以查看显卡名称、生产工艺、发布日期、显存等参数，如图 9-60 所示。

Step 02 选择"Sensors"选项卡，从中可以查看显卡的使用情况，如图 9-61 所示。

图 9-60 查看显卡详细参数

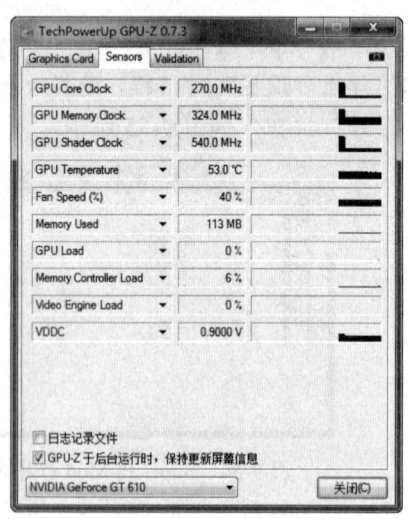
图 9-61 查看显卡当前使用情况

Step 03 要查看显卡的体质，可右击程序标题栏，在弹出的快捷菜单中选择"Read ASIC quality"命令，如图 9-62 所示。

Step 04 在弹出的对话框中查看体质信息，如图 9-63 所示。

图 9-62 选择"Read ASIC quality"命令

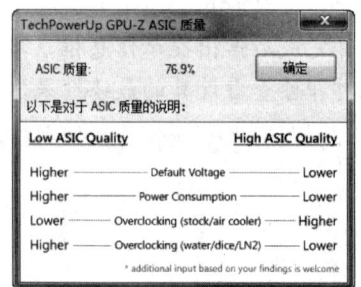
图 9-63 查看显卡体质

ASIC Quality 官方解释了几种影响 ASIC quality 百分数的参数：

➢ **默认电压**：默认电压越低，得分越高。

> **额定电流（也有翻译为成功率的）**：额定电流越小，得分越高。
> **超频**：GPU频率越高，得分越高。

三、内存性能测试

Memtest 是少数可以在 Windows 操作系统中运行的内存检测软件之一，它不但可以彻底地检测出内存的稳定性，还可以同时测试记忆储存与资料检索的能力，让用户可以确定目前电脑上正在使用的内存到底可不可以信赖。

要使用 Memtest 检测内存，为了尽可能地提高检测结果的准确性，建议在长时间不使用电脑时进行检测。检测时先关闭系统中使用的应用程序，然后运行软件并在主窗口上单击"开始测试"按钮，这样可以给软件尽可能多的时间检测内存，找出可能存在的故障。当 Memtest 发现问题时将自动停止运行，并报告发现的错误。方法如下：

Step 01 启动 Memtest 软件，弹出提示信息框，查看使用说明，如图 9-64 所示。
Step 02 打开 Memtest 测试窗口，单击"开始测试"按钮，如图 9-65 所示。

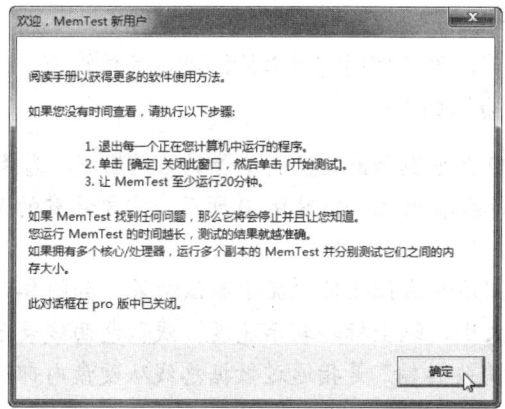
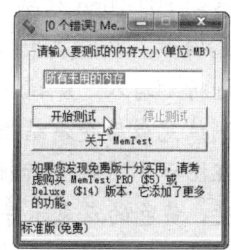

图 9-64 查看使用说明　　　　　图 9-65 "Memtest"测试窗口

Step 03 弹出提示信息框，查看可检测的内存大小，单击"确定"按钮，如图 9-66 所示。
Step 04 在弹出的窗口中输入要测试的内存大小，然后单击"开始测试"按钮，如图 9-67 所示。

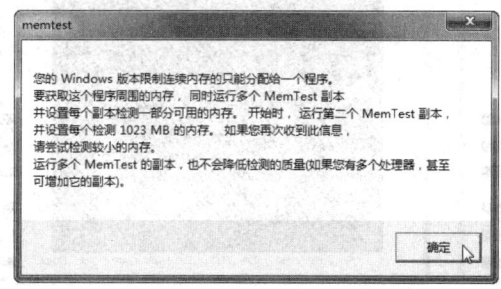
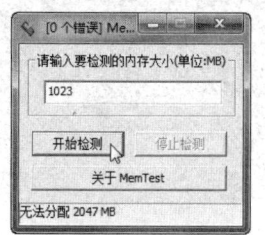

图 9-66 查看提示信息　　　　　图 9-67 输入内存大小

Step 05 弹出提示信息框，单击"确定"按钮，如图 9-68 所示。
Step 06 开始检测内存，如图 9-69 所示。此时可再次运行第二个 Memtest 的副本，检测另一部分内存。若要停止检测，可单击"停止检测"按钮。

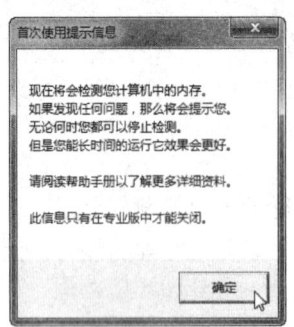
图 9-68　确认检测操作

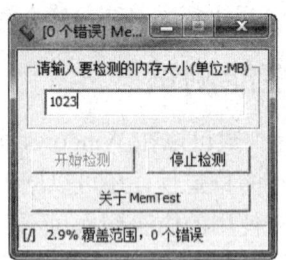
图 9-69　开始检测内存

四、硬盘性能测试

硬盘性能测试主要检测其传输速率、健康状况，以及是否有磁盘坏道，下面将介绍三种常用的硬盘性能测试程序。

1. 使用 HD Tune 测试硬盘性能

HD Tune 是一款小巧易用的硬盘工具软件，使用它可以检测硬盘的传输速率、健康状况、温度检测及磁盘表面扫描，其使用方法如下：

Step 01　启动 HD Tune 程序，在程序窗口上方显示出硬盘的型号的当前温度。选择"基准"选项卡，单击"开始"按钮进行基准测试，如图 9-70 所示。需要注意的是，不要进行"写入"测试，否则将破坏磁盘的引导区。

Step 02　测试完成后查看结果，在下方图示和右侧项目中显示测试结果，如图 9-71 所示。在图示中，横坐标轴表示硬盘大小，纵坐标轴表示速度。浅蓝色曲线表示读取速度，黄色的点表示寻道时间。"突发传输"是指通过数据总线从硬盘内部缓存区中所读取数据的最高速率。

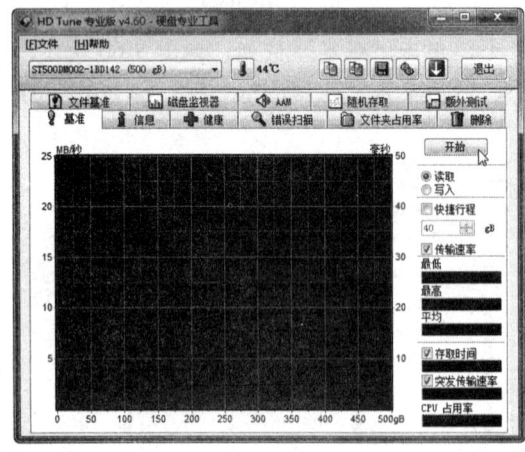
图 9-70　"HD Tune"程序窗口

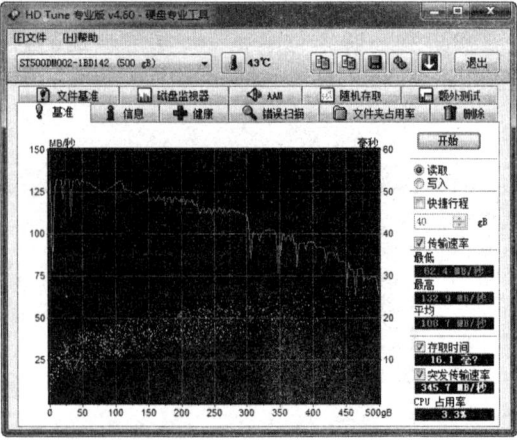
图 9-71　硬盘基准测试

Step 03　选择"信息"选项卡，其中列出了硬盘各分区的详细信息，以及硬盘所支持的特性，在下方显示硬盘的参数信息，如图 9-72 所示。

Step 04 选择"健康"选项卡,显示程序检查硬盘的健康状态(S.M.A.R.T),一旦出现健康问题,相应的选项将变红或变黄。选择某个属性,在下方将显示对其的描述,如图9-73所示。

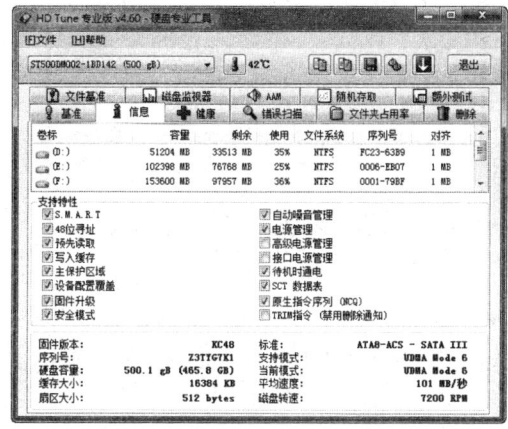
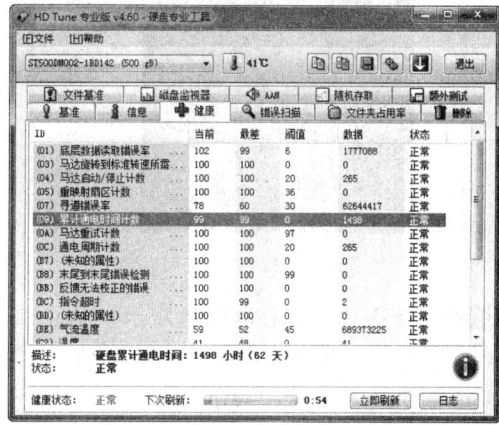

图9-72 查看硬盘信息　　　　　　图9-73 检测硬盘健康状态

Step 05 选择"错误扫描"选项卡,单击"开始"按钮,开始扫描硬盘坏道,如图9-74所示。若扫描出的红色的格子很多,则表示硬盘存在坏道。在扫描时,不建议使用"快速扫描"功能。

Step 06 选择"文件基准"选项卡,可以测试硬盘在不同文件长度大小的情况下的传输速率。本例以512M文件测试(在右侧选择文件大小),可以看到在文件大小为16K时已经达到了最佳性能,如图9-75所示。

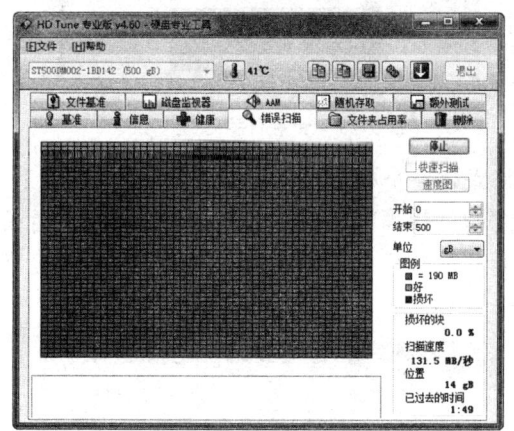
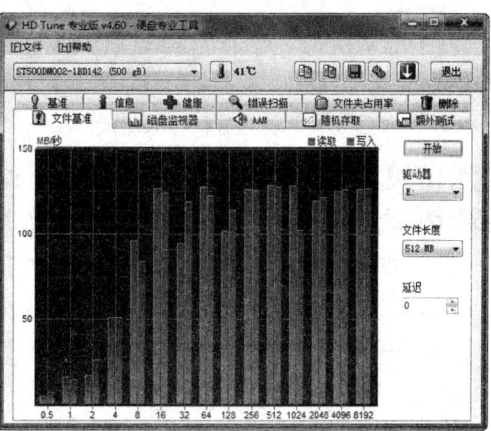

图9-74 检测硬盘坏道　　　　　　图9-75 硬盘文件基准测试

Step 07 选择"磁盘监视器"选项卡,单击"开始"按钮,即可对硬盘的读取和写入状况进行实时监测,如图9-76所示。

Step 08 选择AAM选项卡,从中可以调整硬盘运行时的噪音。选中"打开"复选框,拖动滑块进行性能调整,单击"设置"按钮即可,如图9-77所示。需要注意的是,若开启了此功能,调整为低噪音后可能会降低硬盘的运行性能。单击下方的"测试"按钮,可以测试当前设置下的平均存取时间。

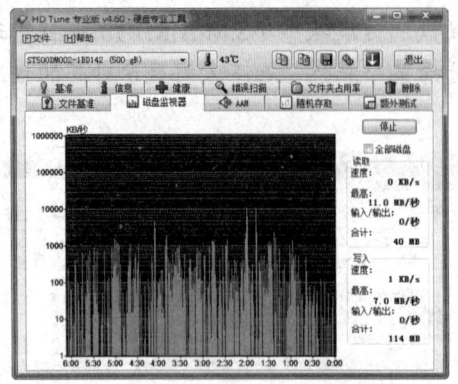

图 9-76　硬盘实时检测

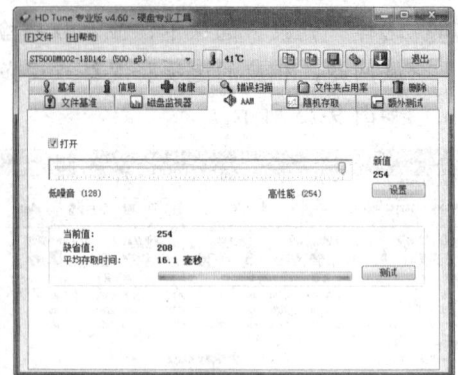

图 9-77　硬盘降噪

Step 09　选择"随机存取"选项卡，从中测试硬盘的真实寻道，以及寻道后读写操作全过程的总时间，能够体现硬盘的真实寻道性能，如图 9-78 所示。每秒的操作数越高，平均存取时间越小越好。

Step 10　选择"额外测试"选项卡，从中可以测试硬盘的各项传输性能，如图 9-79 所示。

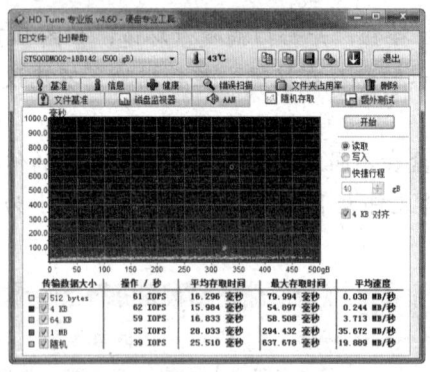

图 9-78　硬盘随机存取测试

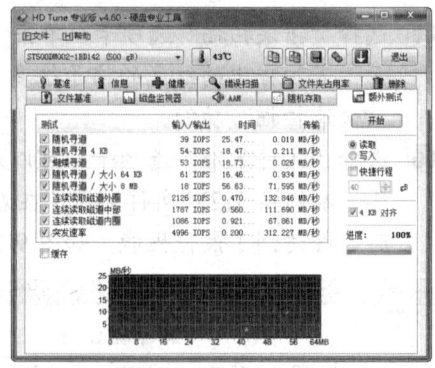

图 9-79　硬盘传输性能测试

Step 11　选择"删除"选项卡，从中可以设置格式化整个磁盘，如图 9-80 所示。

Step 12　选择"文件占用率"选项卡，单击下方的"扫描"按钮，扫描完成后即可查看硬盘中存在的目录及文件状况，如文件和目录数目、文件的大小、已使用的硬盘容量等，如图 9-81 所示。

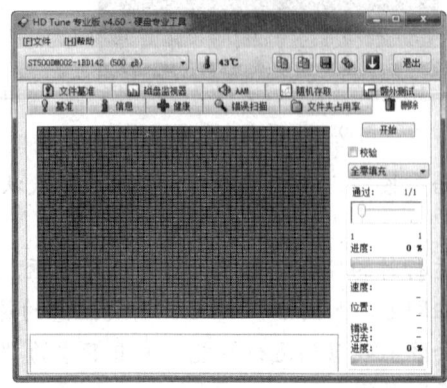

图 9-80　格式化硬盘

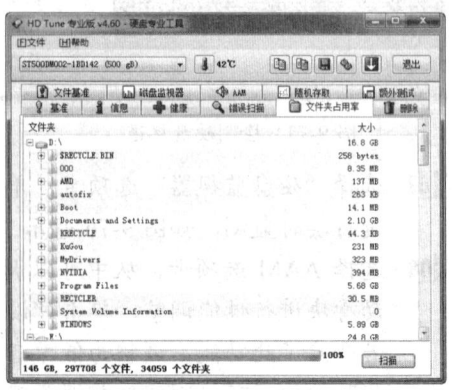

图 9-81　查看硬盘文件占用率

硬盘格式化包含四种模式：全零填充、随机填充、DoD 5220.22-M 和 Gutmann。其含义分别如下：
- **全零填充**：格式化。
- **随机填充**：自动随意。
- **DoD5220.22M**：电脑数据消磁规格，以 1~5 次消磁来完成。
- **Gutmann**：以安全运算模式删除。

2. 使用 HD Tach 测试硬盘性能

HD Tach 是专门针对硬盘底层性能的测试软件，它主要通过分段拷贝不同容量的数据到硬盘进行测试，可以测试硬盘的连续数据传输率、随机存取时间及突发数据传输率，如图 9-82 所示。

3. 使用 CrystalDiskMark 测试硬盘性能

CrystalDiskMark 是一个测试硬盘或者存储设备的小巧硬盘测试工具。简单易于操作的界面可以随时测试存储设备，测试存储设备大小和测试数字都可以选择，还可测试可读和可写的速度，如图 9-83 所示。

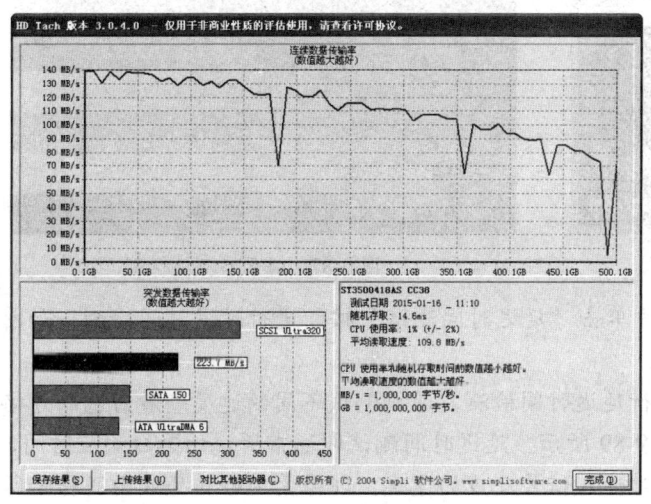

图 9-82 "HD Tach" 测试硬盘

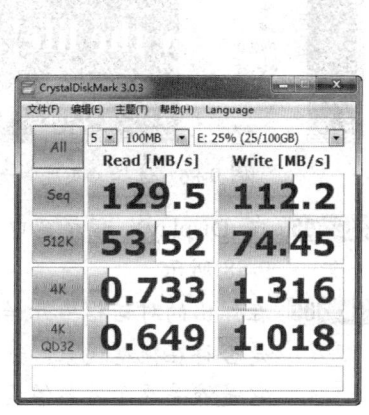

图 9-83 "CrystalDiskMar" 测试硬盘

五、使用 DisplayX 测试显示器性能

DisplayX 是一款可以检测液晶显示器的检测软件，还可以对液晶显示器进行坏点、对比度、灰度、聚焦、色彩和延迟等测试。使用 DisplayX 测试显示器的方法如下：

Step 01 启动 DisplayX 程序，在程序窗口上方单击"常规完全测试"按钮或按【Alt+T】组合键，还可以单击程序主界面区域，如图 9-84 所示。

Step 02 开始进行完全测试，测试首页显示对比度检测（常规检测共包括 11 项检测），在软件上方显示了中文显示。可通过单击、按空格键或回车键进行下一项检测，按【Esc】键可退出检测，如图 9-85 所示。

常用工具软件项目教程

图 9-84　"DisplayX" 程序窗口　　　　　图 9-85　显示器对比度检测

Step 03 在 DisplayX 程序窗口上方单击"常规单项测试"按钮，在弹出的菜单中选择所需的检测项目，如选择"灰度"选项，如图 9-86 所示。

Step 04 开始进行灰度检测，如图 9-87 所示。灰度检测用来测试显示器的灰度还原能力，看到的颜色过渡越平滑越好。

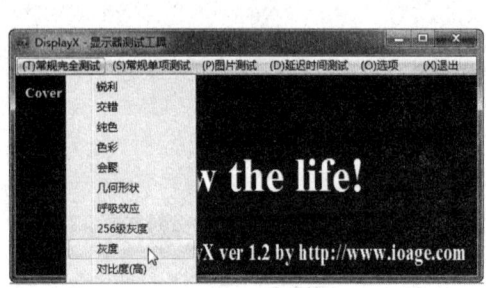

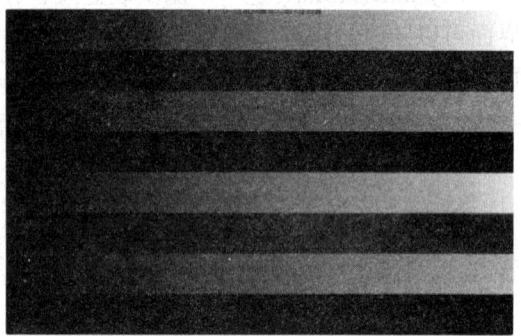

图 9-86　选择"灰度"选项　　　　　　图 9-87　显示器灰度检测

Step 05 在 DisplayX 程序窗口上方单击"延迟时间测试"按钮进行延迟时间检测，如图 9-88 所示。

Step 06 在弹出的对话框中开始进行延迟时间检测，通过测试不同的速度查看白色的方格是否存在拖尾现象，如图 9-89 所示。延迟时间测试即通常所说的黑白响应时间，它是液晶显示器各像素点对输入信号反应的速度，即像素由暗转亮或由亮转暗所需要的时间。

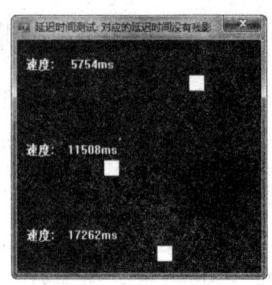

图 9-88　单击"延迟时间测试"按钮　　　图 9-89　显示器延迟检测

208

项目小结

通过本项目的学习，读者应重点掌握以下知识：
（1）在对电脑性能进行检测前，应具备一定的测试条件。
（2）可以通过两种方法来检测电脑性能：运行常用软件和专业的检测软件。
（3）使用系统自带的 Windows 体验指数可以测量计算机硬件和软件配置的功能。
（4）可以使用 AIDA64、HWNFO32、3Dmark 等工具软件来测试电脑整机性能。
（5）可以使用 CPU-Z 和 Super PI Mod 检测和测试 CPU 性能；使用 Memtest 测试内存稳定性；使用 GPU-Z 检测和测试显卡性能；使用测试 HD Tune、HD Tach 和 CrystalDiskMark 来测试硬盘性能和健康状态；使用 DisplayX 测试显示器性能。

项目习题

（1）复制文件测试系统和硬盘的传输能力。
（2）使用系统自带的 Windows 体验指数为电脑评分。
（3）使用 AIDA64 测试电脑硬件的详细参数。
（4）使用 3Dmark 给电脑评分。
（5）使用 GPU-Z 检测显卡的性能。
（6）使用 HD Tune 查看硬盘健康状态。

项目十　系统维护与优化工具

项目概述

电脑使用一段时间后，系统的运行可能会变得不如以前那么顺畅，甚至会出现一些系统错误，这一般是由于过多的垃圾文件、错误的参数设置、恶意程序或木马病毒造成的。对操作系统进行优化和维护，可以增强系统性能和安全性，保障系统稳定、高效地运行。在本项目中，将详细介绍系统维护与优化工具的使用方法。

项目重点

- 系统急救工具。
- 驱动程序管理工具。
- 系统增强工具。
- 杀毒工具。
- 系统备份与还原工具。

项目目标

- 掌握系统应急启动盘的制作方法。
- 掌握更新设备驱动程序的方法。
- 掌握系统增强软件的使用方法。
- 掌握查杀电脑病毒的方法。
- 掌握备份与还原操作系统的方法。

任务一　系统急救工具

任务概述

在使用电脑的过程中，一旦硬盘出现故障，经常会造成电脑不能从硬盘启动。而备份文件或检查系统故障必须进入操作系统，因此常备一张完整的系统应急启动盘是非常必要的。在本任务中，将介绍如何制作 U 盘启动盘以及安装硬盘 PE 工具箱。

一、认识应急启动盘

应急启动盘是用来启动计算机的系统盘，这个盘可以是光盘、U 盘或其他介质盘，现在一般使用的启动盘主要是光盘和 U 盘居多。正常状况下，电脑都是从硬盘启动的，不会用到应急启动盘。应急启动盘只有在装机或系统崩溃，修复计算机系统或备份系统损坏的电脑中的数据时才会使用，它的主要用处就是安装系统和维护系统。

应急启动盘的作用主要有以下几点：
（1）在系统崩溃时，启动系统恢复被删除或被破坏的系统文件等。
（2）感染了不能在 Windows 正常模式下清除的病毒后，用启动盘启动电脑彻底删除这些顽固病毒。
（3）用启动盘启动系统，然后测试一些软件等。
（4）用启动盘启动系统，然后运行硬盘修复工具，解决硬盘坏道等错误问题。

二、制作 U 盘启动盘

现在启动盘制作软件有很多，如老毛桃 U 盘启动盘、大白菜 U 盘启动盘、通用 PE 工具箱、U 启动、U 深度 U 盘启动盘等。这些软件的使用方法大都相似，下面以"U 深度" U 盘启动盘为例介绍启动盘的制作方法。

从"U 深度" U 盘启动盘网站上（www.ushendu.com）下载 U 盘启动盘制作工具，并将其安装到电脑中，然后按照以下方法进行操作：

Step 01 将 U 盘插到机箱后部的 USB 插口中，启动"U 深度" U 盘启动盘制作程序。此时程序会自动检测到 U 盘。若电脑中插入了多个 USB 设备，需要在"选择设备"下拉列表中选择目标 U 盘，然后单击"开始制作"按钮，如图 10-1 所示。

Step 02 弹出警告信息框，单击"确定"按钮，如图 10-2 所示。

图 10-1　"U 深度"程序界面

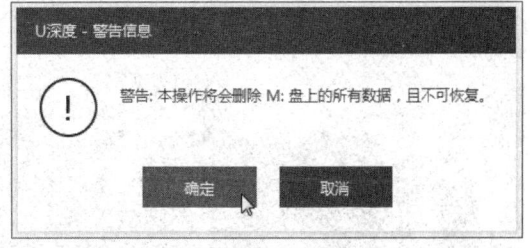

图 10-2　确认操作

Step 03 开始制作 U 盘启动盘，需稍等片刻，如图 10-3 所示。

Step 04 弹出提示信息框，U 盘启动盘制作完成，单击"是"按钮，如图 10-4 所示。

图 10-3 开始制作 U 盘启动盘　　　　　图 10-4 U 盘启动盘制作完成

Step 05 启动模拟器,对制作好的 U 盘启动盘进行启动测试,如图 10-5 所示。注意,模拟器仅作为启动测试,不能测试 PE 系统及其他维护工具。

Step 06 在 BIOS 中设置从 U 盘启动电脑,此时将进入 U 深度启动界面,在启动界面中包含了很多在 DOS 下运行的维护工具。在此选择"【02】U 深度 WIN8 PE 标准版(新机器)"选项,并按【Enter】键确认,如图 10-6 所示。

 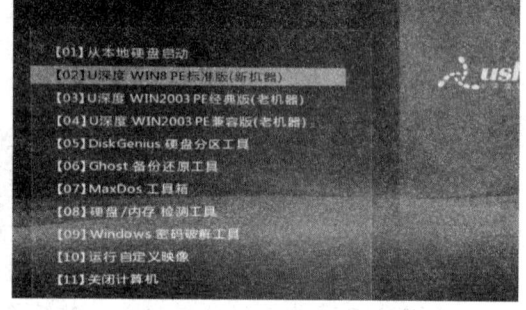

图 10-5 模拟启动界面　　　　　　　　图 10-6 U 深度启动界面

Step 07 稍等即可进入 WIN8 PE 系统桌面,如图 10-7 所示。

Step 08 单击"开始"按钮,在弹出的"开始"菜单中可以看到其中提供了多款系统维护工具,如图 10-8 所示。

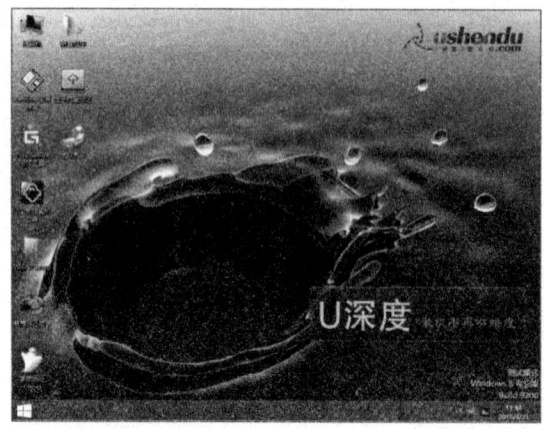 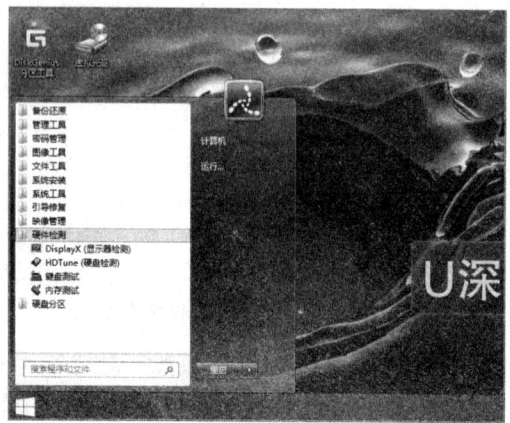

图 10-7 PE 系统桌面　　　　　　　　图 10-8 查看系统维护工具

三、安装硬盘版 PE 工具箱

若用户身边没有用于制作启动盘的 U 盘，还可以在电脑中安装硬盘版的 PE 工具箱。当电脑出现问题时，直接从硬盘启动 PE 系统来维护电脑。下面以安装"U 深度急救系统"为例进行介绍，方法如下：

Step 01 从 U 深度网站上（www.ushendu.com）下载"U 深度 U 盘启动盘制作工具"，并将其安装到电脑中。启动该程序，单击"本地模式"按钮，设置启动等待时间，然后单击"开始制作"按钮，如图 10-9 所示。

Step 02 弹出提示信息框，单击"确定"按钮，如图 10-10 所示。

图 10-9　U 深度程序界面

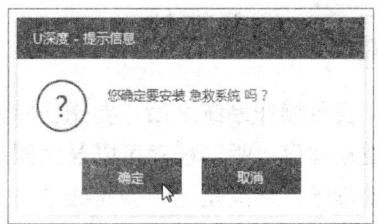

图 10-10　确认操作

Step 03 开始向电脑中安装急救箱系统，稍等片刻，如图 10-11 所示。

Step 04 急救系统安装成功，弹出提示信息框，单击"确定"按钮，如图 10-12 所示。

图 10-11　开始安装急救箱系统

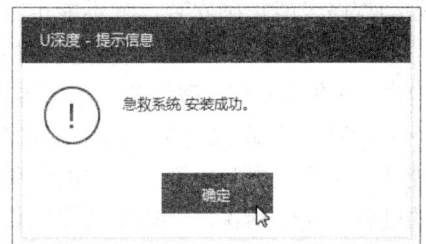

图 10-12　安装完成

Step 05 重启电脑，将出现启动菜单，选择"U 深度急救系统"选项，并按【Enter】键确认，如图 10-13 所示。

Step 06 进入 U 深度启动界面，根据需要选择项目，如图 10-14 所示。

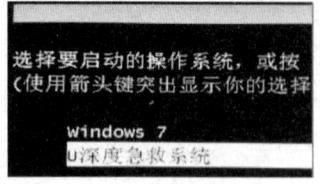

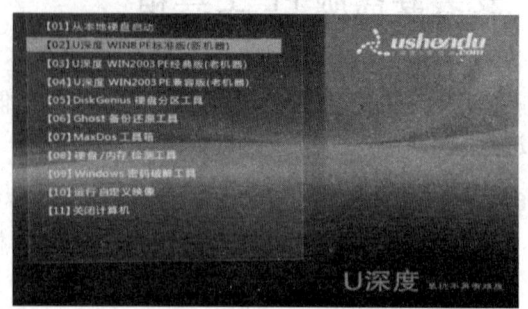

图 10-13 系统启动菜单　　　　　　　　图 10-14 U 深度启动界面

任务二　驱动程序管理工具

安装操作系统之后，要想正常使用电脑的显卡、网卡和声卡等，就需要安装这些硬件的驱动程序。驱动程序可以最大限度地发挥电脑硬件的性能，不同型号的硬件有其专门的驱动程序，只能是这一型号或这一系列的硬件才能使用该驱动，其他型号无法使用。在本任务中，将带领读者了解驱动程序及获取驱动程序的途径，介绍如何安装与更新驱动程序。

一、了解驱动程序

驱动程序（Device Driver），全称为"设备驱动程序"，是一种可以使电脑和设备通信的特殊程序，相当于硬件的接口。操作系统只有通过这个接口才能控制硬件设备的工作，硬件设备需要在驱动程序的支持下才能被系统识别，并发挥最佳的性能。如果某个设备的驱动程序未能正确安装，就不能正常工作。

从理论上讲，所有的硬件设备都需要安装相应的驱动程序才能正常工作，但像 CPU、内存、主板、光驱、键盘和显示器等设备并不需要安装驱动程序也可以正常工作，而显卡、声卡和网卡等却一定要安装驱动程序，否则便无法正常工作。这主要是由于像 CPU 这些硬件对于个人电脑来说是必需的，所以早期的设计人员将这些硬件列为 BIOS 能直接支持的硬件。换句话说，上述硬件安装后就可以被 BIOS 和操作系统直接支持，不再需要另外安装驱动程序。

不同版本的操作系统对硬件设备的支持是不同的。一般情况下，版本越高的操作系统所支持的硬件设备也越多。除了特殊情况外，安装好系统后 Windows 7 会根据电脑硬件配置自动寻找和安装驱动程序。

二、获取驱动程序

在获取驱动程序为安装做准备前,首先需要了解电脑中各个硬件设备的型号,清楚了硬件设备的型号,就可以寻找相应的驱动程序。

一般可以从以下几个途径来获取驱动程序:

(1) 配套安装盘

在购买硬件设备时都会提供有配套光盘,这些盘中就有该硬件设备的驱动程序。不过配套盘中的的驱动程序一般都是硬件刚推出时的版本,而有实力的厂商都会定期更新驱动程序。在硬件从发售到退出市场的过程中,最优化开发的新驱动会不断地推出,而硬件的性能(包括兼容性、稳定性和速度)也会随着驱动程序的升级而得以更大的提升。因此,对于配套盘中的驱动程序,若版本过低,建议不使用配套光盘中的驱动程序,而从网上下载并安装最新版本的驱动程序。

(2) 系统自动提供

安装的操作系统几乎包含了绝大多数硬件的驱动程序,而且操作系统的版本越高兼容的硬件设备也就越多。不过硬件的更新总是领先于操作系统版本的更新,操作系统包含的驱动程序版本一般较低,不能完全发挥硬件的性能和提高其兼容性。因此,一般只有在无法通过其他途径获得驱动程序的情况下,才使用操作系统提供的驱动程序。

(3) 网络下载

新驱动的发布都是通过网络进行的,这是最为便捷的获取驱动程序的方式。用户可以从硬件厂商官方网站下载相应驱动程序(图10-15),还可以使用搜索引擎搜索驱动程序,或到专业驱动下载网站进行下载,如图10-16所示即为使用百度搜索显卡的驱动程序。

图10-15 从官方网站下载驱动程序

图10-16 搜索驱动程序

三、安装与更新驱动程序

"快科技"(www.mydrivers.com)是在IT行业内居于主导地位的驱动程序下载、新闻资讯和产品评测网站,"驱动精灵"就是其中的一个产品。"驱动精灵"是一款专业的驱动程序的维护程序,可以实现智能驱动匹配、安装、更新与备份等功能。

下面将详细介绍如何使用"驱动精灵"安装与更新驱动程序,方法如下:

Step 01　启动"驱动精灵"程序，在界面右下方单击"更多"按钮，如图10-17所示。

Step 02　打开"百宝箱"界面，在标签栏上选择"驱动管理"选项卡，如图10-18所示。

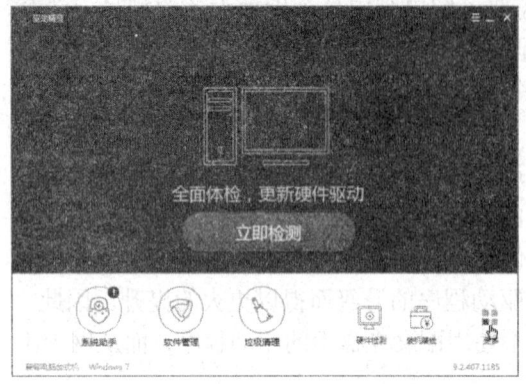

图10-17　"驱动精灵"程序　　　　　　　图10-18　选择"驱动管理"选项卡

Step 03　进入"驱动管理"界面，程序自动检测系统中未安装的驱动和需要升级的驱动。选中要安装和更新的驱动程序，然后在上方单击"一键安装"按钮，如图10-19所示。

Step 04　"驱动精灵"开始下载驱动程序，如图10-20所示。

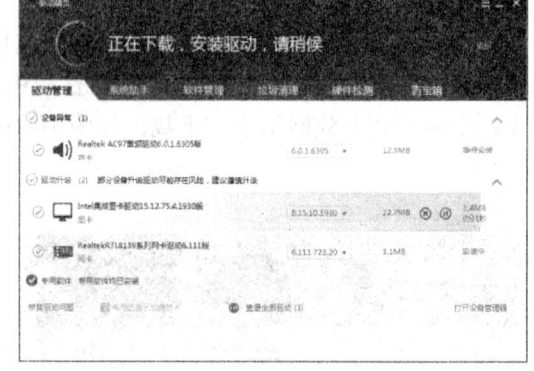

图10-19　单击"一键安装"按钮　　　　　图10-20　开始下载驱动程序

Step 05　驱动程序下载完成后，即可开始进行安装，自动弹出驱动程序的安装对话框，根据安装向导安装驱动程序即可，如图10-21所示。依次逐个安装驱动程序，有的驱动程序安装完成后提示需要重启系统，此时先选中"否，我以后重新启动计算机"复选框，直到所有驱动均安装完成。

Step 06　待所有驱动都已安装完成后，选中"是，我现在就重新启动计算机"单选按钮，然后单击"完成"按钮，重启电脑即可，如图10-22所示。

专家指导
Expert guidance

单击右上方的"设置"按钮，选择"设置"选项，在弹出的对话框左侧选择"存储位置"选项，在右侧可更改驱动的下载路径。在"百宝箱"界面中，使用驱动辅助工具可备份或还原驱动程序。

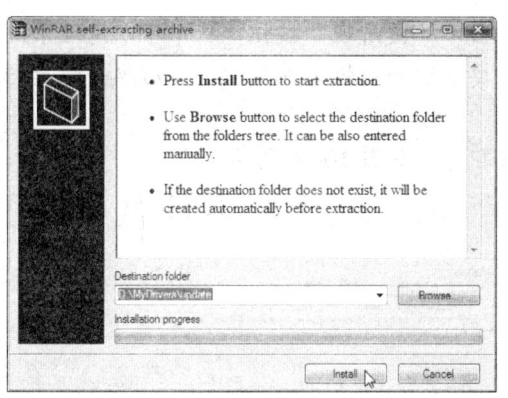
图 10-21 驱动安装对话框

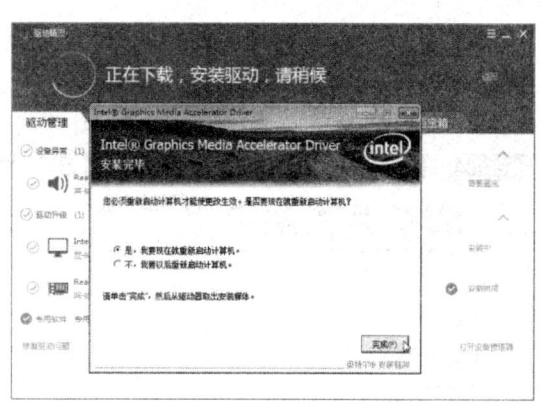
图 10-22 设置重启计算机

任务三　系统增强工具

任务概述

"软媒魔方"是一款集成众多应用的系统增强软件，功能全面覆盖 Windows 系统优化、设置、清理、美化、安全、维护、修复、备份还原、文件处理、磁盘整理、系统软硬件信息查询、进程管理与服务管理等。在本任务中，将详细介绍如何使用软媒魔方维护系统。

任务重点与实施

一、清理系统

使用"软媒清理大师"可以深度清理系统冗余垃圾，其有系统瘦身、注册表清理、隐私清理、重复文件清理等诸多电脑清理功能，方法如下：

 启动"软媒魔方"，并切换为"专业模式"，如图 10-23 所示。

 在右侧应用列表中单击"清理大师"按钮，如图 10-24 所示。

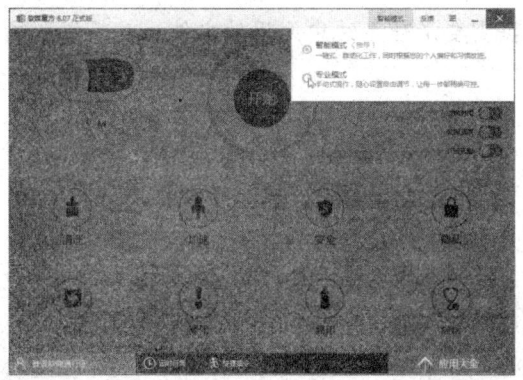
图 10-23 切换为专业模式

图 10-24 单击"清理大师"按钮

Step 03 打开"软媒清理大师"窗口,在上方单击"一键清理"按钮,从中可以清理系统垃圾、缓存垃圾等文件。在列表中选中要清理的垃圾文件类型,然后单击"开始扫描"按钮,如图 10-25 所示。

Step 04 等待程序扫描完成,单击"清理"按钮即可,如图 10-26 所示。

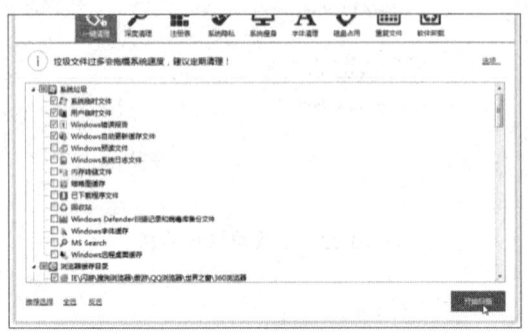
图 10-25 "一键清理"界面

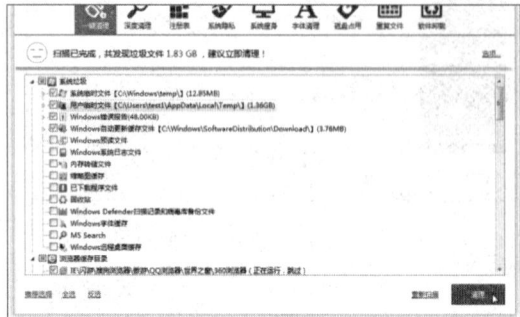
图 10-26 单击"清理"按钮

Step 05 在上方单击"深度清理"按钮,打开"深度清理"界面,从中可以设置定期清理磁盘垃圾,以节省磁盘空间,如图 10-27 所示。

Step 06 打开"注册表"界面,从中可以对注册进行彻底扫描,以清除无效、无用的注册表项,如图 10-28 所示。

图 10-27 "深度清理"界面   图 10-28 "注册表"界面

Step 07 打开"系统隐私"界面,从中可以清理 flash cookies、WiFi 连接记录、Windows 历史记录、"开始"菜单历史记录、其他软件历史记录等隐私信息,还可以进行隐私设置,如图 10-29 所示。

Step 08 打开"系统瘦身"界面,从中可以根据需要清理系统中无用的文件,以节省系统空间,如图 10-30 所示。

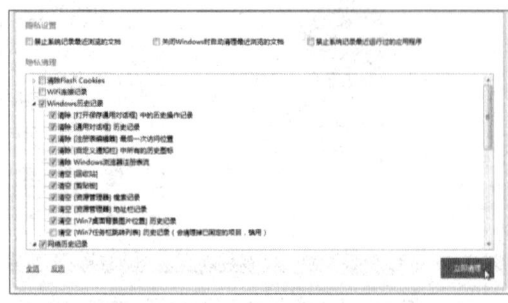
图 10-29 "系统隐私"界面

图 10-30 "系统瘦身"界面

系统维护与优化工具　项目十

Step 09　打开"字体清理"界面，从中可以批量删除系统字体文件，如图10-31所示。

Step 10　打开"磁盘占用"界面，从中可以分析磁盘空间以及进行大文件管理，如图10-32所示。

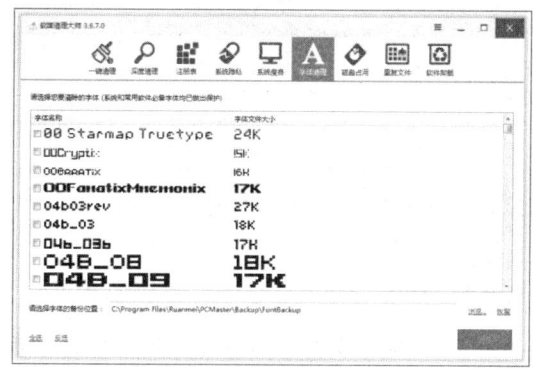
图10-31　"字体清理"界面

图10-32　"磁盘占用"界面

二、优化系统

使用"软媒优化大师"可以一键优化系统开机速度以及系统和网络速度，方法如下：

Step 01　在"软媒魔方"右侧的应用列表中单击"优化大师"按钮，如图10-33所示。

图10-33　单击"优化大师"按钮

Step 02　弹出"软媒优化大师"对话框，程序开始自动扫描系统中可优化的项目，如图10-34所示。

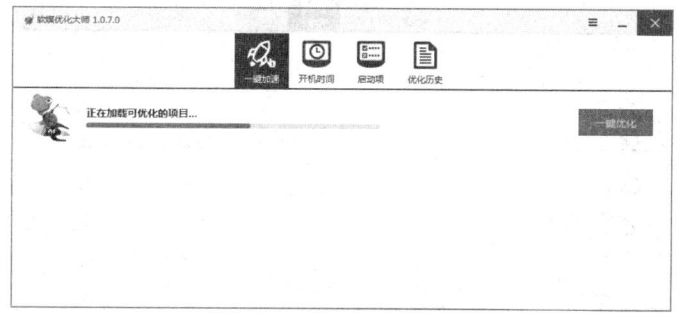
图10-34　开始扫描可优化项目

Step 03　扫描完成后，选中要优化的项目，然后单击"一键优化"即可，如图10-35所示。

219

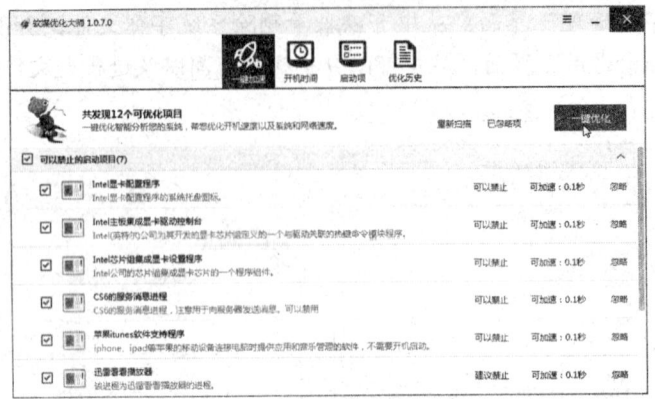

图 10-35 "一键加速"界面

Step 04 单击"开机时间"按钮,在打开的界面中可以继续禁用开机项目,然后单击"未禁止"按钮即可,如图 10-36 所示。

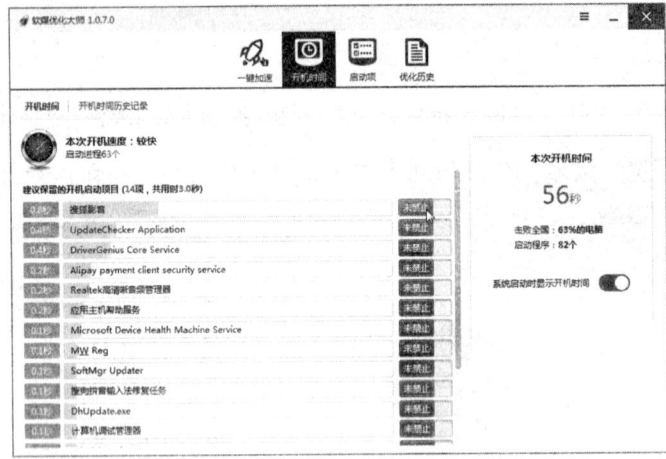

图 10-36 "开机时间"界面

Step 05 单击"启动项"按钮,在打开的界面中可以禁止开机即启动的程序,单击操作按钮即可,如图 10-37 所示。

图 10-37 "启动项"界面

三、使用虚拟内存盘提速

虚拟内存盘是利用软件将一部分内存（RAM）模拟为硬盘使用的一种技术。相对于直接的硬盘文件访问来说，这种技术可以极大地提高文件访问的速度。但是，RAM 的易失性也意味着当关闭电源后这部分数据将会丢失。但在一般情况下，传递到虚拟内存盘上的数据都是在硬盘或别处永久贮存的文件的一个拷贝。

虚拟内存盘的一个用途是作为网页缓存，这样可以提高加载页面的速度，因为硬盘的存取速度远小于内存（RAM）的存取速度。由于 RAM 的易失性，这一措施还带来了安全性上的好处。当然，还可根据需要将内存盘用于解压缩临时文件夹、视频缓冲区等。

下面将介绍如何创建内存盘以及将 IE 临时文件放置在内存盘中，方法如下：

Step 01 在 "软媒魔方" 右侧的应用列表中单击 "内存盘" 按钮，如图 10-38 所示。

图 10-38　单击 "内存盘" 按钮

Step 02 打开 "软媒内存盘" 窗口，单击 "创建内存盘" 按钮，如图 10-39 所示。

图 10-39　"软媒内存盘" 窗口

Step 03 弹出 "创建内存盘" 对话框，设置内存盘大小、分区格式、盘符及其他参数，如图 10-40 所示。若选中 "关机时保持内存盘数据" 复选框，可在每次关闭电脑前自动将文件转移回硬盘，开机后再自动从硬盘加载到内存盘中，但会对开关机速度有一定影响。

Step 04 创建内存盘完成后，即可在 "计算机" 窗口中看到该盘符，如图 10-41 所示。

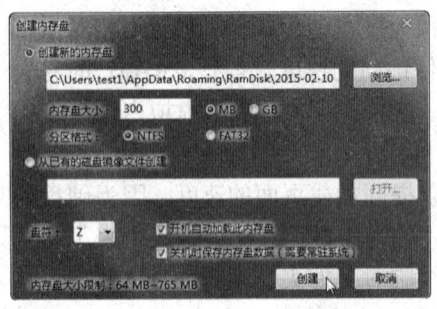

图 10-40　设置内存盘参数

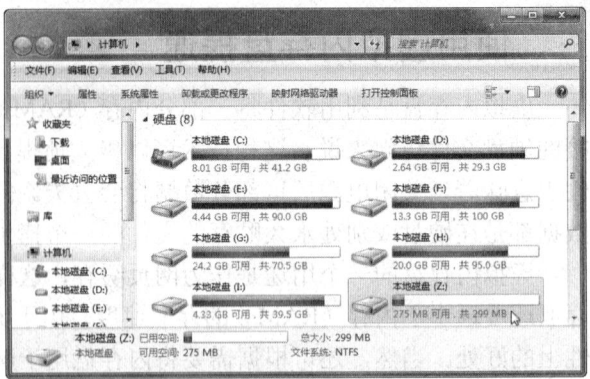

图 10-41　查看内存盘

Step 05　下面转移 IE 临时文件到内存盘中，打开"Internet 选项"对话框，在"常规"选项卡下单击"设置"按钮，如图 10-42 所示。

Step 06　在弹出的"Internet 临时文件和历史记录设置"对话框中单击"移动文件夹"按钮，如图 10-43 所示。

图 10-42　"Internet 选项"对话框

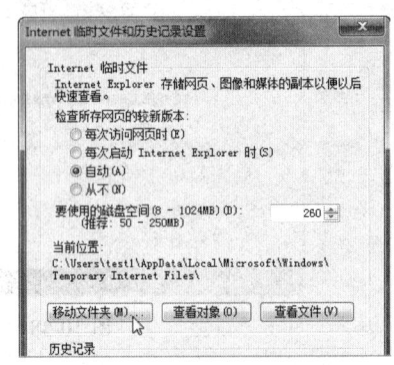

图 10-43　"Internet 临时文件和历史记录设置"对话框

Step 07　弹出"浏览文件夹"对话框，选择 Z 盘，然后单击"确定"按钮，如图 10-44 所示。

Step 08　返回"Internet 临时文件和历史记录设置"对话框，即可看到新位置，单击"确定"按钮，如图 10-45 所示。

图 10-44　"浏览文件夹"对话框

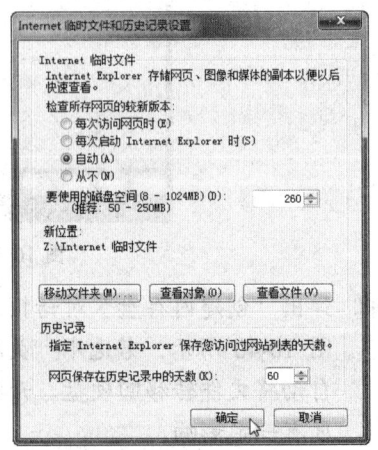

图 10-45　确认移动操作

Step 09 弹出提示信息框，单击"是"按钮重启电脑，如图 10-46 所示。

Step 10 打开内存盘所在盘符，从中即可看到 Internet 临时文件夹，如图 10-47 所示。该文件夹默认处于隐藏状态，需要设置显示隐藏文件后才能看到。

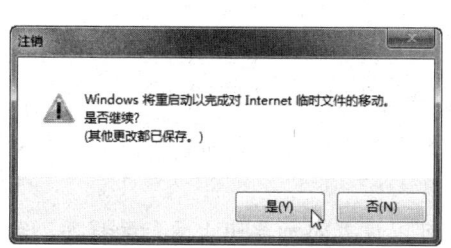

图 10-46 确认重启电脑

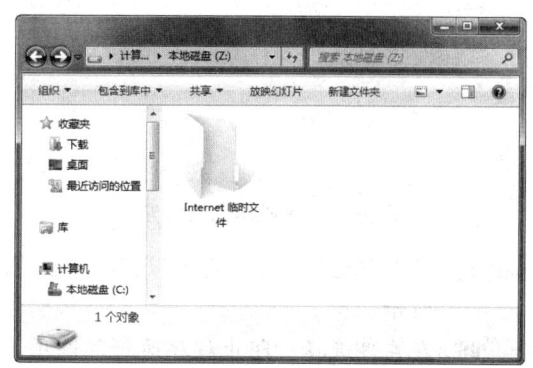

图 10-47 查看 IE 临时文件

四、系统与网络安全设置

"软媒魔方"的"设置大师"为用户提供了系统优化、系统设置、安全设置、网络设置与用户管理等多种功能，并且支持用户对右键菜单进行定制。下面将介绍如何使用软媒魔方的"设置大师"对系统安全进行设置，方法如下：

Step 01 启动"软媒魔方"，在右侧应用列表中单击"设置大师"按钮，如图 10-48 所示。

Step 02 打开"软媒设置大师"窗口，在左侧选择"资源管理器"选项，在右侧可以对资源管理器和视频预览进行设置，如设置资源管理器外观样式、关闭系统休眠、关闭视频预览等，如图 10-49 所示。

图 10-48 "软媒魔方"界面

图 10-49 设置资源管理器

Step 03 在左侧选择"多媒体优化设置"选项，在右侧可以设置禁用光盘、USB 设备的自动运行，以增强系统安全，如图 10-50 所示。

Step 04 在"软媒设置大师"窗口上方单击"系统安全"按钮，在左侧选择"安全综合设置"选项，在右侧可以对系统安全和资源管理器安全进行多种设置，如"禁止用注册表编辑""禁用控制面板""禁用任务管理器""禁用文件夹选项菜单""完全隐藏文件及文件夹"等，设置完毕后单击"保存设置"按钮，如图 10-51 所示。

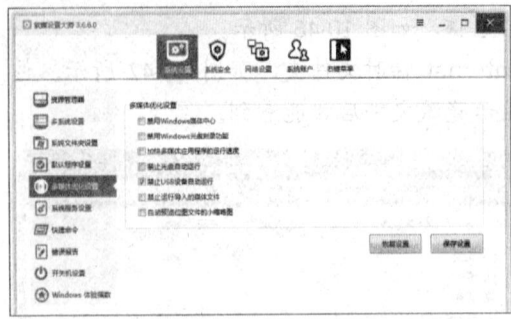
图 10-50 多媒体优化设置

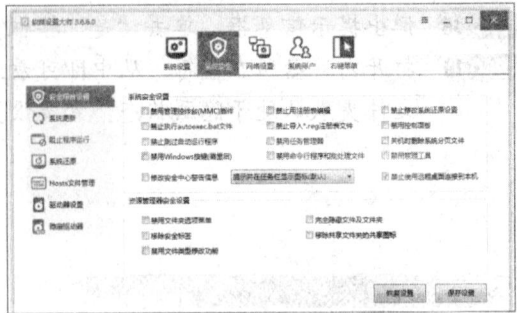
图 10-51 安全综合设置

Step 05 在左侧选择"系统更新"选项，在右侧可以设置是否禁用系统自动更新，如图 10-52 所示。

Step 06 在左侧选择"阻止程序运行"选项，在右侧可以设置添加要阻止运行的程序，如图 10-53 所示。要添加程序，可单击"添加"按钮，在弹出的对话框中选择程序，然后单击"保存到系统"按钮即可。

图 10-52 设置系统更新

图 10-53 设置阻止程序运行

Step 07 在左侧选择"驱动器设置"选项，在右侧可以设置禁止移动硬盘、U 盘、光盘等驱动器在电脑上的读入或写入操作，设置完毕后单击"保存设置"按钮，如图 10-54 所示。

Step 08 在左侧选择"隐藏驱动器"选项，在右侧选中要隐藏的驱动器，然后单击"保存设置"按钮，即可在电脑中隐藏该驱动器，如图 10-55 所示。

图 10-54 驱动器设置

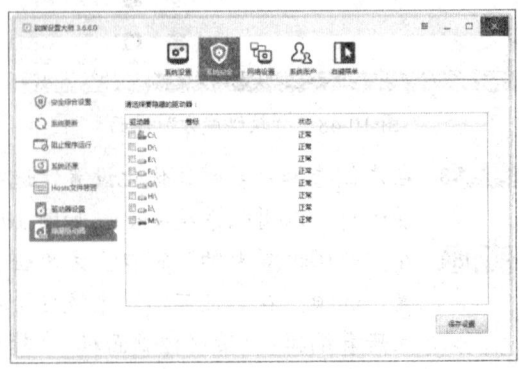
图 10-55 设置隐藏驱动器

Step 09 在"软媒设置大师"窗口上方单击"网络设置"按钮,在左侧选择"网络设置"选项,在右侧可以设置"在局域网中隐藏本机名称"、隐藏"整个网络""禁止自动搜索网络资源"、修改网卡 MAC 地址等项目,如图 10-56 所示。

Step 10 在左侧选择"网络共享设置"选项,在右侧可以设置"禁止默认的管理共享及磁盘分区共享""限制 IPC$ 的远程默认共享""禁止进程间通讯 IPC$ 的空连接""不保存访问过的共享文件夹的位置"等项目。在"共享列表"列表框中可查看电脑中已被设置为共享的文件,选中共享文件后单击"清除共享"按钮,即可取消该文件的共享,如图 10-57 所示。

图 10-56 网络设置

图 10-57 网络共享设置

任务四 杀毒工具

任务概述

杀毒软件也称作反病毒软件,用于清除电脑病毒、木马和恶意软件及防御病毒入侵,一般在电脑上都应安装杀毒软件来保护数据安全。常用的电脑杀毒软件包括腾讯"电脑管家""360 杀毒软件""金山毒霸""百度杀毒"等。本任务以腾讯电脑管家为例,介绍查杀电脑病毒的方法与技巧。

任务重点与实施

一、快速查杀病毒

为了保护系统的安全,需要使用杀毒软件对系统实时监控并定期对电脑进行杀毒。下面将介绍如何使用电脑管家快速查杀电脑病毒,方法如下:

Step 01 启动"电脑管家",在其主界面下方单击"病毒查杀"按钮进入病毒查杀界面,单击"闪电杀毒"按钮,开始扫描系统中的关键区域,如图 10-58 所示。

Step 02 扫描结束后显示发现的风险项,单击"立即处理"按钮进行修复,如图 10-59 所示。

图 10-58 病毒查杀界面

图 10-59 发现风险项界面

二、自定义位置扫描病毒

使用"电脑管家"可以对电脑中指定的位置或特定的文件进行病毒扫描,方法如下:

Step 01 要想对某个或几个特定位置进行病毒查杀,可单击"闪电杀毒"右侧的下拉按钮,在弹出的下拉列表中选择"指定位置杀毒"选项,如图 10-60 所示。

Step 02 在弹出的对话框中选中要查杀病毒的位置,然后单击"开始杀毒"按钮即可,如图 10-61 所示。

图 10-60 选择查杀方式

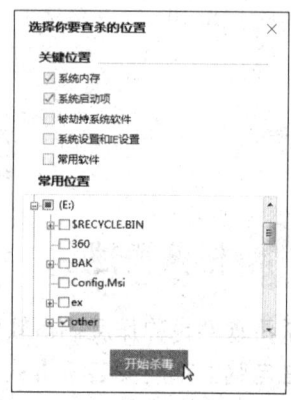
图 10-61 指定查杀位置

Step 03 若不确定某个文件是否安全,还可右击该文件,在弹出的快捷菜单中选择"扫描病毒(电脑管家)"命令,如图 10-62 所示。

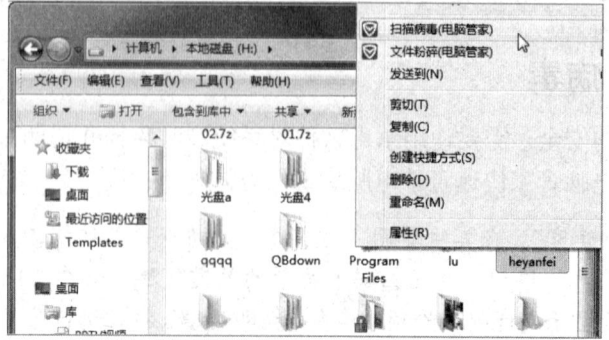
图 10-62 快捷查杀病毒

任务五　系统备份与还原工具

任务概述

目前流行的系统备份与还原软件是 Ghost，它是美国赛门铁克公司推出的一款出色的磁盘备份还原工具，可以实现 FAT16、FAT32、NTFS 和 OS2 等多种硬盘分区格式的分区及硬盘的备份还原。"Onkey 一键还原"是一款以 Ghost11.0.2 为核心的系统备份与还原工具，操作界面简洁明了，即使是电脑初学者也能轻松掌握。在本任务中，将详细介绍备份与还原系统的方法。

任务重点与实施

一、备份系统的时机

在备份操作系统前，应选择一个比较好的时机来备份，只有当系统在最佳状态下运行时，所备份的操作系统的稳定性及安全性才能得到保证。

备份操作系统的最佳时机主要有：

> 安装完操作系统后

安装完操作系统后及最新的系统补丁，并且安装了电脑中所有硬件的驱动程序后进行备份，这样在系统崩溃需要重装时就可以利用备份文件对系统进行恢复了。

> 对系统优化后

对操作系统进行全面杀毒，并且确定其中没有病毒或恶意程序，对电脑进行了性化设置或系统优化设置后进行系统备份，这样在恢复系统后就不必再重新进行系统设置了。

> 安装了重要软件后

当系统中安装了一些重要的软件后可以对系统进行备份，这样在系统崩溃后只需还原该备份，而不必再逐一安装这些软件了。

> 进行可能损坏系统的操作时

当需要在电脑中安装可能会破坏系统的未知软件，或进行某些可能会破坏系统的操作时，应先将系统备份起来，以备在系统遭到破坏后进行还原。

二、备份系统

Ghost 的备份还原是以硬盘的扇区为单位进行的，即将一个硬盘上的物理信息完整复制，支持将分区或硬盘直接备份到一个扩展名为 .gho 的文件（镜像文件）中，也支持直接备份到另一个分区或硬盘。

使用"Onkey 一键还原"备份系统的方法如下：

Step 01 启动"OneKey 一键还原"程序，选中"备份系统"单选按钮，选择系统分区，然后单击"保存"按钮，如图 10-63 所示。

Step 02 弹出"另存为"对话框，选择系统备份的保存位置，输入文件名，然后单击"保存"按钮，如图 10-64 所示。

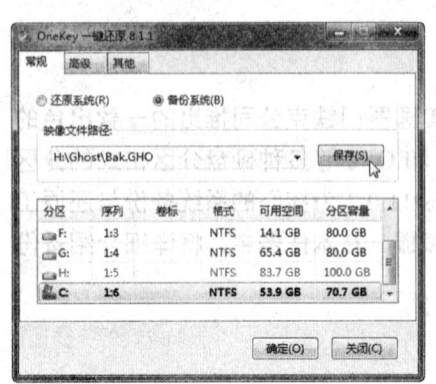

图 10-63 "OneKey 一键还原"窗口

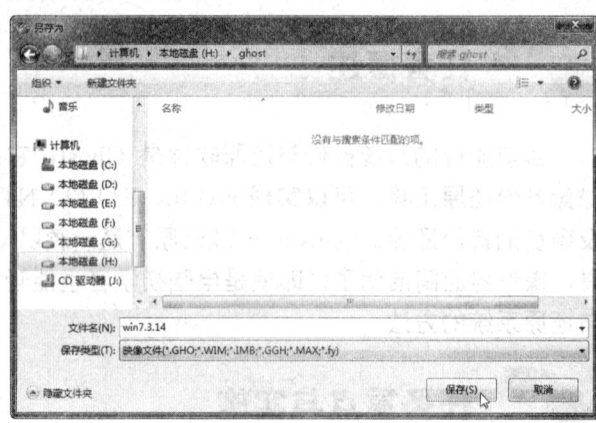

图 10-64 "另存为"对话框

Step 03 备份位置设置完成后，单击"确定"按钮，如图 10-65 所示。

Step 04 弹出提示信息框，单击"是"按钮，如图 10-66 所示。

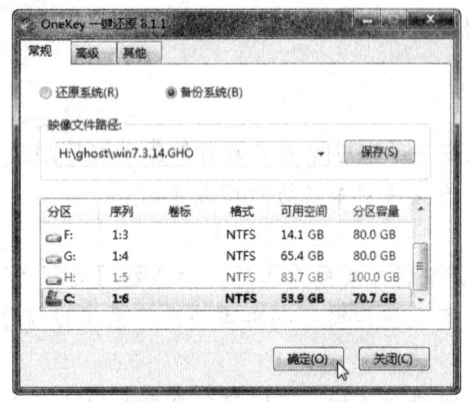

图 10-65 确认设置

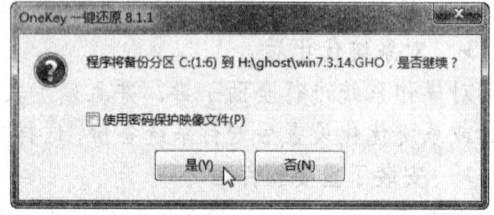

图 10-66 确认备份操作

Step 05 弹出提示信息框，单击"马上重启"按钮，如图 10-67 所示。

Step 06 电脑重启后进入系统启动管理界面，此时将自动选择 Onekey Recovery 菜单并进入，如图 10-68 所示。

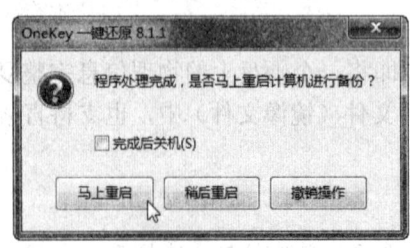

图 10-67 重启电脑

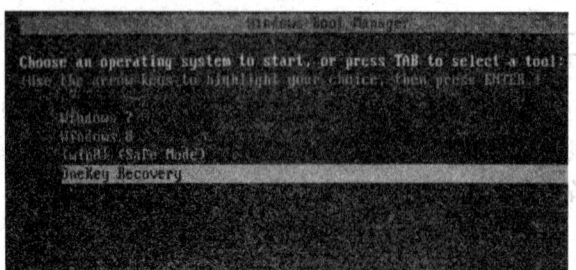

图 10-68 系统启动菜单

Step 07 启动 Ghost 程序开始自动备份系统,此时只需等待备份操作完成,如图 10-69 所示。

Step 08 备份完成后将重新启动系统,打开备份位置,从中即可看到备份的系统映像文件,如图 10-70 所示。

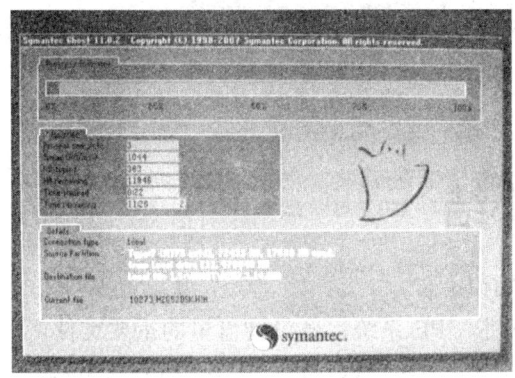
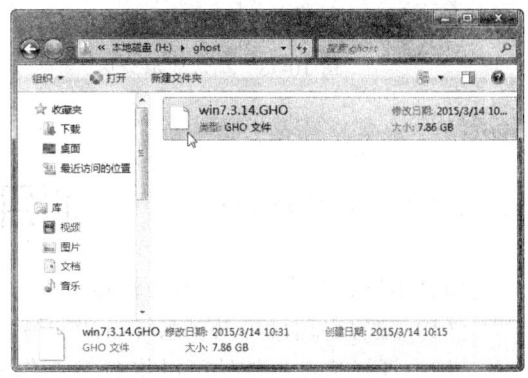

图 10-69　开始备份系统　　　　　　　　　　图 10-70　查看系统映像文件

三、还原系统

使用"OneKey 一键还原"程序还原操作系统的操作也很简便,方法如下:

Step 01 启动"Onekey 一键还原"程序,选中"还原系统"单选按钮,程序将自动加载系统映像文件,选择要将系统映像还原到的分区,单击"确定"按钮,如图 10-71 所示。

Step 02 若程序无法找到系统映像文件,可单击"打开"按钮,此时将弹出"打开"对话框,从中选择所需的系统映像文件,然后单击"打开"按钮,如图 10-72 所示。

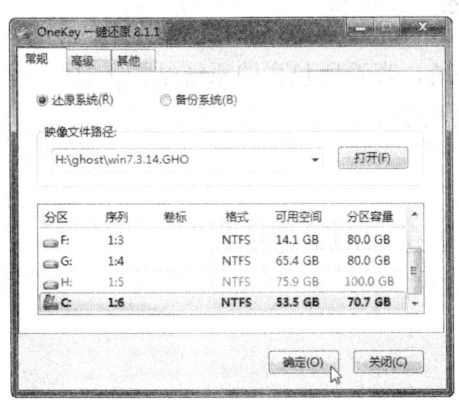
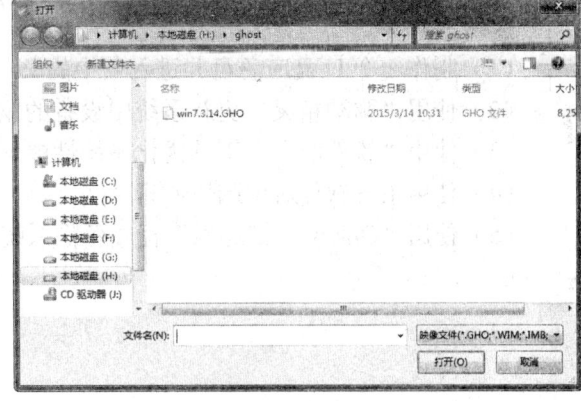

图 10-71　设置还原系统　　　　　　　　　　图 10-72　"打开"对话框

Step 03 弹出提示信息框,取消选择其中的复选框,然后单击"是"按钮,如图 10-73 所示。

Step 04 弹出提示信息框,单击"马上重启"按钮,重启电脑后即可自动进行系统还原,如图 10-74 所示。

图 10-73 确认还原分区

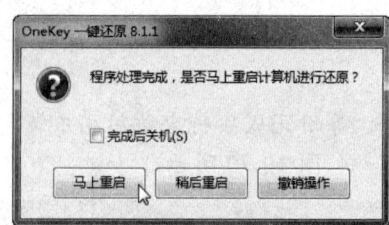
图 10-74 重启电脑

项目小结

通过本项目的学习，读者应重点掌握以下知识：

（1）应急启动盘可以在系统崩溃的情况下进入 PE 系统，备份硬盘里的重要文件。

（2）通过启动盘软件可以将 U 盘制作成启动盘，还可以在硬盘中安装 PE 工具箱。

（3）驱动程序控制硬件设备的工作，它可以最大限度地发挥电脑硬件的性能，不同型号的硬件有其专门的驱动程序。

（4）使用系统维护软件可以很方便地优化系统性能及维护系统安全。

（5）用户应定期对扫描和查杀电脑病毒以维护系统安全，对于不确定安全性的文件可以右击它，在弹出的快捷菜单中选择"扫描病毒"命令。

（6）在备份操作系统前，应选择一个比较好的时机来备份，只有当系统在最佳状态下运行时，所备份的操作系统的稳定性及安全性才能得到保证。

项目习题

（1）制作一个 U 盘应急盘并进入其中的 PE 系统，查看所包含的系统维护工具。

（2）使用"驱动精灵"更新系统中设备的驱动程序。

（3）使用"软件魔方"工具优化系统性能。

（4）使用杀毒软件对电脑快速查杀病毒。

（5）使用"Onkey 一键还原"程序备份系统，创建 GHO 映像文件。